XINXING DIANLI XITONG JILIANG
SHEBEI YUNXING JISHU

新型电力系统计量设备运行技术

国网重庆市电力公司营销服务中心 组编

中国电力出版社
CHINA ELECTRIC POWER PRESS

内容提要

本书对新型电力系统下计量设备运行领域取得的研究成果和实践经验进行了提炼总结。全书主要内容包括概论、新型电力系统计量运行监测、计量异常智能识别诊断技术、新型计量设备运维技术、智慧营销计量技术应用。

本书可作为供电企业电力营销、电能计量、用电管理、运维技术、试验检测、台区经理等岗位人员的参考工具书或鉴定考核教材，还可供相关专业大中专和职业技术院校师生选用。

图书在版编目（CIP）数据

新型电力系统计量设备运行技术 / 国网重庆市电力公司营销服务中心组编. -- 北京：中国电力出版社，2024．11．-- ISBN 978-7-5198-9338-5

Ⅰ．TM933.4

中国国家版本馆 CIP 数据核字第 2024PD0875 号

出版发行：中国电力出版社
地　　址：北京市东城区北京站西街 19 号（邮政编码 100005）
网　　址：http://www.cepp.sgcc.com.cn
责任编辑：穆智勇（010-63412336）
责任校对：黄　蓓　王海南
装帧设计：赵姗姗
责任印制：石　雷

印　　刷：三河市万龙印装有限公司
版　　次：2024 年 11 月第一版
印　　次：2024 年 11 月北京第一次印刷
开　　本：787 毫米×1092 毫米　16 开本
印　　张：13.75
字　　数：268 千字
定　　价：80.00 元

编　委　会

前　言

　　随着科技的不断进步与社会的快速发展，电力系统作为现代工业和生活的基础，其稳定性和效率性受到了广泛关注。而随着新型电力系统不断纵深推进，电力系统运行呈现出负荷多样、状态多变、潮流多向的特征，加之随着电网运行可观、可测、可控要求的有序落实，计量新技术、新型计量设备逐步落地应用，计量设备运行技术面临诸多挑战。本书旨在深入探讨新型电力系统计量设备的运行原理、技术特点及应用实践，为新型电力系统的快速建设、稳定运行和高效管理提供有力支撑。

　　在电力系统的运行过程中，计量设备起到了至关重要的作用。它们不仅能够实时监测电能的输送与消纳情况，为电力系统的调度和规划提供准确数据，还能够通过精准计量为电力市场的公平交易提供保障。然而，传统的计量设备往往存在自动化程度低、适应性差、智能感知不足、运行维护困难等问题，难以满足新型电力系统对计量设备的高要求。因此，研究和应用新型电力系统计量设备，对于提升电力系统的智能化水平和运行效率具有重要意义。本书从新型电力系统的基本概念入手，介绍其发展历程、主要特征及发展方向，详细阐述新型电力系统计量设备的运行原理和技术特点，包括其运行监测、异常诊断、运维技术、智慧计量等方面。此外，本书还结合实际应用案例，分析新型电力系统计量设备在电力系统中的具体应用效果，为读者提供宝贵的工程实践经验。

　　在编写本书的过程中，编者力求做到内容全面、准确、实用，希望能够为广大电力系统从业者、研究人员及相关专业的学生提供一本有价值的参考书籍。同时，编者也期待与广大读者一起探讨新型电力系统计量设备的最新技术和发展方向，共同推动计量技术的进步与发展。限于编写时间和作者水平，不妥之处在所难免，欢迎读者批评指正。

编　者

2024 年 10 月

目　录

第1章　概　　论

1.1　新型电力系统概述

1.1.1　新型电力系统的内涵与特征

新型电力系统是以承载实现碳达峰碳中和为内在要求，确保能源电力安全为基本前提，以满足经济社会发展电力需求为首要目标，以最大化消纳新能源为主要任务，以坚强智能电网为枢纽平台，以源网荷储互动与多能互补为支撑，具有清洁低碳、安全可控、灵活高效、智能友好、开放互动基本特征的电力系统。

新型电力系统以高比例新能源供给消纳体系建设为主线任务，以源网荷储多向协同、灵活互动为有力支撑，以坚强、智能、柔性电网为枢纽平台，以技术创新和体制机制创新为基础保障。它旨在通过推动电力生产、传输、消费、储蓄各环节的电力流、信息流、价值流融会贯通和综合调配，建成绿色低碳、安全可控、经济高效、柔性开放、数字赋能的电力系统。

新型电力系统的核心理念是以可再生能源为基础，实现能源的可持续利用和环境的可持续发展。它强调能源转型、高效利用、清洁环境和可持续发展，旨在推动能源结构转型，提高能源利用效率，减少环境污染，为社会经济发展提供可持续的能源支持。

与传统电力系统相比，新型电力系统具有以下突出特征：

（1）能源供应多元化。传统电力系统主要依靠化石燃料发电，而新型电力系统则采用多种能源供应方式，包括太阳能、风能、水能等可再生能源及核能等清洁能源，可以有效减少对化石燃料的依赖，降低环境污染，提高能源利用效率。

（2）控制管理智能化。新型电力系统采用了先进的信息技术和智能控制技术，通过实时监测和分析电力系统的运行状态，可以及时发现和解决潜在的问题，提高稳定性和可靠性。同时，智能控制还可以实现对电力负荷的精确预测和调度，优化电力系统的运行效率。

（3）分布式发电和微电网。新型电力系统中，分布式发电和微电网得到了广泛应用。分布式发电和微电网可以提高能源利用效率，减少输电损耗，增强电力系统的灵活性和可扩展性。

（4）高效能源存储。新型电力系统中，高效能源存储技术可以解决可再生能源的间歇性和不稳定性问题，提高电力系统的可靠性和稳定性。同时，能源存储技术还可以实现对电力负荷的平滑调节，提高电力系统的运行效率。

（5）电动汽车充电设施。新型电力系统中，电动汽车充电设施的建设可以提供便捷的充电服务，促进电动汽车的推广和应用。同时，电动汽车充电设施还可以作为储能设备，提高电力系统的灵活性和可调度性。

（6）跨区域交易。新型电力系统中，通过建立跨区域电力交易平台，可以实现不同地区之间的电力交易和调度，优化电力资源的分配和利用。同时，市场机制也可以激励发电厂提高发电效率，降低发电成本，推动电力市场的健康发展。

（7）可持续发展。通过多元化能源供应、智能化控制和管理、分布式发电和微电网等措施，可以减少对化石燃料的依赖，降低环境污染，提高能源利用效率，促进可再生能源的利用和电动汽车的推广，推动能源结构的转型和升级。

不难看出，这些特征使得新型电力系统更加灵活、可靠、高效和可持续，为未来能源发展提供了新的方向和路径。

1.1.2 研究方向

新型电力系统的研究方向可以进一步细分为以下六个分支方面：

（1）新能源发电方向。主要包括太阳能发电技术、风能发电技术、水能发电技术、生物质能发电技术，以及地热能发电技术。

1）太阳能发电技术：包括太阳能电池、光伏逆变器等的研究与开发，以及太阳能热利用技术。

2）风能发电技术：包括风力发电机组、风电场布局优化等的研究与开发。

3）水能发电技术：包括水力发电机组、潮汐能发电技术等的研究与开发。

4）生物质能发电技术：包括生物质燃烧、生物质气化等的研究与开发。

5）地热能发电技术：包括地热井钻探、地热热泵等的研究与开发。

（2）电网调峰调频方向。主要包括可再生能源预测与调度技术、储能技术，以及动态输电能力提升技术。

1）可再生能源预测与调度技术：通过建立准确的可再生能源预测模型，实现对可再生能源的精确调度和优化配置。

2）储能技术：包括电池储能、压缩空气储能、水泵储能等的研究与开发，以解决可再生能源的间歇性和不稳定性问题。

3）动态输电能力提升技术：通过改进输电线路和变电站的设计，提高电力系统的输电能力和稳定性。

（3）局域网及微网构建方向。主要包括分布式能源系统规划与设计、微电网控制与管理技术。

1）分布式能源系统规划与设计：研究如何合理规划和设计分布式能源系统，以满足局部区域的用电需求。

2）微电网控制与管理技术：研究如何实现微电网的稳定运行和优化控制，以提高能源利用效率和供电可靠性。

（4）智能电网方向。主要包括智能负荷管理技术和智能配电网技术。

1）智能负荷管理技术：通过智能电能表和智能电器设备的安装和使用，实现对用户负荷的实时监测和管理，以提高供电可靠性和效率。

2）智能配电网技术：研究如何实现配电网的智能化管理和优化运行，以提高供电质量和可靠性。

（5）电动汽车充电方向。主要包括快速充电技术和充电桩布局优化技术。

1）快速充电技术：研究如何提高电动汽车的充电速度和效率，以满足用户的快速充电需求。

2）充电桩布局优化技术：研究如何合理布局充电桩，以提供便捷的充电服务。

（6）电力市场机制和政策研究方向。主要包括电力交易规则研究、价格机制研究和市场竞争政策研究。

1）电力交易规则研究：研究如何制定合理的电力交易规则，促进电力市场的健康发展。

2）价格机制研究：研究如何确定合理的电价，以激励可再生能源的发展和利用。

3）市场竞争政策研究：研究如何制定有效的市场竞争政策，促进电力市场的公平竞争和创新。

1.1.3　新型电力系统给电网带来的变化

1.1.3.1　电源组成

2012～2021 年这 10 年，中国电力系统电源结构组成发生了显著变化。在装机容量和电源结构等方面体现得尤为明显。

（1）装机容量变化情况。2012～2021 年间，我国发电装机累计容量从 11.5 亿 kW 增长到 23.8 亿 kW。新能源领域的风电和光伏并网装机容量合计从 2012 年的几乎为零增长到 2021 年底的近 90 倍，达到了 6.7 亿 kW。特别是风电领域的发展尤为显著，并网装机容量突破了 3 亿 kW，这已是我国连续第 12 年稳居全球第一。

1）政策因素。国家能源局不断出台新的政策措施来推动新能源发展。例如，在 2020 年发布的《关于完善风电、光伏发电上网电价政策的通知》（发改价格〔2019〕882 号）中，首次将风电、光伏发电的上网电价纳入中央财政补贴范围，并明确了补贴标准和技术指标。此外，分布式光伏发电再次"压制"集中式光伏发电，成为市场增量主体。

2）市场需求。随着环保意识的提高和新能源技术的不断创新，人们对于清洁能源的需求越来越大。加之新能源技术的成本不断降低，使得新能源在市场上更具竞争力。新能源装机规模的扩大也反映了市场对新能源的高度认可和强烈需求。

3）技术进步。随着技术的不断进步和发展，新能源技术的成本逐渐降低，效率不断提高。例如，在光伏领域，单晶硅已经成为主流产品，而多晶硅片则逐渐退出市场；在风电领域，大型化机组已经成为趋势，进而提高了发电效率和可靠性。这些技术进步都为新能源装机规模的扩大提供了有力支撑。

总的来说，2012～2021 这 10 年国内的装机容量变化趋势主要受到政策引导、市场需求和技术发展的多重驱动。在未来，随着政策的进一步优化、市场需求的持续增长和技术的不断创新，有理由相信中国的新能源装机容量将会继续保持稳定增长。

（2）发电量变化情况。近 10 年来，中国电网的发电量持续增长，从 2011 年的 47306 亿 kWh 增加到 2020 年的 76236 亿 kWh，增幅达 61%，这一过程中能源结构发生了显著变化。煤炭发电虽然仍占主导地位，但其比例逐渐下降，清洁能源如风能、太阳能和核能的发电量迅速增加，特别是在 2020 年，新能源设施发电量达到了 10355.7 亿 kWh，同比增长 32.97%。这一转变不仅反映了中国在应对气候变化和环境污染方面的积极努力，也体现了技术进步和政策支持对能源结构优化的重要推动作用，未来随着碳达峰碳中和目标的推进，清洁能源的比重将进一步提升，电网的智能化和自动化水平也将不断提高，以适应新能源的大量接入和高效利用。

从电源类型的角度来看，火力发电量在 2011 年达到 3.90 亿 kWh，占总发电量的比重为 82.0%，而非化石能源发电量比重则为 18.0%。之后 10 年，非化石能源发电量占比逐年提升，这反映出中国在电源结构优化方面取得了显著的成果。此外，水电、核电及风电、太阳能等新能源发电的新增装机容量也持续增长。到 2020 年，可再生能源发电量达到 2.2 万亿 kWh，占全社会用电量的比重达到 29.5%，较 2012 年增长 9.5 个百分点。全国全口径非化石能源发电为 2.58 万亿 kWh，同比增长 7.9%，占全国全口径发电量的比重为 33.9%。

从地区角度来看，全国各地的发电量普遍增长。例如，2021 年，全社会用电量达到了 83128 亿 kWh，同比增长 10.3%，较 2019 年同期增长了 14.7%。其中华北地区的用电量最高，其次为华东和华南地区。经济因素也是影响中国发电量变化的重要因素。例如，

2020 年新冠疫情对经济发展造成严重冲击，国内生产总值增速从 2019 年的 6%下降到 2.3%，这使得能源消费弹性系数明显提升。随着经济的逐渐恢复，电力消费大幅回升。

此外，国内服务业的快速发展也推动了用电量的快速增长。居民外出就餐、购物、旅游、住宿明显增多，接触型、聚集型服务业持续发展，使得服务业用电量保持较快增长。同时，国家深入推进乡村振兴战略，农村电网改造升级持续推进，乡村用电条件持续改善，第一产业电气化水平逐步提升，多重因素拉动第一产业用电量快速增长。

（3）电源结构变化情况。2012~2021 年，中国的电源结构发生了显著的变化。火力发电虽然在初期仍然占据主导地位，但其比重已经从 2011 年的 82.0%下降到 2020 年的 68.5%，降低了 13.5 个百分点。与此同时，新能源电源的发展十分迅速，特别是风电和太阳能发电的装机容量占比从 2011 年的 7.7%增长到 2020 年的 19.8%，总体提升了 12.1 个百分点。

此外，水电投资在 5 年内占比排名第一，而风电也在 2 年内高居投资占比第一。这反映出我国在电源投资上越来越倾向于清洁和可再生的能源。事实上，非化石能源发电量比重自 2011 年以来一直在逐年提升，并在"十二五"后 4 年总体提升了 9.2%。

清洁能源消费占能源消费总量的比重从 2013 年的 15.5%上升到 2023 年的 25.9%，提升超过 10 个百分点，表明能源消费结构持续向清洁低碳转型。

（4）电力需求变化情况。在过去 10 年，中国各产业用电量的变化情况差异较大。第一产业用电量达到了 859 亿 kWh，同比增长 10.2%，这是唯一一个实现两位数增长的产业。而第二产业用电量达到 51215 亿 kWh，同比增长 2.5%。第三产业和居民生活用电量的增速分别为 1.9%和 6.9%。

随着我国人均收入的提升及经济结构转型升级的持续进行，第一产业、第二产业用电量在总电量中的占比呈现持续走低的趋势。到 2021 年，第一产业与第二产业用电量占比之和为 68.8%，较 2011 年下降了 8.4%。相对应地，第三产业与居民生活用电总量占比则上升到 31.2%。

此外，部分新兴制造业呈现出高速增长的趋势，如医疗仪器设备及器械制造用电量增长了 24.9%，风能原动设备制造用电量增长了 25.4%，新能源车整车制造用电量增长了 46.8%，光伏设备制造用电量更是高达 60.9%。四大高载能行业中，化学原料和化学制品制造业、有色金属冶炼和压延加工业的用电形势相对较好，其余行业如黑色金属冶炼行业和非金属矿物制品业的用电量均有所下降。

1.1.3.2 负荷特性

目前，电力系统用户的负荷特性日趋多样化，表现在以下几个方面。

（1）功率因数。随着电力电子技术的发展，越来越多的非线性负荷被接入电网，电网中的谐波问题日益严重，进而影响了功率因数。当前，电力系统中的功率因数相比10年前普遍降低。

（2）谐波。电力电子设备被广泛应用，这些设备会产生大量的谐波，对电力系统造成影响。与10年前相比，当前电力系统中的谐波问题更加突出。

（3）负荷率。随着经济的发展和人民生活水平的提高，电力系统的负荷率普遍提高。

（4）负荷波动。新能源的大规模接入和电动汽车等新型负荷的出现导致电力系统的负荷波动更加剧烈，即负荷波动性更大。

（5）电能质量。电力系统中存在大量的非线性负荷和干扰源，导致电能质量下降，电能质量问题更严重。

1.1.3.3　电网形态

当前中国电力系统的电网形态发生了显著的变化。从结构和设备的角度来看，传统的中央化供电模式转变为分布式能源系统，电网的设备和技术也得到了更新和升级。新能源发展迅速，煤电产能结构得到优化调整。电力市场化改革推动了市场竞争程度的提高和电力交易市场的建立。智能化建设提升了电网的安全性、稳定性和经济性。这些变化反映了经济社会发展需求与技术变革创新是大电网发展的主要驱动力。

（1）结构和设备。传统的中央化供电模式逐渐转变为分布式能源系统，这意味着更多的小型发电装置（如太阳能板、风力发电机等）被安装在用户附近，以减少输电损耗并提高能源利用效率。同时，电网的设备和技术也得到了更新和升级。例如，220kV 松抚线输电线路的建成和投入运行，形成了全国第一个跨省超高压电网——东北主网。这种高电压输电线路能够将电力从远距离输送到目标地区，提高了电网的可靠性和稳定性。

（2）新能源发展。随着人们环境保护意识的增强和可再生能源技术的成熟，越来越多的新能源发电项目得到建设和发展。至2021年底，新型储能累计装机容量超过400万kW。这些新能源包括太阳能、风能、水能等，它们具有清洁、可再生的特点，对环境友好。此外，"新能源+储能"、智能微电网等应用场景也不断涌现，为电力系统的可持续发展提供了新的解决方案。

（3）煤电产能优化。由于煤炭燃烧产生的二氧化碳和其他污染物对环境和健康造成严重影响，政府采取了一系列措施来降低碳排放和改善空气质量，包括关闭老旧的高污染煤电厂、限制新增煤电项目的审批、推动清洁能源的发展等。通过这些措施，煤电产能结构得到了持续优化，向更加环保和可持续的方向发展。

（4）电力市场化改革。政府逐步放开了电力市场的竞争程度，允许更多的市场主体进入市场，增加了市场竞争的程度。这使得电力供应商能够更好地满足用户需求，提供更具竞争力的价格和服务。同时，电力市场化改革还推动了电力交易市场的建立和完善，促进了电力资源的优化配置和供需平衡。

（5）智能化建设。随着科技的进步，电力系统的智能化水平也在不断提升。通过使用先进的传感器、通信技术和数据分析算法，电网可以更准确地预测和响应负荷需求的变化，提高供电的可靠性和稳定性。此外，智能化建设还可以实现对电力设备的远程监控和维护，减少故障发生的可能性，提高电网的安全性和经济性。

1.1.3.4 运行特性

电力系统的核心运行特性包括安全性、可靠性、可调控性、智能化、清洁化、数字化等方面。

（1）安全性。注重保障供电的稳定性和可靠性，通过建设强大的输电网络和配电系统，确保电力的连续供应。此外，还注重对电力设备的维护和管理，定期进行巡检和维修，以减少故障发生的可能性。

（2）可靠性。提高供电可靠性的方式较多，主流方式是通过增加发电容量、改善电网结构和完善调度系统等措施来应对负荷波动和突发事件的影响。同时还建立了完善的应急响应机制，能够及时处理电力故障和灾害事件，保障用户的用电需求。

（3）可调控性。中国电力系统具备较强的可调控性，可以根据实际需求进行电力的调节和控制。通过灵活的发电调度和负荷管理，能够平衡供需关系，实现电力的优化配置。此外，还积极推动可再生能源的发展，提高清洁能源的比例，以降低对传统能源的依赖。

（4）智能化。电力系统正朝着智能化方向发展，通过引入先进的信息技术和智能设备，实现对电力系统的实时监测、远程控制和智能调度。智能化技术的应用可以提高电力系统的运行效率和响应速度，减少人为因素对供电的影响。

（5）清洁化。电力系统作为由发、输、变、配、用等环节组成的整体，在能源清洁转型方面具有重要作用，通过推动清洁能源的发展和应用，可以减少对化石燃料的依赖。通过大力发展风能、太阳能等可再生能源，以及推广高效节能技术和设备，电力系统正在逐步实现能源结构转型和碳排放减少。

（6）数字化。加速数字化转型，可以通过利用大数据、云计算、物联网等技术手段，实现对电力系统的全面监测和管理。数字化技术的应用可以提高电力系统的运行效率和管理水平，为用户提供更加便捷和个性化的服务。

1.1.3.5 系统规模

通过不断增加最大负荷、发电容量、线路长度、输变电电压等级、变压器容量及优化主网架构等方面的努力，电力系统能够更好地满足日益增长的用电需求，并为经济发展提供可靠的电力支持。

（1）最大负荷。随着中国经济的快速发展和城市化进程的加速，最大负荷不断增长。根据国家能源局的数据，2019年中国最大负荷达到了7.95亿kW，较2000年的3.84亿kW增长了1倍多。这主要是工业、商业和居民用电需求增加所致。

（2）发电容量。为了满足日益增长的用电需求，发电容量也得到了快速提升。截至2019年底，发电装机容量达到了19.6亿kW，较2000年的3.4亿kW增长了近5倍。其中，火电、水电、核电和新能源发电等不同类型的发电容量都有所增加。

（3）线路长度。随着电力系统的扩大和电网的建设，输电线路长度也在不断增加。据国家能源局数据，2019年中国的输电线路总长度超过了1.8万km，较2000年的1.2万km增长了约50%。这些输电线路连接了各个地区和省份，确保了电力的稳定供应。

（4）输变电电压等级。为了提高电力传输的效率和稳定性，中国的输变电电压等级也在逐步提高。目前，已经建立了±800kV、1000kV、750kV、500kV、330kV、220kV、110kV等多个电压等级的输变电系统。这些高压输变电系统能够将电力从发电厂输送到远离发电厂的地区，满足不同地区的用电需求。

（5）变压器容量。随着电力系统的扩大和用电负荷的增加，变压器容量也在不断增加。根据国家能源局的数据，2019年中国的变压器容量超过了2亿kVA，较2000年的7500万kVA增长了近2倍。

（6）主网架构。不断优化主网架构，以提高电力系统的可靠性和灵活性。目前，中国已经形成了以超高压输电线路为骨干的全国联网格局。同时还在积极推进智能电网建设，通过引入先进的信息技术和管理手段，实现对电力系统的智能化监控和管理。

1.1.4 新型电力系统的发展历程

新型电力系统的技术起源可以追溯到20世纪80年代，当时能源危机和环境问题日益突出，传统的电力系统面临着巨大的挑战。为了解决这些问题，人们开始探索和构思一种全新的电力系统架构。

在20世纪80年代初，一些学者提出了分布式发电的概念，随后，智能电网的概念也被提出。随着概念的提出，学者们开始对新型电力系统的理论基础进行研究和探索，建立了电力系统稳定性分析、电能质量评估、电力市场运营等理论模型和方法，为新型电力系统的设计和运行提供了理论支持。

在新型电力系统的发展过程中，一些关键的技术得以产生和发展。例如，智能计量技术可以实现对用户用电情况的实时监测和管理；储能技术可以解决可再生能源波动性和间歇性的问题；智能配电网技术可以实现对配电网的优化控制和故障处理；电动汽车技术可以为电力系统提供灵活性资源等。这些基础关键技术的产生和发展为新型电力系统的实际应用提供了技术支持。

1.1.5 新型电力系统建设方向和前沿动态

1.1.5.1 智能电网的升级改造

智能电网升级改造是基于监测传感能力与数据分析能力，提升电力系统运行过程中、异常状态下的实时动态决策与调控水平，推动电网运行管理无人化、信息化的一种演进过程，目前主要的攻关方向如下。

（1）数字化技术的应用。利用现代信息技术，实现"源–网–荷–储"海量资源的可观、可测、可控，从而提升电力系统的智能互动和灵活调节水平。传统能源电力配置方式也在转变为高度感知、双向互动、智能高效的方式。

（2）配电网的智能化升级。推动配电网扩容改造，提升其柔性开放接入能力、灵活控制能力和抗扰动能力，以增强电网就地就近的平衡能力，构建适应大规模分布式可再生能源并网和多元负荷需要的智能配电网。

（3）新型电力系统的建设。以构建新型电力系统为指引，推动传统电网的形态、技术、功能升级，显著提升分布式智能电网的电力供应保障和灵活互动能力，实现源网荷储更加协调发展。

（4）智能电网产业的发展。智能电网是以特高压电网为骨干网架，以各级电网协调发展的坚强电网为基础，利用先进的通信、信息和控制技术，构建以数字化、信息化、自动化、互动化为特征的坚强智能化电网。相较于传统电网，智能电网可以提供更加可靠的电力保障，同时兼容各类设备的接入，动态优化电力资源配置。

1.1.5.2 储能技术的研发与应用

储能是支撑负荷调控、保障配电网乃至局部输变电系统供电稳定性和电能质量的一种必要手段，其关键性和重要作用随着新型电力系统背景下负荷多样多变、新能源大量并网特性的凸显而日益增强。目前限制储能技术大规模应用的因素主要包括储能形式单一、储能效率优先、空间占用较大及市场刺激不足等。

（1）多元化储能技术开发方面。储能行业正在经历快速发展期，各种新型储能技术如钠离子电池、新型锂离子电池、铅炭电池、液流电池、压缩空气、氢（氨）储能、热（冷）储能等都取得了重要进展。

（2）超导、超级电容等储能技术方面。这些前沿的储能技术具有很高的研究价值和应用潜力，是当前储能领域重点攻关的方向，尤其是近年来，随着高温超导乃至室温超导技术方面取得突破，超导储能技术越来越表现出工程实践的光明前景。

（3）新一代高能量密度储能技术方面。例如液态金属电池、固态锂离子电池、金属空气电池等，这些新技术有望突破全过程安全技术，为电力系统的稳定运行提供更强大的保障。

（4）储能技术的战略性布局和系统性谋划方面。政府正在发挥引导和市场能动双重作用，加强储能技术创新战略性布局和系统性谋划，以加速实现核心技术自主化，推动产学研用各环节有机融合，加快创新成果转化。

1.1.5.3 "双碳"目标与碳计量

2020年9月，习近平总书记在第75届联合国大会一般性辩论中首次提出了"30·60"目标，即力争在2030年前达到二氧化碳排放峰值，并努力在2060年前实现碳中和。

碳达峰阶段，其具体含义是指特定统计范围内的二氧化碳排放量达到峰值，要实现这一目标需要在满足经济发展需求的同时，通过技术升级或产业结构优化的方式，逐步控制和减少温室气体排放，从而降低二氧化碳排放量的增长速度，直至最后达到峰值，而后就将逐步下降。

碳中和阶段，则是指在特定统计范围与周期内，实现所有主体排放的二氧化碳或其他温室气体总量与同期完成吸收或去除这些气体的总量相抵消，从而达到净零排放的状态。相比于碳达峰阶段，碳中和目标对减少碳排放、吸收温室气体提出了更高的要求，它要求从生产到消费、从原料到产品再到废弃物处理的每一个环节都要考虑碳排放问题，并采取有效的技术和管理措施来降低和平衡碳排放量。通过实现碳中和目标，可以在很大程度上实现产业结构和地理区域范畴的可持续发展。

为充分发挥市场调控在"双碳"目标实现上的动力作用，国家大力开展碳交易市场建设，2013年以来在北京、天津、上海、重庆、广东、湖北和深圳7个地区启动了碳交易试点，历经多年摸索总结，形成了完善的碳交易市场建设方案和管理办法，并于2023发布了《生态环境部关于做好2021、2022年度全国碳排放权交易配额分配相关工作的通知》（国环规气候〔2023〕1号），出台了全国温室气体自愿减排交易市场（CCER）管理办法，促进碳排放核算、碳配额管理和自愿减排交易市场机制的实质性运行。

为支撑市场交易与碳排放管理，碳计量技术应运而生并不断发展。所谓碳计量，是指针对个人、企业、组织或产品，在其生命周期内各环节产生的温室气体排放量进行量化的过程。这一过程需要对各种来源、各种形式的碳排放进行监测、报告和核查，以确保计量活动的规范性和计量结果的准确性。碳计量是应对气候变化、服务"双碳"目标的重要技术手段，可以明确指导各类主体了解自身的碳足迹并针对性制定有效的碳排放管理与压降措施，并为潜在的碳排放市场交易提供依据。精确的碳计量服务势必将成为跟踪和管理碳排放情况、降低环境影响、实现经济效益和建立竞争优势的重要途径。

1.2 计 量 技 术 发 展

人类在实际生产过程中逐渐发现，没有统一测量标尺、测量器具难以保证准确性，严重影响到人类集体开展生产活动，大大制约了生产力的发展。

公元前 221 年，秦始皇曾下诏统一全国范围内度量衡，这就是人类文明对计量的一次重要探索，是中华民族推行法制计量的一个重要里程碑，正式标志着测量活动由完全自发的非法制性的行为，分化出由国家、政府或其他组织实施监督的、具备一定法制性的计量活动。由此，掀开了中国计量发展的新篇章。

法制计量从制度上建立了计量的法制基础，但进一步发展生产力需要从技术上可靠提升计量的准确性。

1.2.1 电能计量科学的起源

随着人类社会的迅速发展，第二次工业革命开启了"电气时代"。实际上在 18 世纪前期，已经有科学家开展针对电的探索，1879 年爱迪生发明了电灯泡，标志着人类正式初步掌握并开始运用电作为生产工作的辅助手段，揭开了现代社会快速发展所必备的电气应用的序幕，电能计量的需求也随之而来。

电能计量的起源可追溯至 19 世纪末，随着电气设备逐渐开始作为人类社会生产中必不可少的工具，对电气性能的测量与计量成为人类社会高效运用电能的重要前提。在早期，虽针对电压、电流、电阻等电气参数建立了相应计量标准或定义，但大多仅用于学术研究，未广泛应用于生产活动。1880 年，爱迪生利用电解原理成功制作出世界上第一块直流电能表，拉开了电能计量一百余年快速发展的序幕。

1.2.2 电能计量科学沿革、阶段与里程碑事件

电能计量的发展根据电网建设、电气设备的发展大体可分为三个阶段，分别是探索阶段、初步应用阶段和现代化阶段。

在探索阶段，科学家们对电学开展深入研究，在科学研究过程中发现电流、电压及电量等物理量。安培是国际单位制中表示电流的基本单位，简称安，符号 A，为纪念法国物理学家 A·安培而命名，他在 1820 年提出了著名的安培定律。1881 年，在巴黎召开的第一届国际电学会议决定用安培命名电流单位。继安培之后，伏特、欧姆等量得到引申定义，通过焦耳定律（$Q=I^2Rt$），电气参数与能量之间的关系得以确立。至此，电能计量的基础条件已形成。

电能计量的初步应用阶段与第二次工业革命息息相关。第二次工业革命起于 19 世纪中期，欧洲各国和美国、日本等先后完成资产阶级革命或改革，大力促进了经济的发

展。经济发展进一步提高了人类的物质需求，人类在生产过程中逐渐发现，电能作为一种新能源可高效辅助人类进行生产建设。同时期内涌现出一大批人类科学先驱，如爱迪生、特斯拉，他们大力推动了电力科学的发展与电气设备的应用。1866 年，德国人西门子制成了发电机；到 20 世纪 70 年代，实际可用的发电机问世。受此影响，人类进入了"电气时代"。与以往科技发展推动计量发展相一致，同时期的电能计量也由探索阶段逐渐开始指导人类生产工作，随着电力系统建设不断发展及电力需求的高速增加，20 世纪初，涌现出一大批新型电力计量仪表，如电能表、电度表等，标志着人类在电能计量领域进入初步应用阶段。此阶段的主要特征是电网缺乏数字化管控手段，主要目标仅需满足电量输送，电能计量装置主要用于计量电量、交易结算，以及简单的线损管控，与探索阶段技术原理相比暂无显著差别，大多属于对电气原理的直接应用。

随着电能计量领域各类高新技术的不断应用，电气、计量设备的电子化、自动化、智能化更新升级，电能计量也进入现代化阶段。现代化阶段与初步应用阶段的主要区别在于该阶段采用电子化、信息化手段作为电能计量装置的技术原理或管控手段，人类社会已不单以计量电量为主要目的，同时还需监测电网运行过程当中的各设备参数情况，对电网、设备、计量装置的运行状态实现监测，实现智能化电网建设。在此阶段，电网建设方通过数字化手段实现电量数据的原厂回传、电网运行状态的在线监测及其他自动化、智能化管控。电能计量的技术原理等也依托智能电网建设的不断发展向数字化、量子化、光电化等高新计量技术原理转型升级。

1.2.3 传统电网计量技术

随着电灯的发明、改进，使用电进行照明成为一项具备实用价值的商业行为。1882 年，爱迪生在纽约建立了配电中心，点亮了 10000 余盏电灯，为世界各国电网建设提供了典范，推动了世界电网建设的迅速发展。在此之后的百余年时间里，电网遍布世界各地，为人类社会的生产生活提供便利，人类正式进入电气化时代，生产力得到极大发展。

但事实上，直至信息化时代之前，电网的特征仍和百余年前没有本质变化，电网的建设仅仅是对爱迪生所建立配电中心的改进，电能计量技术也仍仅仅是对计量准确度的进一步提升，电网仍只关注电力供应，电能计量仍只局限于电能交易结算，对电网的运行维护仍是建立在耗费大量人力物力基础上的手工维护。

1.2.3.1 早期电能计量方法和工具

早期的电能计量方式较为单一。1881 年，爱迪生利用电解原理发明了世界上第一块电力表"安时计"，利用计算电解质产生的物质的量，利用电化学反应原理计算对应的电荷转移量，从而计算电量。爱迪生发明的电力表受到技术原理的制约，仅能计量直流电电荷量,无法根据电压计算电能量,且无法计量交流电能量,与目前计量电能量的方式存在差异。

爱迪生发明的安时计作为第一代电能表,解决了直流电能计量的问题。1889 年,布勒泰利用电磁感应原理发明了世界上第一块交流电能表,满足了交流电电能计量需求。作为第二代电能表,它虽然有体积大、质量大、能耗高、误差大等诸多缺陷,但却为后续电能表的发展提供了一种典型的解决思路,即将较大的电压、电流等电气参数转变为较小的较为安全的电气参数,然后通过电气学原理将电能量转化为化学能、动能或其他物理参数,通过测量位移等其他较为直观、安全的物理量,来计量电能。

第二代电能表并不具备电能表属性,受到科技发展水平的限制,即使电压较低,但其仍不具备直接计量的条件,需要通过电磁感应降低电压电流,再进行计算。根据目前的计量装置分类方式,第二代电能表严格意义上属于互感器与电能表的集合体。这种电能计量解决方案,影响了接下来近百年电能计量装置的发展。

1.2.3.2 机械式电能表的原理与改进

机械式电能表于 19 世纪末 20 世纪初问世,历史上第二代电能表即为机械式电能表。机械电能表大多采用电压与电流的乘积作为计量数据,但因无法直接测量两者乘积,常采用测量电路与电测量转化机构,将两者乘积转化为机械量。机械表的核心部分是电测量转化机构,常包含固定部分和可动部分。根据固定部分和可动部分承担的不同作用或不同原理,机械式电能表可分为磁电系、电磁系、电动系、感应系等不同类型,但基本原理基本一致,都是通过相应机构产生力矩使可动部分产生转动,再通过与机械表类似的齿轮结构带动表码转动,实现电能计量。从计量原理上讲,其与 19 世纪的第一块交流电能表并无本质区别,后期的机械式电能表均属于对第二代电能表的改进与提升。

受到技术原理的限制,机械式电能表主要存在以下缺点:① 在电流较小时,受机械结构摩擦力影响,机械式电能表内的活动机构常常难以转动,因此机械式电能表的启动电流常常较大;② 机械式电能表功耗较高,主要表现在需利用用户电路中的电量带动电能表运行,损耗电量与用户平均用电量有强正相关关系,严重损害用户利益;③ 机械式电能表几乎不具备任何智能功能,仅能计量表码,无法计算需量、冻结电量、电压、电流、异常事件等中间过程参数;④ 机械式电能表防窃电性能较差,机械结构防护性较差,配合精密度要求较高,常可以通过简单改变磁场或机械结构性能参数实现窃电。

1.2.3.3 电磁式互感器

随着电网建设进度的不断加快,电网的电压等级也逐渐升高,针对高压电能计量装置的需求也不断提升,电能表小型化、独立化的需求日益剧增。在这个过程当中,第二代电能表的互感器功能逐渐与表计脱钩,独立成电力互感器这一主体,用于将高电压、高电流转化为表计可用的、更加安全的低电压、低电流。在这个阶段中，电磁式电力互感器占据主导地位。

电力互感器的发展历史较为悠久，19 世纪末已有基本成型的电磁式互感器，在电能计量早期，互感器与电能表常作为一体设备，但随着科技发展，电能表可计量的电压电流范围逐渐扩展，已逐渐能够满足低压计量要求，自此互感器已具备与电能表脱钩的条件，逐渐转化为专用于高电压、大电流的电能计量器具。

互感器与电能表的脱钩得益于电能表的制造工艺日益提升，这也标志着电力系统中计量装置分工进一步明确，电能表逐渐由电气设备走向电子化，并最终形成了第三代电能表，即电子式电能表。

1.2.3.4　电子式电能表的发明与应用

得益于电子技术的发展，电能表也逐渐由机械式转型为电子式。电子式电能表与机械式电能表的主要技术原理区别在于电子式电能表对输入电能表的电压、电流进行分别采样，采用专用的电能计量回路，或进行离散信号处理，对采样电压以及采样电流进行乘积处理，对所得到的结果进行积分，最终达到计量电能量的目的。

与机械式电能表相比，电子式电能表初步具备了一定计算、存储功能，不再仅作为计量电能用器具，而已具备计算需量、历史电量、电压曲线及电流曲线的硬件基础。除此以外，因为采用集成电路作为计量核心元器件，与机械式计量元器件相比，电子式电能表功耗大幅度降低，准确度进一步提升，启动电流显著降低，防窃电能力明显提升，基本杜绝不开盖窃电的可能，大幅提升了电能计量装置的准确性与可靠性。

电子式电能表已基本具备智能电能表的雏形，但受限于技术水平，大多仅限于本地存储相关数据，且对数据未进行深入分析研判。但在硬件基础上，电子式电能表已初步具备智能化电能表的硬件条件，主要问题在于数据采集范围不广、数据应用深度不足、数据传输未形成网络结构。

1.2.4　智能电网中的计量技术

进入 21 世纪，随着信息革命浪潮的不断掀起，计算机、网络、微电子、人工智能等行业领域突破奋进，利用信息化革命所带来的成果将人们由工业社会带到信息社会。随着高新技术的不断突破与创新，电网也开始逐步运用各种高新技术，提升自身的自动化、智能化水平，智能电网的概念应运而生。

智能电网也被称为"电网 2.0"，是对传统电网的信息化升级，依托传统电网的机械化、周期式的运行维护方式，基于高速通信网络，通过先进的量测传感体系，充分运用大数据、人工智能等高新技术手段，对电网的运行、维护、控制及其他方面进行决策，最终实现电网可靠、安全、经济、高效、环境友好和使用安全的目标。智能电网的公认特征主要包括自愈、抵御攻击、智慧运行等。在建设架构方面，主要包括智能厂站、输电线路、配电网络、网络通信结构、智能决策分析、现代智能量测体系等部分，在此不做赘述。

现代智能量测体系作为智能电网的主要组成部分，主要承担智能电网内部电气参数测量、监控，对电网整体运行状态进行把控。智能量测体系的准确性直接关系到智能电网整体运行稳定性，因此针对现代电能计量体系的不断探索已逐渐成为制约智能电网快速发展的重要因素之一。

1.2.4.1 现代电能计量体系

随着智能电网建设进度的不断加快，现在电能计量探索已迈入高速发展阶段，现代电能计量体系的内涵与组成也逐步延伸出深层次的含义。

传统的电能计量体系主要包括电能计量法制管理、电能计量标准的建立及电能计量器具的溯源。电能计量法制管理主要基于《中华人民共和国计量法》，包括计量基准管理、计量标准器具和计量检定管理、计量器具管理、计量监督管理及相关法律责任，是对电能计量体系管理的总体把控。电能计量体系需在电能计量法制管理体系内开展相应工作，如电能计量标准的建立、维护，电能计量器具的使用、检定、校准、检验等。

现代智能电能计量体系总体架构与传统电能计量体系相似，但在智能量测、远程互联及辅助决策等方面进行了一系列延伸。现代的智能电能计量体系的一大特征是智能化、自动化设备，可实现电网中各电气参量的全量感知，具备一定的智能算法模型，可满足电网运行过程中的各类差异化需求以量测数据作为运行状态感知、分析资源，对电网整体运行情况进行把控。除此之外，智能电能计量体系还囊括电力、光学、量子、计算机等多方向领域，各领域间高新技术融合创新，形成了跨学科、跨专业的电能计量技术原理体系。最后智能电能计量体系还应包括多向、共享、快速的信息网络，以实现电网中各主体间信息的高速传递，用于电网运行决策的辅助研判及设备预警等。

与传统的电能计量体系相比，现代智能电能计量体系不再仅仅以计量准确为唯一目的，而是充分发挥量测"眼睛"的功能，用于电网运行状态的感知与运行策略的制定。

1.2.4.2 智能电能表

智能电能表是建设现代智能电能计量体系的必备条件，与电子式电能表相比，智能电能表的第一大特征是其实现了基于量测数据的自动化、智能化策略执行。智能电能表作为智能电网数据采集的基本设备，承担着电网运行原始数据的采集、计量、传输功能，是集成化信息处理与分布式信息采集的基础单位。智能电能表除基础的计量功能外，还根据电网运行主体的各种差异化需求，具备费控、自动抄表、电能计量故障分类、智能化参数定制、智能停复电等自动化功能。电能计量装置运行维护不再单纯依靠人力或简单的逻辑电路进行，而使智能化、自动化、无人化操作成为现实。

得益于微电子及光电等高新技术领域的不断突破，智能电能表的第二大特征是数字化。无论是计量原理还是信息传输，均采用数字信号；无论是电子式智能表、数字式电能表，还是量子计量领域，均完全摒弃了模拟电路，采用 ADC 转换芯片或完全采用光纤信号测量电压、电流，通过内置计算器积分获得电量数据。与传统的电子式电能表相比，智能电能表进一步降低了电能表的启动功耗，大幅度减少了电路发热量，有力提高计量准确度及公平公正性。除此以外，计算机算法的不断突破，也使得各类高新技术、算法高效应用于电能表，使得电能表具备了一定的故障分析研判能力。

智能电能表的第三大特征为具有高速、共享、多向通信能力。智能电能表普遍具备通信模块，可实现电能表与电能表之间、电能表与采集装置之间的高效通信。依托电网中的采集装置及采集网络，电能表不再作为一个单独的个体，而是能够与电网各个节点的计量装置实现信息集成、互通。电网运行状态分析不再单独基于某个节点进行，而是能够依托各节点的电能表回传数据实现电网运行状态的整体评估。基于人工智能、大数据等模型，高质高效制定电网运行策略，查找设备故障，指导生产工作开展，电网的运维进入信息化时代。

智能电能表还普遍具备模块化的特征。与传统的电子式电能表相比，智能电能表的量测芯片集成度更高、拓展性更强，使得智能电能表的测量、通信、信息处理等功能可以通过结构化模块实现。这一优点有力降低了电能表发生故障后的运维成本，与以往整体更换相比，现在仅需更换故障模块即可实现正常计量。除此之外，模块化结构也有利于计量装置故障排查治理，进一步提升电网精益化运维水平。

1.2.4.3 新型电力互感器

智能现代计量体系在互感器方面的主要特征在于运用高新技术实现电力互感器更高电压、更智能化运维方式的电能计量。传统的互感器采用的是电磁感应原理，随着智能电网建设，长距离、高负荷输电需求日益增长，电路的电压等级日益增高，特高压、超高压输电线路建设需求层出不穷，传统的铁芯、绕组的互感器结构已难以适应更高的电压等级。新型电力互感器则不单单基于电气学科，如光电式互感器即应用光电技术基于法拉第磁光效应等原理，通过光电变换及电子电路的调制与解调实现了危险的高电压与安全的光信号的转换，大幅降低了设备制造要求及安全风险，有力地促进了特高压、超高压电网建设。

与传统的互感器相比，新型电力互感器常具备参数调整功能，如电容式电压互感器通过串联电容进行分压，若误差发生变化，则可以通过调整位置等实现互感器变比的微调，提高电压互感器准确性。

除上述类型互感器之外，还存在一种较为特殊的互感器，即用作数字化计量的互感器。与其他互感器的功能相比，数字化互感器具备一定电能表的功能。在数字化计量系统中，电能表仅保留电能计算功能，数字化互感器及合并单元则承担电气参数测量与信号变送的功能，这样做有利于进一步实现电气隔离，降低电能计量装置运行过程中的安全风险，节约计量装置建设成本，有力推进电网的进一步发展。

1.2.4.4　采集装置及采集网络

采集装置及采集网络是智能现代计量体系中的重要组成部分，智能电能表、新型电力互感器、电网运行状态分析与策略制定的联动离不开采集装置与采集网络。

虽然智能电能表普遍具备一定的功能，但受限于通信功率，通信距离较短，为实现电网整体各节点设备的智能互联，需要采集装置与采集网络的参与。

采集装置的作用是将电能表或其他设备的电气参量进行记录、存储、远传。在电能计量装置的信息化系统中，各个节点采集装置常作为电能数据通信的中枢，采集装置将采集到的电能计量数据进行合并、汇总，进一步通过集中器、采集主站等，形成采集网络。站与站之间通过无线、光纤等进行联结，最终将数据汇集至系统服务器。以国家电网有限公司的采集系统为例，通过电能表记录电量数据曲线，数据通过各级采集装置、集中器、主站汇集至用电信息采集系统，最终得到整体电网各节点的发、输、变、配电电量信息数据。

采集装置获取的海量数据在汇总之后，基于大数据分析、人工智能、聚类分析等高新技术手段建立运行监测模型，实现对电网中运行设备及计量装置本体的在线监测，相关业务数据也可作为计量装置运维质量管控的依据，用于业务管理。在现代智能电能计量体系中，采集装置与采集网络虽与计量无直接关系，但得益于高新技术的充分应用，为电能计量精益化管理提供了海量数据支撑，是智能电网开展数据分析、决策制定中必不可少的重要组成部分。如果说计量装置是电网的眼睛，用以观察电网中的每一处角落，那么采集装置与采集系统就是电网的神经元与神经，将每一处角落的信息传递至大脑。

1.2.4.5　智能决策辅助分析

具备智能决策辅助分析功能，是现代智能计量体系的根本特征。通过电能表、互感器、采集装置及采集网络的配合，电网每一个节点的运行状态数据汇总至"大脑"，在此实现对电网整体运行情况的把控及后续电网运行策略的制定。

智能决策辅助分析根据分析程度分为三个不同阶段，最基础的阶段是实现对电网运行状态的在线监测。在这个阶段，通过设定对应预警算法，监测电网中各个节点运行情况，得到预警阈值则输出警告。目前大多数电网企业所建设电网已具备上述功能。

第二个阶段能够根据系统中海量数据，实现运行状态分析模型的自适应改进。少量电网企业可以通过人工智能、大数据等技术手段，对电网运行状态研判模型实行自动迭代升级，从而实现电网运维技术的进一步提升。

最后一个阶段，智能电网要切实做到资源优化配置能力强、设备运行安全水平高、清洁能源调配预测准、电网调度运行智能、电网设备资产管理水准高，智能电网的运行已基本可以脱离人力控制，通过电网"大脑"实现运行策略智能制定、运行状态全量监测、运行故障事前预警。受技术水平限制，目前最后一个阶段仍基本处于理论阶段，需要人工智能技术进一步发展方可实现。因此这也是大部分电网企业的最终目标，少有电网企业能够做到。

1.3 新型电力系统中的计量技术

1.3.1 新型电力系统对电能计量技术的挑战

（1）场景适应性。新型电力系统中，分布式能源、微电网、电动汽车充电设施等场景的多样化，对电能计量技术的场景适应性提出了更高的要求。例如，分布式能源的输出功率和用电负荷具有波动性和不确定性，需要电能计量技术能够实时监测和计量。微电网中的电力流动和用电负荷较为复杂，需要电能计量技术能够精确测量和记录。电动汽车充电设施要适应不同的充电协议和充电速率，对电能计量技术的适应性提出了更高的要求。

（2）计量准确性。电力市场的开放和能源交易的增加，对电能计量的准确性要求越来越高。新型电力系统中的电能计量需要采用更精确的测量方法和设备，以减小误差和提高准确度。例如，采用高精度的电能表和传感器，以及采用先进的信号处理技术和数据分析方法，以提高计量的准确性和可靠性。

（3）运行稳定性。新型电力系统中的电网结构和运行方式更加复杂，要求电能计量设备具有更高的运行稳定性和可靠性。例如，在电网出现故障时，电能计量设备应能够继续运行并准确计量，以提高电力系统的稳定性和可靠性。

（4）测控智能性。新型电力系统要求电能计量技术具有更高的智能性，能够实现自动化、智能化的监测和控制。例如，采用传感器和智能算法对电能质量、负荷管理等方面进行实时监测和控制，可以提高电力系统的效率和可靠性。此外，通过与智能电网的配合，可以实现电能的调度和优化，提高电力系统的运行效率和稳定性。

（5）信息安全性。电能计量涉及大量的数据采集和传输，要求采取措施确保信息的安全性和隐私保护。需要采用加密技术、网络安全协议等措施来防止信息泄露和攻击。

此外，还需要建立完善的信息安全管理制度和技术保障体系，以保障电能计量数据的保密性和完整性。

（6）调度灵活性。新型电力系统中的调度灵活性要求越来越高，需要电能计量技术能够提供更准确、实时的数据支持，以实现更精细化、智能化的调度和管理。例如，通过实时监测和计量电网中的电力流动和用电负荷，可以实现对电力系统的实时调度和控制，提高电力系统的稳定性和效率。

1.3.2 电能计量技术在新型电力系统中的应用

1.3.2.1 市场交易

（1）为市场交易提供准确的电能计量数据。在电力市场化交易中，电能计量技术可以提供准确的电能计量数据，包括电量、电能质量、功率因数等。这些数据是买卖双方进行交易的重要依据，可以帮助电力市场参与者了解自己的用电情况，制定合理的电力采购和销售策略。

（2）支持电力市场交易决策。电能计量技术可以为电力市场参与者提供实时的电能计量数据，帮助其了解电力市场的供需情况，从而做出更加明智的交易决策。例如，如果一个企业发现其电量使用量比以往有所增加，它可能会选择增加电力采购量来满足其生产需求。

（3）促进电力市场透明度和公正性。电能计量技术可以提供准确的电量和电费数据，帮助电力消费者了解自己的用电情况和电费支出情况，增加电力市场的透明度和公正性。同时，这些数据也可以帮助电力企业更好地了解其电力销售情况，制定更加合理的销售策略。

（4）推动可再生能源的发展。随着可再生能源的发展，电力市场的交易品种和交易方式也更加多样化。电能计量技术可以帮助电力企业更好地了解可再生能源的发电情况和使用情况，为可再生能源的交易提供更加准确的数据支持。

1.3.2.2 运营调度

（1）电网负荷监测。通过电能计量系统的采集和处理，可以实现全面监测用电量和负荷水平，为电网的调度、运行、计费等提供全面的数据支持。这些数据可以帮助电网管理者更好地了解电网的运行情况，制定更加合理的调度策略。

（2）负荷预测和管理。通过电能测量与传感，可以实时监测电力系统的负荷情况，对负荷进行预测和管理，帮助电力企业合理安排发电计划，提高电力系统的运行效率。

（3）故障监测和排查。在电力系统中，一旦出现故障，就需要及时发现和排除。电能计量技术可以监测电力系统的运行情况，对异常数据进行报警，帮助运营人员快速发现和解决故障。

（4）优化资源配置。通过电能计量，可以了解电力系统的资源使用情况，优化资源配置，提高电力系统的运行效率。例如，如果某些区域的用电量比预期高，而另一些区域的用电量比预期低，就可以通过调整电价或者调度的方式，引导用户合理使用电力资源。

（5）监测电网设备运行状态。电能计量技术可以与电网设备相结合，实现对电网设备运行状态的实时监测。例如，通过电能测量可以监测变压器的负荷和运行状态，及时发现和解决潜在的问题。

（6）预警和预防电网事故。通过电能计量技术，可以实时监测电网的运行情况，对异常数据进行报警，帮助电网管理者及时发现和预防电网事故。例如，如果电网的用电量突然大幅增加，电能计量系统就会发出警报，提醒管理者及时采取措施，防止事故发生。

（7）优化电网运行效率。电能计量技术可以帮助电网管理者优化电网的运行效率。例如，通过电能测量可以监测不同区域的用电量情况，根据实际情况进行调度和优化，提高电网的运行效率。

1.3.2.3　信息支持

（1）提供准确的电量和电费数据。电能计量技术可以提供准确的电量和电费数据，这些数据是电网信息支撑的重要组成部分。通过对这些数据的分析和处理，可以了解用户的用电行为、电力市场的供需情况等，为电网的调度、运行、计费等提供数据支持。

（2）保障电网安全和稳定运行。电能计量技术可以提供电网的实时监测数据和预警信息，帮助电网管理者及时发现和解决潜在的安全隐患和故障。通过提供准确的负荷数据和电能质量数据，可以为电网的稳定运行提供保障。

（3）提供准确的电量和负荷数据。电能计量技术能够准确测量和记录电网中的电量和负荷数据。这些数据是电网信息支持的核心，可以帮助电力企业了解电网的运行状况、供需情况、电力设备的性能和效率等，从而为电网的调度、运行、规划等方面提供全面的数据支持。

（4）支持能源互联网建设。能源互联网是未来电力系统的发展方向，它强调能源的清洁、低碳、高效和可持续。电能计量技术可以与能源互联网相结合，提供准确的电量和电能质量数据，帮助电力企业更好地了解用户的用电行为和需求，优化能源配置和利用，提高能源利用效率，推动能源互联网的建设和发展。

（5）支撑电网的自动化控制和调度。电能计量技术可以实现电力设备的实时监控和控制，通过传感技术和电力设备的自适应控制系统，自动化调度和优化电网的运行状态，提高电网的安全性和适应能力。同时，电能计量技术还可以为电网的故障监测和排查提供数据支持，帮助电力企业及时发现和解决电网故障。

1.3.2.4 节能减排

（1）提供数据支持。节能减排工作需要大量的数据支持，包括电力消耗量、电能质量、功率因数等数据。电能计量技术可以准确提供这些数据，帮助企业了解自身的用电情况、能源成本和节能潜力，从而制定更加合理的节能措施。

（2）支持能源管理和节能。电能计量技术可以与能源管理系统相结合，帮助用户更好地了解自己的用电情况、能源成本和节能潜力，促进企业实现能源的精细化管理，提高能源利用效率。通过提供实时监测电能数据和分析结果，引导用户采取合理的节能措施，降低能源消耗和成本。

（3）推动技术创新。电能计量技术可以推动技术创新和产业升级，促进电力行业的可持续发展。例如，通过现代量测技术和方法，可以精确分析电力设备的运行效率和可靠性，针对问题提出解决方案，从而进一步降低能源消耗和排放。

1.3.3 电能计量技术的发展动态与趋势

随着物联网、大数据、人工智能等技术的不断涌现，电能计量技术也正在向数字化、网络化方向发展。以一次设备智能化、二次设备网络化和运行管理自动化为特征的数字化变电站已成为电网建设主流，与传统计量设备有本质区别的数字化计量装置也得到规模应用。随着能源企业对高效、低成本、环境可持续能源需求的不断增长，以及智能技术的普及，高级计量基础设施（Advanced Metrology Infrastructure，AMI）技术也成为电能计量关键技术之一。为适应新型电力系统"双高双峰"特征而产生的导轨式电能表、抗直流互感器、智能量测开关等新型测量设备正在逐步普及，代表最新前沿技术的量子测量技术也进入了实验室验证阶段。

1.3.3.1 高级计量基础设施（AMI）

高级计量基础设施（AMI）是一种系统，用于测量、收集和分析能源使用情况，并根据要求或计划与电能表、煤气表、热量表和水表等计量设备进行通信。AMI包括硬件、软件、通信、消费者能源显示器和控制器、用户相关系统、仪表数据管理（Meter Data Management，MDM）软件和供应商业务系统。

AMI的主要功能如下：

（1）远程监控和管理。AMI可以通过通信网络实现对远程计量设备的监控和管理，包括实时监测设备的运行状态、收集设备的测量数据、设置设备的参数等。

（2）数据采集和存储。AMI可以自动采集和存储各种计量设备的测量数据，包括电力、煤气、热量和水等能源的消耗量，以及温度、湿度等环境参数。这些数据可以用于后续的分析和决策。

（3）能源管理。AMI可以通过对采集到的数据进行分析，实现能源管理和优化，包括预测能源需求、制订能源使用计划、评估能源效率等。

（4）故障诊断和预测。AMI可以通过对设备运行数据的分析，识别潜在的故障和问题，并且可以预测设备未来的性能和寿命，从而为设备的维护和管理提供支持。

（5）用户交互和智能控制。AMI可以通过智能控制器和能源显示器等设备，实现与用户的交互和智能控制，包括自动控制设备的运行状态、设置设备的运行参数等。

AMI作为一种基于现代信息技术和通信技术的能源管理解决方案，可以为城市级区域供冷/热计量系统、建筑物级冷/热计量系统及工业企业能源管理系统的应用提供帮助，提高能源利用效率和管理水平。

1.3.3.2 智能变电站数字化计量技术

我国已建成智能变电站5000余座，智能变电站中一个极其重要的组成部分是数字电能计量系统，采用数字化测量理念，利用电子式互感器或合并单元将被测对象数字化，数字化后的数据经过无损传播至数字化电能表或PMU、电能质量分析仪等数据处理单元，在不增加互感器负载能力的前提下，实现数据共享。该系统根据互感器的不同分为由电子式互感器、合并单元、数字化电能表等组成的全数字化计量系统和由传统互感器、模拟量输入合并单元与数字化电能表组成的半数字化计量系统，目前后者相对前者使用更为广泛。数字化电能表的输入是合并单元输出的包含电压、电流采样值的网络报文，其原理、功能和结构与传统电能表有显著差异。

1.3.3.3 导轨式电能表

导轨式电能表是一种新型的微型智能电能表，主要用于380/220V终端照明系统。它采用标准DIN35mm导轨式安装，结构模数化设计，宽度与微型断路器匹配，可以方便地安装于照明箱内。这种电能表采用LCD显示，能够测量电能及其他电参量，还可以进行时钟、费率时段等的参数设置，并具有电能脉冲输出功能。它还可以通过RS-485通信接口与上位机实现数据交换。

导轨式电能表具有体积小巧、精度高、可靠性好、安装方便等优点。它的性能指标符合GB/T 17215《电度表》、GB/T 17883—1999《0.2S级和0.5S级静止式交流有功电度表》和DL/T 614—2007《多功能电能表》对电能表的各项技术要求，因此适用于政府机关和大型公建中对电能的分项计量，也可用于企事业单位作电能管理考核。导轨式电能表的微型化结构，使它可以方便地与微型断路器一起使用，安装于终端照明箱内，为低压照明终端的电能计量提供有效的解决方案。此外，导轨式电能表还具有多种功能，如防窃电功能、预付费功能等，可根据用户需求进行定制。它还具有高过载能力，可以承受较大的电流冲击，适用于各种复杂的电力环境。

总的来说，导轨式电能表是一种高精度、高可靠性、易安装、易使用的智能电能表，适用于各种终端照明系统的电能计量和管理。它的广泛应用将有助于提高电力系统的运行效率和管理水平，推动电力行业的智能化发展。

1.3.3.4 DBI 互感器

DBI 互感器是一种新型的电流互感器，具有高可靠性、铁芯不易饱和、波形不易畸变等优点。与传统的电流互感器相比，DBI 互感器在电能计量方面的准确性大大增强。DBI 互感器的优势如下：

（1）可以提高电能计量的精度和稳定性，减少因计量误差引起的损失和纠纷。

（2）DBI 互感器的宽频带和快速响应特性可以更好地适应现代电力系统的发展，提高电力系统的稳定性和可靠性。

（3）DBI 互感器的抗直流偏磁性能优异，可以有效避免直流偏磁对电力系统的影响，保护电力系统的安全稳定运行。

（4）DBI 互感器的应用范围广泛，适用于各种类型的电力系统，包括高压、超高压、低压等。在能源管理、电力系统监控、电力设备保护等方面都有很好的应用前景。同时，DBI 互感器具有安装方便、结构简单、维护容易等特点，因此其他成为电力系统改造和升级的优选产品。

1.3.3.5 智能量测开关

智能量测开关是一种集成数据采集、处理和控制功能的开关设备。它可以通过对电流、电压等电参数的测量，实现对电路的监测和控制，同时还可以与上位机进行通信，实现远程监控和管理。

（1）智能量测开关的主要功能包括测量和显示电路的电流、电压、功率因数等电参数，对电路进行过载保护和短路保护，控制电路的分合闸，以及通过通信接口与上位机进行数据交换。它还可以通过扩展模块实现电能计量、电能质量监测、远程控制等功能。

（2）智能量测开关的特点包括高精度测量、智能化控制、易于维护和操作、支持远程监控等。它适用于各种类型的电力系统，包括低压和高压系统，可广泛应用于电力系统的监测、保护和控制。

（3）智能量测开关的应用范围包括电力系统的监测和控制，如变电站、配电站、工厂、医院等场所的电力系统，以及新能源、矿山、石化等行业的电力系统。通过对智能量测开关的应用，可以提高电力系统的稳定性和可靠性，降低电力损耗和管理成本，提高能源利用效率和管理水平。

1.3.3.6 量子计量

量子计量技术是一种利用量子力学原理进行高精度测量和计量的技术。它利用了量子纠缠、量子压缩等量子特性，可实现对物理参数的高分辨率和高灵敏度测量。在量子计量技术中，最核心的概念是量子态的纠缠和压缩。

（1）量子纠缠是指两个或多个粒子之间存在一种特殊的关联，使得它们的状态是相互依赖的。这种纠缠关系可用于实现高精度的测量，因为当一个粒子的状态被测量时，另一个粒子的状态也会被确定。

（2）量子压缩是一种利用量子纠缠的特性来降低量子态噪声的技术。它可以将量子态噪声降低到低于经典噪声的水平，从而提高测量的精度。

（3）量子系统的误差和噪声。误差来源于测量设备的限制、环境干扰等因素，而噪声则源于量子系统的随机性和不确定性。为了克服这些误差和噪声，需要采用一些量子计量学的技术，如量子态的制备、量子门的设计、量子纠缠的增强等。

在实际应用中，量子计量技术可应用于各种领域，如光学干涉仪、原子干涉仪、电子显微镜、光谱测量等。它可以提高测量的精度和稳定性，降低测量误差和噪声，从而为科学研究和技术开发提供更好的支持和保障。

第2章 新型电力系统计量运行监测

传统计量装置的定期检验、到期轮换、故障后处理模式，存在故障发现迟、检修无效多、安全风险大、效率低下等诸多不足。通过建立完整的计量装置在线监测体系，可以实时发现计量装置在运行过程中出现的问题，从而及时进行针对性检验和检修计划调整，保证计量数据的准确性。这对于企业的综合效益提升至关重要，同时也有利于实现企业和用户之间的公平交易，避免出现不必要的经济纠纷，树立良好的企业形象，提升企业的信誉。

2.1 新型电力系统量测传感体系

随着全球能源结构转型和数字化技术的飞速发展，旨在实现对电力系统的实时、精确和全面感知与控制的量测传感体系随之产生并不断发展，新型电力系统量测传感体系的建设成为推动电网现代化、智能化的关键一环。新型电力系统的量测传感体系是一个高度集成的、智能化的监测和控制系统，由末端的传感器、本地和/或远程的数据传输链路及具有统一处理和存储能力的主站构成，并由主站、采集终端、电能表等设备上部署的算法模型、应用软件等予以丰富和拓展。从量测传感的全过程环节来说，可以将新型电力系统量测传感体系划分为传感器、通信和数据处理三个方向。

2.1.1 传感器技术

传感器是能够感受特定的被测量，并按照一定的规律转化为可用信号的器件或装置，其基本功能是检测来自外界的信息，这些信息根据应用场景可以分为电参数、环境参数或物理参数等。考虑到环境、场地、空间等因素的限制，随时随地的高精密测量不具备可行性和经济性，而动态测量的需求又必须得到满足，因此传感器技术已经越来越多地应用在工业生产、医疗领域、交通运输和日常生活的方方面面。

电参数传感器是电力系统中最常见的监测传感设备，其主要功能包括将高电压大电流转化为计量仪器仪表可以承受的小微信号、实现一次运行系统与二次测量监控系统的电气隔离，以及实现电磁场等不易直接测量信息的形式转换等。根据测量对象的不同，电参数传感器可分为电流传感器、电压传感器和电磁场传感器等。

（1）电流传感器。主要利用电流的磁效应或热效应，将被测电流转化为小电流或微电压信号，并通过信号线传输至接收端，实现测量监控功能。电流传感器按照测量原理可以分为分流器、电磁式电流互感器、电子式电流互感器等。电流传感器的常见应用场景包括在计量系统中将一次大电流转变为电能表可以承受的二次小电流，在工业控制中用于监控关键发/用电设备的运行状态和出力情况等。

（2）电压传感器。电压传感器用于监测和计算电位差的装置，主要通过电磁感应或电场效应，将交流或直流电压信号转化为其他形式的电参量并完成输出，信号形式包括模拟信号、数字信号、开关信号等。电压传感器通常由压敏元件、转换元件、转换电路和辅助电源等功能组件构成，常见的用途包括在计量系统中将一次高电压转换为二次低电压并实现电气隔离，在电能质量管理中对电压波形进行频谱分析与跟踪监测，在电源管理中用于监视主电源供电情况以及时投入备用电源等。

（3）电磁场传感器。电磁场传感器是用于测量电场和磁场的装置，它的测量原理是电磁感应与电磁场的相互作用。进行测量时，电磁场传感器首先通过发射器释放一个特征已知的电磁场，并与目标物体进行交互，此时测量点周围的电磁场将发生变化，传感器通过测量这些变化情况并加以分析，即可获取测量点位置的电磁场参数或环境信息。电磁场传感器主要用于对电磁干扰要求较高或环境背景电磁场较强的场景，如精密测量控制、变电站运行监控、医用微电磁设备等。

2.1.2　通信技术

在我国的电力系统中，计量装置通常按照一户一表的原则配置，因此电网同时在运的电能表数量可达数亿只。出于电力交易结算法制性、规范性和准确性的要求，需要通过采集系统实现海量电能表数据的统一冻结与采集，确保结算周期一致、电量数据一致、出账时段一致。为提升采集质量、降低系统运行压力和数据拥堵风险，采集链路分为本地采集和远程采集两个层级实施，并各自形成了相应的技术体系。

2.1.2.1　本地通信技术

本地通信主要解决台区层级计量数据的汇集与监测分析问题，覆盖电能表数量多为数十只至数百只。这些电能表按照各自分配的 IP 地址构建信号传输路由与通道，即可实现信息传输。数据最终汇集在采集终端或具有相似功能的控制器，形成数据包并进行边缘计算。本地通信的实现方式主要包括载波、微功率无线和总线连接等。

（1）载波通信技术。电力线载波通信技术（Power Line Carrier，PLC）是利用电力线作为传输介质的通信技术，它的基本原理是在发送端将数据信号以特定频率调制为载波信号，并与电力线原有的工频电信号进行混合叠加，载波信号传输到接收端后，再通过解调器将其分离出来并还原为方便存储和编码的数字信息。载波通信在发展演进过程中，经历了窄带载波和宽带载波两个技术阶段。窄带载波因通信频段较窄而得名，其中心频率通常在数百千赫范围内，网络通信速率往往在每秒几十到几百千比特水平，且不支持实时性数据交互。相对于窄带载波，宽带载波的中心频率拓展至 2～12MHz，通信速率也达到了 2Mbit/s，同时也具备了多数据帧并发通信和实时双向交互控制的能力，为计量装置和附属设备的高频度、准实时监测控制提供了基础。

（2）微功率无线通信技术。此技术是低功耗、不依赖信号线的通信技术，通常用于解决短距离、长时间的点对点通信问题。微功率无线通信目前在低压台区计量信息采集中作为载波通信的有效补充手段，其优势在于低功耗、长寿命和低成本。根据通信协议和技术原理的差异性，目前主流方法包括蓝牙通信、Zigbee 通信和 LoRa 通信等。其中，蓝牙通信主要用于短距离信息交互，有效传输距离通常在 10～50m，但传输速率最高可达 2Mbit/s，信号抗干扰能力和安全防护性能较强。Zigbee 通信是基于 IEEE 802 系列标准的一种通信协议，可以在 2.4GHz、868MHz 和 915MHz 三个频段进行通信，具备更高的抗干扰能力和低功耗特性，传输距离可达 100m 数量级，传输速率比蓝牙通信稍低，最高可达 200～300kbit/s。LoRa 通信，即由 Long Range 两个单词组合而得名的无线通信技术，实现了远距离通信和高灵敏度接收，传输距离可以达到数千米，传输速率相对较低。

2.1.2.2　远程通信技术

远程通信的主要作用是实现现场侧（台区或专用变压器终端，简称专变终端）和主站侧（用电信息采集系统，简称用采系统服务器）的数据交互，根据传输信道不同大致可分为专网通信和公网通信两种。

专网通信指在电力行业一般特指 223～235MHz 频段的无线通信信道，简称 230MHz 无线通信。根据《中华人民共和国无线电管理条例》和《中华人民共和国无线电频率划分规定》，该频段主要用于多个行业，包括电力、燃气、人防、水务等行业的无线数据传输和能源互联网应用需求。结合电力系统场景，该频段主要用于采集终端与主站服务器的通信使用。受频段和通信资源限制，230MHz 无线通信目前主要用于关键信息和重要用户的远程测控，如实现有序用电用户的运行控制等。

公网通信即利用公共网络进行的数据交换和通信活动，其演进过程基本与网络通信技术的升级同步。

2.1.3　数据处理技术

2.1.3.1　数据质量探查、校核与清洗技术

随着信息技术的发展和数智化转型的深入推进，数据管理对大中型企业经营和管理

的意义和价值日益凸显。在大数据时代背景下，数据本身的质量对数据分析结论和决策质量的影响显然是决定性的。为了支持正确决策，就要求所管理的数据可靠，没有错误，能够准确地反映实际情况。

人们常常抱怨所谓的"数据丰富，信息贫乏"，其中一个原因是缺乏有效的数据分析技术，尤其是针对视频、音频、图片、文本文件等非结构化数据；而另一个重要原因则是数据质量不高，如数据残缺不全、数据不一致、数据重复等，导致数据不能有效地被利用。

随着大数据技术的兴起，国外著名高校、企业及其政府机构纷纷参与到非结构化信息管理框架建设工作中，开展数据质量综合评估，初步实现了由结构化数据向非结构化数据质量管理扩展，提升了非结构化数据的智能应用水平。近年来，为了提升获取数据的质量，产业界通常采用探索性分析、数据清洗和规则引擎等方式进行数据预处理。

（1）数据探索性分析（Exploratory Data Analysis，EDA）是一种通过使用图形和计算方法来检查数据集以发现模式、异常值、结构或关系的过程，它的目的在于理解数据的主要特征，为后续更深入的分析提供指导。例如，在贷款违约风险分析的案例中，分析师可能会对包含个人信息、信用历史和贷款细节的数据集进行 EDA，通过比较违约与非违约用户的分布情况，识别出影响违约的关键因素。此外，分析师还可能发现某些变量之间存在相关性，比如收入水平与违约率的负相关关系，或是某些用户群体的违约率异常高，有助于银行或金融机构更好地制定贷款政策，并对风险进行管理。

（2）数据清洗是数据分析过程的关键步骤，涉及修正或删除数据集中的不准确、不完整、不一致和无关部分。数据清洗通常包括处理缺失值、识别并处理异常值、解决重复记录、纠正数据不一致性及标准化数据格式。这一过程至关重要，因为它有助于提高数据质量，确保后续分析的有效性。例如，在电信公司客户流失预测的项目中，数据清洗可能涉及检查客户数据表，其中可能包含诸如空的电话号码、无效的客户 ID、重复账户或不合理的合同开始日期等问题。清洗过程包括剔除或更正这些错误，估算和填补合理的缺失值，如使用已知的相似客户数据来填补缺失的收入信息，以及标准化日期格式确保所有记录都符合同一标准。通过彻底的数据清洗，分析师能够构建一个干净且一致的数据集，为开发准确的客户流失预测模型提供坚实基础。

（3）规则引擎是一种软件系统，用于存储、管理和应用业务规则。它允许定义、执行和监控规则，以确保业务决策和操作的自动化和一致性。规则引擎通常包括一个规则编辑器（用于创建规则）、一个规则库（用于存储规则）和一个推理引擎（用于执行这些规则并作出决策）。在银行信贷审批的应用案例中，规则引擎可以用来自动评估贷款申请人的信用资格。根据历史数据制定的规则可能包括申请人的收入水平、信用记录、负债比率等因素。当新的贷款申请进来时，规则引擎会根据这些预定义的规则对申请进行评分，并自动决定是否批准贷款，或者该贷款的利率和其他条款。通过使用规则引擎，银行能够快速、一致地做出信贷决策，同时降低人为错误和欺诈风险。

2.1.3.2　人工智能

人工智能是最具颠覆性的技术之一，各国政府、研究机构和企业已积极行动，制定技术战略，密切跟踪最新技术发展。2017 年 7 月，国务院印发《新一代人工智能发展规划》，将人工智能提升到国家战略层面。目前，国内外诸多研究机构和专家学者均已在人工智能领域开展了大量的科研及应用探索工作，在机器人巡检、专家系统、需求侧管理、视频及图像识别等领域已经取得了一系列实用化的成果，部分领域已经实现产业化的应用。

结合电力企业减负的政治责任、社会责任和经济责任，人工智能技术天然具有提质增效和降本增收的优势，应用人工智能技术，提升生产管理水平和优化客户服务质量自然成为大势所趋。

（1）数据审核方面。随着智能电能表的普及，已经积累了海量的用电信息采集数据，但空值、错误、冗余、格式不符合及数据不一致等异动数据普遍存在，用电信息采集数据质量成了困扰进一步深入分析挖掘量测数据的瓶颈。目前用电信息采集系统主要通过收集表档案信息，利用集中器和采集器进行用户表数据采集，经常出现表档案录入错误、录入重复、少录、多录等问题，各系统间的基础档案数据同步也存在较大的不一致性问题，需要借助自动化手段发现并解决。另外，用电信息采集数据审核、抄表审核、电价和电费审核等方面，存在较大的人工工作量。以某省公司为例，电费审核工作方面，1500多万用户中，30%～50%的电费记录需要人工审核，每月投入 290 多人开展审核工作，在缴费数据与银行资金信息对账工作中，目前设专职人员 74 人，每人每天处理对账 110笔，每年耗费约 2 万人·天。上述工作亟需充分利用智能化手段进行核查，提升工作效能和准确性。

（2）信息安全方面。随着信息技术的发展，用户隐私泄露问题也日益突出，敏感数据泄露事件屡见不鲜。在全球范围内，仅 2016 年已曝光的数据泄露事件就高达 974 起，数据泄露记录总数超过了 5.54 亿条之多。2014 年，青岛一家电力公用设施公司的员工利用工作便利，将国家电网营销系统内的 2 万余条业主信息私自对外泄露，严重侵犯了公民个人隐私。用电数据包含大量用户敏感信息，通过分析负荷变化、月用电量等数据，可以直接获得用户的生活起居习惯、家电配置情况，甚至进一步分析其家庭成员构成、消费能力等，造成严重的用户隐私泄露。有案例表明，有部分商家非法获得用户用电信息，通过分析用电模式和规律，进行精准营销。《中华人民共和国网络安全法》明确规定要加强对个人信息的保护，网络产品、服务具有收集用户信息功能的，其提供者应当向用户明示并取得同意。电力企业业务系统和通信网络覆盖用户往往达到亿数量级，涉及采集、汇聚、传输、存储、处理及发布等环节，存在生产数据和用户个人隐私信息泄露的风险，必须研究数据脱敏方法和技术，在利用数据的同时确保数据安全。

（3）设备评价方面。目前，计量设备状态的评价与确认一般通过周期检定、运行抽检、用户申校等人工方式开展，以上海、重庆和天津三地区为例，其平均运行抽检合格率均超过 99.99%。对长期运行的拆回电能表进行检测的数据显示：计量误差在 60% 误差限以内的电能表占 96.35%，计量误差在合格范围内的电能表占 98.33%，计量误差不合格的占 1.67%。统计结果表明，通过人工方式开展误差分析诊断工作效率较低，因为大量运行电能表都是合格的，这样做既浪费了人力物力资源，又无法对故障表及时定位。应用大数据分析技术，通过研究台区用户用电量、台区总表电量、台区户表关系、线损、用户档案等数据挖掘与计算，可以实现现场业务派单与智能电能表误差分析模型有效结合，提升现场故障判断算法准确性，开展采集运维优选派工机制下智能电能表远程误差分析结果的现场验证。

（4）用户行为分析方面。随着智能用电互动化的不断深化，用户对于自主权、选择权和参与权的意愿越来越迫切，用户逐渐成为电力系统运行和互操作的重要主体。不同类型的用户对于用电需求呈现出不同的特征，工业用户关注能效服务、节电咨询、需求侧响应、分布式能源接入等；商业用户关注综合用能管理、新能源发电解决方案、节能方案等；居民用户关注智能家居、多渠道缴费、需求侧响应、家庭用能综合解决方案等。因此，分析用户用电行为，掌握用户用电特征，对于提升供电服务水平、打造电力企业品牌、践行互联网+营销服务具有重要的意义。亟需将人工智能技术广泛应用于用电负荷特征分析领域，建立通用型负荷特征模型库，为各类业务应用场景提供共享的、可扩展的模型支撑。业务应用场景主要有户变关系识别、串户串表识别、源网荷友好互动、精准负荷控制、用户差异化服务、分时电价设计、用户级负荷预测、需求响应潜力评估、窃电识别、违约用电、节能降耗、工业生产异常监测、用户肖像描绘等业务场景。

2.1.3.3 知识图谱技术

知识图谱（Knowledge Graph）是一种通过将应用数学、图形分析学、信息可视化技术、信息科学等学科的理论与方法同计量学领域中引文分析、关联分析及共视分析等方法相结合，并采用可视化的图谱形象地展示相关领域内容核心结构、学科关联、影响因素及其他与领域核心内容建立各种强度关联关系实体的现代理论与智能分析方法。相比于传统数据库知识架构与其他分析方式，知识图谱具有可视化的特性，可以将本领域海量知识信息以更直观、更高效的方式呈现给用户，已在搜索引擎、电商平台、智能客服及社交网络等多个领域得到不同程度的应用。知识图谱技术在跨领域、跨专业的信息架构和专家经验的机器语言表达方面具有天然的优势，是现有人工智能技术中比较接近真实人脑思维过程的一种方法，适合处理需要中小型关联推理及逻辑运算的智能分析与判断。但从知识和文献检索结果来看，知识图谱当前的主要应用方式依然比较局限，多围绕其跨领域关联和知识信息的结构化特征开展，而相对比较轻视它对于专业知识库信息的理解、推理与融合能力。目前关于特定专业领域内应用知识图谱技术开展强专业性工作辅助决策的记录仍较少。

知识图谱的最大特征是将知识作为具有属性和彼此联系的实体进行关联管理，形成结构化的语义知识库，用符号形式描述数学、物理层面的概念及相互作用关系，能有效将碎片化的信息整理并融合，建立领域知识模型，并挖掘隐藏的关联关系和传递影响。在不同的领域中，知识图谱的范围和结构也不尽相同，已有的知识图谱构建方法多通过对领域本体的类、实例、属性、关系、公理等元素进行定义来体现，刻画领域中的类和实例及其之间的层次关系，对领域知识进行归纳和抽象。常用的方法包括本体论工程方法和叙词表转化为本体的方法。

我国对于中文知识图谱的研究已经起步，并取得了许多有价值的研究成果。早期的中文知识库主要采用人工编辑的方式进行构建，例如中科院计算机语言信息中心董振东领导的知网（HowNet）项目，其知识库特点是规模相对较小、知识质量高，但领域限定性较强。由于中文知识图谱的构建对中文信息处理和检索具有重要的研究和应用价值，近年来吸引了大量的研究。在业界，出现了百度知心、搜狗知立方等商业应用。在学术界，清华大学建成了第一个大规模中英文跨语言知识图谱 XLore，中国科学院计算技术研究所基于开放知识网络（OpenKN）建立了"人立方、事立方、知立方"原型系统，中国科学院数学与系统科学研究院提出知件（Knowware）的概念，上海交通大学构建并发布了中文知识图谱研究平台 zhishi.me，复旦大学 GDM 实验室推出中文知识图谱项目等。这些项目的特点是知识库规模较大，涵盖的知识领域较广泛，并且能为用户提供一定的智能搜索及问答服务。

国际层面而言，微软在 2013 年 7 月发布了自己的 satori 知识库以后，必应（Bing）搜索引擎的高级主管 Weitz 公开表示，发布 Satori 只是表明微软已有类似的技术，然而目前这一技术本身还存在许多问题。这一表态，折射出该领域背后的技术竞争十分激烈，从当前披露出来的商业产品，也能看出业界对此的普遍重视。表 2-1 给出了当前主流的知识库产品和相关应用，其中包含实体数最多的是 WolframAlpha 知识库，实体总数已超过 10 万亿条。谷歌的知识图谱拥有 5 亿个实体和 350 亿条实体之间的关系，而且规模还在不断地扩大。微软的 Probase 包含的概念总量达到千万级，是当前包含概念数量最多的知识库。Apple siri，Google Now 等当前流行的智能助理应用正是分别建立在 WolframAlpha 知识库和谷歌的知识图谱基础之上的。

目前已经得到广泛认可和应用的知识图谱类产品参见表 2-1。

表 2-1 知识图谱及相关类似产品

知识图谱	产品	数据源
Knowledge Vault	Google Now	维基百科、Freebase
Wolfram Alpha	Apple siri	Mathematica
Satori/Probase	Bing 搜索/微软 Cortana	维基百科
Watson KB	IBM Watason system	网络字典
YAGO KB	YAGO	维基百科

知识图谱的主流应用方法是知识推理。知识推理是知识图谱的研究热点之一，已在垂直搜索、智能问答等应用领域发挥了重要作用。面向知识图谱的知识推理旨在根据已有的知识推理出新的知识或识别错误的知识。知识图谱中的知识表达形式相对传统推理方法更加简洁直观、灵活丰富，面向知识图谱的知识推理方法也更加多样化。面向知识图谱的知识推理可分为基于知识图谱规则的推理、基于分布式表示的推理、基于神经网络的推理及混合推理。

（1）基于知识图谱规则的知识推理。指将知识图谱转变为规则语句和统计特征，采用一阶关系学习算法进行推理，学习概率规则后进行人工筛选过滤。YAGO 知识图谱采用了 Spass-YAGO 推理机制，将知识图谱中的三元组映射为等价的规则类，采用链式叠加方式传递规则关系。Cohen 等进一步提出了 Tensorlog 方法，将实体映射为 one-hot 向量，引入 {0,1} 矩阵描述关系，逻辑推理过程转化为矩阵乘，并基于此数学模型预测缺失实体、属性和关系。

（2）基于分布式表示的知识推理。指在 Tensorlog 方法基础上，进一步将实体、关系、属性的推理预测转化为简单向量操作，应用转移矩阵、张量/矩阵分解和基于空间分布等方法进行推理。其中 Bordes 等人提出了第一个基于转移的表示模型 TransE，并利用实体间的转移向量距离进行推理。但 TransE 仅考虑三元组约束，未考虑层次关系、时间约束、语义信息，且参数选择未能反映数据特点。为此 Wang 等提出 TransH 处理多映射属性关系，为每个关系多学习一个映射向量。Wen 等提出 m-TransH 直接建立多元关系模型，以多元损失函数的累加和作为推理的目标。Lin 等提出 TransR，为每个关系建立一个空间，将实体映射到关系空间，并把关系向量作为实体向量的转移矩阵。后来又产生了 TransE，这些改进本质上采用复杂关系的转移矩阵替代了稀疏的简单关系矩阵，以解决层次关系、时间约束、语义信息缺失和参数选择等问题。

（3）基于神经网络的知识推理。指利用神经网络对知识图谱的事实元组进行建模，将整个网络作为一个得分函数，利用神经网络后向传播模型来预测知识图谱未出现的新事实元组和关系，获得了很好的推理能力和泛化能力。但目前基于神经网络的推理研究还处于起步阶段，如何借鉴神经网络和深度学习其在其他领域成功的经验，是需要重点研究的内容。

2.1.3.4　决策树技术

决策树是以实例为基础的归纳学习算法，通常用于提取描述重要数据类的模型或预测未来的数据趋势。决策树采用贪婪策略，通过递归方式自顶向下构造分类规则，从决策树根节点到叶节点的每条路径都对应着一条规则，每个叶子节点代表一个预测输出。决策树分类的关键在于合适的分类属性规则，最佳属性分割点将加快决策树的生长，优化决策树结构。为此 ID3 利用信息增益最大属性作为分类优先属性，C4.5 在 ID3 的基础上将信息增益率最大属性作为分类优化属性，避免了分类样本不均衡带来的误差。随着数据样本和分支规模增加，单一决策树效率低下、准确度低，包含多决策树的随机森林和梯度提升决策树开始受到广泛关注。

2.1.3.5　数据可视化技术

数据可视化技术是将数据转换为图形或视觉表示形式的过程，以便更容易理解和洞察数据模式、趋势和异常。它利用人类对视觉元素如颜色、形状和动态效果的敏感性来揭示数据中的含义，并帮助用户快速做出决策。常用的数据可视化工具和技术包括条形图、折线图、散点图、热图、地图和仪表板等。例如，在城市交通流量分析的案例中，数据可视化可以用来展示不同时间段内各主要道路的拥堵情况。通过收集交通传感器的数据，并将其转换成热图或动态的时间序列图表，城市规划者和通勤者可以直观地看到哪些道路最为拥堵，以及这些拥堵随时间的变化情况。这样的视觉化展示有助于理解城市交通模式，优化路线规划，减少通勤时间，提高整体交通效率。

2.2　新型电力系统计量设备性能评价与分析

2.2.1　电能表关键性能评价与分析技术

2.2.1.1　技术概述

依据相关规程标准、运行经验，结合变权理论及层次分析法计算指标之间影响的相对重要性，并予以归一量化；通过模糊分布法建立隶属函数，计算各状态量对于各状态评级的隶属度，并根据隶属度值建立模糊关系矩阵；选取模糊算子并结合模糊关系矩阵和权重向量，最后建立基于模糊综合评判的电能表状态决策模型。

2.2.1.2 技术特点

（1）建立基于数据血缘关系挖掘的运行电能表生命周期数据仓库。基于数据总线整合用电信息采集系统、营销业务应用系统（SG 186）、计量生产调度平台（MDS）三个系统的现场检验运行误差、同批次运行故障率、电量异常等十类电能表状态关联数据，明确数据血缘关系，表征运行电能表的状态特性，如图2-1所示。

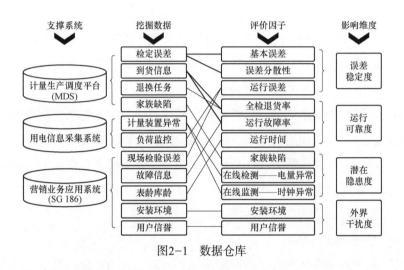

图2-1 数据仓库

（2）构建基于数据标签的在线电能表模糊综合评判的专家决策模型。依据误差稳定性、运行可靠性、潜在隐患、其他要素等四个维度上的电能表数据标签，基于数据孪生关系及专家知识库，构建智能状态评价算法，确立电能表运行状态的量化表征，如图2-2所示。

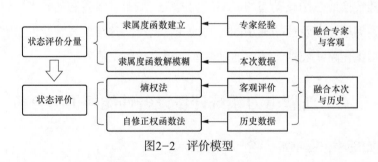

图2-2 评价模型

（3）制定运行电能表智能规划状态检验策略。依据电能表专家决策模型得出的量化特性，智能分类出稳定状态、关注状态、预警状态，依据电能表类别动态规划出不同状态的检验周期，实现电能表的在线状态精准判定，将"周期检验"转变为"精准检验""事后处理"变为"状态预警"，如图2-3所示。

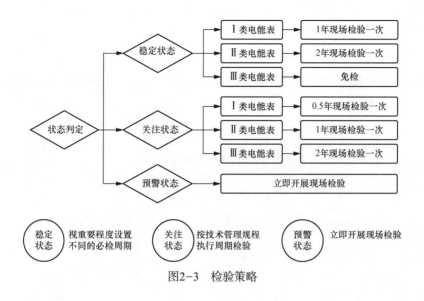

图2-3　检验策略

2.2.1.3　技术路线

1. 数据库构建

为了科学地完成智能电能表运行状态评价模型，从数据层面对智能电能表运行状态评价的数据需求进行分析，须先确定整个评价模型的数据来源和范围，然后对数据进行分类汇总，再对确定的范围数据进行影响因素分析，进而对选取的基础数据进行抽象、分析，从而支撑最终的模型建立，为最终的电能表状态评价提供理论依据和数据基础。

2. 数据源选取

智能电能表状态评价数据来源选取遵循以下原则：

（1）全面性原则。智能电能表运行状态评价模型选取的数据全面包含智能电能表运行过程各关键因素数据，能够有效支撑评价体系的执行。凡是影响智能电能表运行可靠性的业务数据，都应该列入模型数据源，避免因为数据源选取缺失造成模型结果不准确，为智能电能表运行状态评价型打好全面的数据基础。

（2）真实性原则。智能电能表运行状态评价模型的数据源选取应当具备一定的真实性和可行性，不能脱离实际现有业务系统数据凭空产生，通过对现有业务系统〔包含计量生产调度平台（MDS）、SG186营销业务应用系统、用电信息采集系统〕的实际业务数据进行分析筛选，确保最终选择的数据是切实存在且真实的。

（3）有效性原则。智能电能表运行状态评价模型的数据源选取应当具备一定的有效性，在具备必要的全面性前提下，数据源的选取应当精准、有效，不能一味地因为"全"而忽视"效"，避免因为不必要的"全"对系统造成额外的冗余负荷和计算性能负荷。应当全面分析影响智能电能表状态评价的特征参量，同时结合实际实际业务系统数据，最终确定有效的数据范围。

根据数据来源选取原则，在数据源具体选取上采用由"总"到"分"的分析思路：先确定目前智能电能表总体上的数据分布，再根据各系统实际业务开展的数据分布进行分项分析，确定需要从各系统选取的数据类型。具体分析结果如图2-4所示。

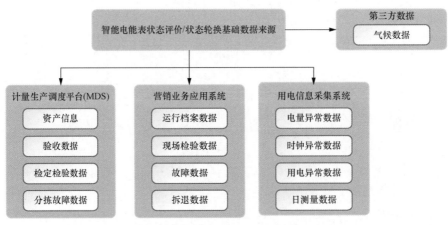

图2-4 数据选取框架

1）计量生产调度平台（MDS）数据库。从计量生产调度平台数据库上选取的数据主要包含资产信息、验收数据、检定检验数据、分拣故障数据等。

a. 资产信息：包含智能电能表的招标批次、供货批次、检定批次、型号、规格、厂家信息、投运及退出运行时间等，辅助对在运智能电能表进行归类分析。

b. 验收数据：包含样品比对、全性能试验、抽样检定、装用前检定，也包含各类试验结论和分项明细的数据收集。

c. 检定检验数据：包含检定检测校准，以及各类实验室检定数据结论和分项明细的数据收集。

d. 分拣故障数据：包含分拣所得到的各类试验数据，为智能电能表实际失效规律进行分析做基础准备。

2）营销业务应用系统数据库。从营销业务应用系统数据库选取的数据包含运行档案数据、现场检验数据、故障数据、拆退数据等。

a. 运行档案数据：包含智能电能表的投运时间、管理单位及相关运行环境参数信息，为后续的状态评价结果分析做辅助支撑。

b. 现场检验数据：包含运行抽检、周期检验、用户申校等各类现场检验业务数据，及各类检定项目明细与试验结论数据，为状态评价模型提供基础数据。

c. 故障数据：选取在营销业务应用系统中发起过故障检测流程的智能电能表检验数

据，包含故障类型、故障原因及故障检测结果数据。

d. 拆退数据：选取智能电能表在营销业务应用系统的拆除和退库数据信息，包含拆回原因和时间等，为智能电能表运行状态评价数据提供基础依据。

3）用电信息采集系统数据库。用电信息采集系统数据库所需基础业务数据主要包含用电过程中的各种影响智能电能表状态评价的异常数据等。

a. 电量异常数据：主要包含智能表运行过程中的电量异常数据，如表计停走卡字、表计走空、表计跳字、误差超差等。

b. 时钟异常数据：收集智能电能表运行过程中的时钟异常数据，如时钟停走、校时不准等。智能电能表时钟异常不仅影响用电信息采集成功率、线损率的有效管控，还容易造成分时费率计量错误，引发用户投诉。

c. 用电异常数据：主要指选取用电信息采集系统各类异常事件的数据信息，如在线监测费控异常、时钟电池欠电压事件、电能表开盖事件等。

d. 日测量数据：主要选取用电信息采集系统的日测量电压、电流、负荷曲线，为智能电能表运行情况评估提供数据依据。

3. 数据分类

（1）数据分类原则。

1）稳定性。依据分类的目的，选择分类对象的最稳定的本质特性作为分类的基础和依据，以确保由此产生的分类结果最稳定。因此，在分类过程中，第一步是明确界定分类对象最稳定、最本质的特征。

2）系统性。将选定的分类对象的特征（或特性）按其内在规律进行系统化排列，形成一个逻辑层次清晰、结构合理、分类明确的分类体系。

3）可扩充性。在类目的设置或层级的划分上留有适当的余地，以保证分类对象增加时不会打乱已经建立的分类体系。

4）综合实用性。从实际需求出发，综合各种因素来确定具体的分类原则，使得由此产生的分类结果总体最优、符合需求、综合实用和便于操作。

5）兼容性。有相关国家标准的应执行国家标准，若没有相关国家标准，则执行电力行业标准；若二者均不存在，则应参照相关的国际标准。这样，才能尽可能保证不同分类体系间的协调一致和相互转换。

（2）数据区分。依据数据分类的原则，结合实际业务情况，考虑分类的稳定性、可扩充性、综合实用性和兼容性，按照智能电能表的不同生命周期环节对智能电能表的基础数据进行如下区分。

1）基础档案类数据：包括智能电能表的资产档案数据、运行档案数据，主要包含智能电能表的招标批次、供货批次、检定批次、型号、规格、厂家信息、投运及退出运行时间等。

2）验收检定类数据：包含智能电能表的验收数据、检定数据、分拣故障数据。

3）运行故障类数据：包含申校数据、运行抽检数据、用电信息采集异常数据、退化实验数据。申校、运行抽检、退化试验数据包括各类检定项目明细与试验结论数据；用电信息采集异常数据以用电信息采集系统中的计量装置在线监测和异常上报事件为主，如在线监测电量异常、在线监测时钟异常、在线监测费控异常、时钟电池欠电压事件、电能表开盖事件、电能质量数据、日测量点数据等。

4）环境数据：来自第三方的数据，包含温度、湿度等气候环境数据。

4. 数据分析

分析确认智能电能表状态评价所需要的数据来源后，需要对基础数据进行再分类，将具有共同属性和特征的数据归并在一起，通过业务属性或其他特征属性对数据进行区别，以实现数据融合和提高处理效率。数据分类必须遵循一定的分类原则和方法，按照信息的内涵、性质及管理要求，将系统内所有信息按一定的结构体系分为不同的集合，从而使得每个信息在相应的分类体系中都有一个对应位置。总之，就是将相同内容、相同性质的信息及要求统一管理的信息集合在一起，而把相异的和需要分别管理的信息区分开来，然后确定各个集合之间的关系，形成一个有条理的分类系统。

在完成对基础数据的数据源选取与分类后，需要进一步对分类数据进行分析加工，找出影响智能电能表状态评价的关键因素，以及数据与各关键因素的对应关系，按对应关系进行数据质量分析、数据特性分析，最终得到智能电能表运行状态的评价数据，如图2-5所示。

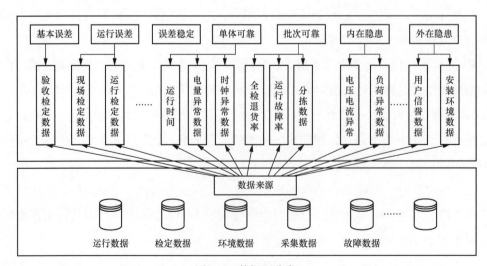

图2-5　数据源分类

数据质量分析是数据挖掘中数据准备过程的重要一环，是数据预处理的前提，也是数据挖掘分析结论有效性和准确性的基础。数据质量分析的主要任务是检查原始数据中是否存在脏数据，脏数据一般指不符合要求，不能直接进行相应分析的数据。数据质量分析主要包括缺失值分析、异常值分析、一致性分析。对数据进行质量分析以后，接下来可通过绘制图表、计算某些特征量等手段进行数据的特征分析。

5. 数据预处理

大数据预处理可以对采集到的原始数据进行清洗、填补、平滑、合并、规格化及检查一致性等，将那些杂乱无章的数据转化为相对单一且便于处理的构型，为后期的状态评价模型奠定基础。数据预处理主要包括数据清理、数据集成、数据转换及数据规约四大部分。

（1）数据清理。数据清理主要包含遗漏值处理（缺少感兴趣的属性）、噪声数据处理（数据中存在着错误或偏离期望值的数据）、不一致数据处理。主要的清洗工具是 ETL（Extraction/Transformation/Loading）和 Potters Wheel。

遗漏数据可用全局常量、属性均值、可能值填充或者直接忽略该数据等方法处理；噪声数据可用分箱（对原始数据进行分组，然后对每一组内的数据进行平滑处理）、聚类、计算机人工检查和回归等方法去除噪声；对于不一致数据，可进行手动更正。

（2）数据集成。数据集成是指将多个数据源中的数据合并存放到一个一致的数据存储库中。这一过程着重要解决模式匹配、数据冗余、数据值冲突检测与处理三个问题。

来自多个数据集合的数据会因为命名差异导致对应的实体名称不同，通常涉及实体识别需要利用元数据来进行区分，对来源不同的实体进行匹配。数据冗余可能来源于数据属性命名的不一致，在解决过程中对于数值属性可以利用皮尔逊积矩 $R_{a,b}$ 来衡量，绝对值越大表明两者之间相关性越强。数据值冲突问题主要表现为来源不同的统一实体具有不同的数据值。

（3）数据转换。数据转换是指处理抽取上来的数据中存在的不一致的过程。数据转换一般包括两类：第一类是数据名称及格式的统一，即数据粒度转换、商务规则计算以及统一的命名、数据格式、计量单位等；第二类是数据仓库中存在源数据库中可能不存在的数据，因此需要进行字段的组合、分割或计算。数据转换实际上还包含了数据清洗的工作，需要根据业务规则对异常数据进行清洗，保证后续分析结果的准确性。

（4）数据规约。数据规约是指在尽可能保持数据原貌的前提下，最大限度地精简数据量，主要包括数据方聚集、维规约、数据压缩、数值规约和概念分层等。数据规约技术可以用来得到数据集的规约表示，使得数据集变小，但同时仍然近于保持原数据的完整性。也就是说，在规约后的数据集上进行挖掘，依然能够得到与使用原数据集近乎相同的分析结果。

6. 电能表数据清洗

（1）数据清洗：主要是删除原始数据集中的无关数据、重复数据，平滑噪声数据，筛掉与挖掘主题无关的数据，处理缺失值、异常值等。方法是采用删除记录、数据插补和不处理进行缺失值的处理；采用删除异常值记录、平均值修正等方式进行异常值处理；采用实体识别和冗余属性识别进行数据集成。

（2）数据一致性检查：是指根据业务知识来判断数据的合理性、数据取值范围、各个变量之间的关系判断等，并发现非一致性数据，进行处理。

（3）缺失值处理：一般数据都存在部分缺失值，因此需要对缺失值进行处理。首先对电能表的所有变量（特征指标）的缺失值进行总体评估，对各个变量的缺失比例进行统计，再分情况对缺失值进行处理。

7. 构建电能表信息库

依据对智能电能表运行状态数据的分析，智能电能表运行状态评价数据库由基础层、清洗层、分析层三层结构组成。

（1）基础层。数据主要来源于计量生产调度平台、营销业务应用系统、用电信息采集系统。包含的数据内容主要有资产数据、验收数据、运行档案数据、故障数据、电量异常数据、检定数据、分拣故障数据、现场检验数据、拆退数据、时钟异常数据、用电异常数据、日测量点数据、环境数据等。

（2）清洗层。清洗层数据主要是用来存储清洗和分类后的基础数据，是对基础数据的再加工，主要的数据包括基础档案列数据、验收检定列数据、运行类数据、环境数据。

（3）分析层。分析层数据主要是依托智能电能表运行状态评价模型，主要分类包含状态判定、运行批次判定。

基于智能电能表运行状态评价模型，须结合智能电能表运行状态评价业务对象和业务逻辑，划分出业务应用的各个主要的数据主题域、主要数据实体及实体间的关系，作为能服务业务应用的核心概念模型，然后再就各个数据主题域分别进行自上而下的设计，逐步将设计内容细化，完成各个数据域详细的逻辑模型。

8. 数据模型设计

数据模型设计主要包括主题域设计和子域设计。

（1）主题域设计。根据系统业务需求将智能电能表运行状态评价工具的数据划分为运行批次、状态评价、现场检验、状态轮换、主题分析、基础数据管理、系统支撑 7 个主题域，如图 2-6 所示。

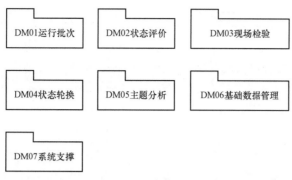

图2-6　主题域设计

（2）子域设计。

1）DM01_运行批次。模型输出的运行批次信息记录，包含批次状态判定依据、批次状态、运行批次、运行批次明细，各个实体之间的数据关联关系用如图2-7所示逻辑模型进行展示，每个实体由多个字段组成。

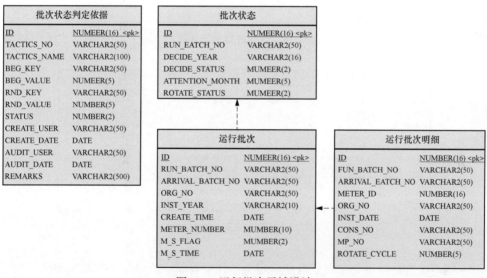

图2-7　运行批次子域设计

2）DM02_状态评价。状态评价域主要定义了基于电能表状态评价模型输入的状态评价结果，以及运行状态判定依据，各个实体之间的数据关联关系用如图2-8所示逻辑模型进行展示，每个实体由多个字段组成。

3）DM03_现场检验。现场检验主要定义了按状态评价输入的现场检验计划，包含检验计划、检验计划明细。各个实体之间的数据关联关系用如图2-9所示逻辑模型进行展示，每个实体由多个字段组成。

图2-8 状态评价子域设计

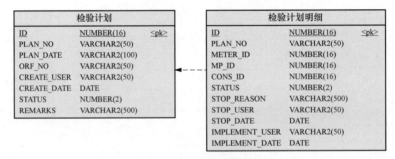

图2-9 现场检验子域设计

4）DM05 主题分析。主题分析主要定义了用电特征、效益分析、地域评估等相关实体，各个实体之间的数据关联关系用逻辑模型进行展示，每个实体由多个字段组成。

5）DM06_基础数据管理。基础数据管理域定义了基础数据的来源、范围、采集过程监控、数据校验规则等，包含计量装置资产信息、到货检定信息等。各个实体之间的数据关联关系用如图 2-10 所示逻辑模型进行展示，每个实体由多个字段组成。

6）DM07_系统支撑。系统支撑定义了系统用户、角色、权限、组织结构、工作流、系统操作日志等信息，包含供电单位、部门、部门与角色对照、系统用户、权限等。各个实体之间的数据关联关系用如图 2-11 所示逻辑模型进行展示，每个实体由多个字段组成。

数据同步日志记录

ID	NUMBER(8)
TYPE	VARCHAR2(10)
OP	VARCHAR2(10)
BEGIN_TIME	DATE
END_TIME	DATE
TABI E NAME	VABCHAR2(30)

代码合集

CODE_ID	NUMBER(16)
CODE_SORT_ID	NUMBER(16)
P_CODE	VARCHAR2(00)
CODE_TYPE	VARCHAR2(00)
ORG_NO	VARCHAR2(20)
VALUE	VARCHAR2(20)

合集索引

CODE_SORT_ID	NUMBER
NAME	VARCHA
MAINT_TYPE_CODE	VARCHA
MAINT_ORG_NO	VARCHA
VN	VARCHA
CODE_TYPE	VARCHA

人员信息

STAFF_NO	VARCHAR2(32)
DEPT_NO	VARCHAR2(16)
TEAM_NO	VARCHAR2(16)
NAME	VARCHAR2(25)
ID	VARCHAR2(32)
PHOTO NAME	VARCHAR2(25)

组织信息

DEPT_NO	VARCHAR2(16)
ORG_NO	VARCHAR2(16)
ABBR	VARCHAR2(256)
NAME	VARCHAR2(256)
TYPE_CODE	VARCHAR2(16)
P DEPT NO	VARCHAR2(16)

供电单位

ORG_NO	VARCHAR2(256)
ORG_NAME	VARCHAR2(256)
P_ORG_NO	VARCHAR2(256)
ORG_TYPE	VARCHAR2(256)
SORT_NO	NUMBER(5)
IS BULK SAIF	NUMBER(1)

系统用户

SYS_USER_NAME	VARCHAR2
USER_NAME	VARCHAR2
ORG_NO	VARCHAR2
DEPT_NO	VARCHAR2
EMP_NO	VARCHAR2
PWD	VARCHAR2

供应商信息

SUPPLIER_ID	NUMB
EQUIP_CATEG	VARCH
PARTNER_NO	VARCH
PARTNER_ORG_NO	VARCH
PARTNER_NAME	VARCH
PARTNER SHORT NAME	VARCH

到货批次

BID_ATTACH_ID	NLMBER(26)
EQUIP_CATEG	VARCHAR2
BID_BATCH_NO	VARCHAR2
BID_BATCH_NAME	VARCHAR2
BID_YEAR	DATE
BID TYPE	VARCHAR2

到货信息

RCV_ID	NUMBER(16)
CONTRACT_ID	NUMBER(16)
MANUFACTURER	VARCHAR2
BID_BATCH_NO	VARCHAR2
ORDER_DET_ID	NUMBER(16)
REG TYPE CODF	VARCHAR2

到货电能表参数

RCV_DET_ID	NUMBER(16)
SORT_CODE	VARCHAR2(2
TYPE_CODE	VARCHAR2(2
MANUFACTURER	VARCHAR2(2
MADE_DATE	DATE
MODEL CODF	VARCHAR2(2

故障信息

READ_ID	NUMBER(16)
APP_NO	VARCHAR2
ASSIGN_ORG_NO	VARCHAR2
EQUIP_ID	NUMBER(14)
EQUIP_CATEG	CARCHAR2
BAR CODE	VARCHAR2

电能表资产信息

METER_ID	NLMBER(16)
ERP_BATCH_NO	VARCHAR2(16)
BAR_CODE	VARCHAR2(16)
ASSET_NO	VARCHAR2(16)
MADE_NO	VARCHAR2(16)
IOT NO	VARCHAR2(16)

电能表全检综合结论表

DETECT_READ_ID	NLMBER
DETECT_TASK_NO	VARCHA
EQUIP_ID	NLMBER
EQUIP_CATEG	VARCHA
SYS_NO	VARCHA
DETECT EQUIP NO	VARCHA

电能表基本误差试验结论

READ_ID	NUMBER
EQUIP_ID	NUMBER
DETECT_TASK_NO	VARCHA
EQUIP_CATEG	VARCHA
SYS_NO	VARCHA
DETECT EQUIP NO	VARCHA

退换任务单

EXCHG_NOTICE_ID	NUMBER
EXCHG_NOTICE_NO	VARCHA
EXCHG_DATE	DATE
RCV_ID	NUMBER
ARRIVE_BATCH_NO	VARCHA
CONTRACT ID	NUMVER

计量装置异常分析结果表

ALARM_ID	VARCHAR2(2)
ALARM_TYPE	VARCHAR2(2)
ALARM_CODE	VARCHAR2(1)
ORG_NO	VARCHAR2(1)
CONS_NO	VARCHAR2(1)
TERMINAI ID	VARCHAR2(1)

窃电信息

ID	NUMBER(16)
CONS_ID	NUMBER(16)
CONS_NO	VARCHAR2(1)
CONS_NAME	VARCHAR2(2)
COCUR_TIME	VARCHAR2(1)
HANIME DATE	DATE

图2-10　基础数据管理子域设计

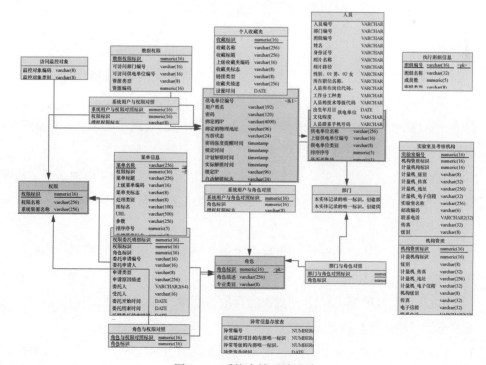

图2-11　系统支撑子域设计

43

9. 状态量选取

按照误差稳定性、运行可靠性和潜在缺陷等要素分类，结合成熟运行的用电信息采集、营销业务应用、计量生产调度平台等信息系统，选取了可反映电能表运行准确可靠程度的 10 个状态量，各状态量的选取原则如图 2-12 所示。

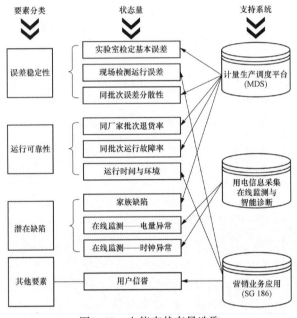

图2-12　电能表状态量选取

（1）误差稳定性。

1）实验室检定基本误差（S_1）。实验室检定基本误差指电能表实验室检定选定负荷点的基本误差。该状态量可反映电能表固有计量性能的好坏。

2）现场检测运行误差（S_2）。现场检测运行误差指电能表现场实际负荷检验的误差。该状态量反映电能表运行计量性能的好坏。

3）同批次误差分散性（S_3）。同批次误差分散性指同一批次合格电能表额定负荷点下基本误差的标准偏差统计值。该状态量反映批次电能表质量控制的好坏。

（2）运行可靠性。

1）同批次厂家退货率（S_4）。同批次厂家退货率指同一制造厂家所供三相电能表因不合格退货批次比例统计值。该状态量反映电能表制造厂家的信誉、管理和质量水平。

2）同批次运行故障率（S_5）。同批次运行故障率指同一批次电能表运行故障率统计值。该状态量反映运行电能表批次质量的好坏。

3）运行时间与环境（S_6）。运行时间与环境指电能表的运行年数及运行所处环境，运行年数最小分辨率为 0.5 年。该状态量反映运行时间与环境对电能表运行性能的影响。

（3）潜在缺陷。

1）家族缺陷（S_7）。经确认由设计、和/或材质、和/或工艺、和/或软件等共性因素导致的电能表缺陷称为家族缺陷。该状态量反映运行电能表发生故障的隐患大小。

2）在线监测——电量异常（S_8）。在线监测——电量异常指用电信息采集系统在线监测与智能诊断模块发现的真实的电能表电量异常类型和数量。该状态量反映电能表实时运行情况。

3）在线监测——时钟异常（S_9）。在线监测——时钟异常指用电信息采集系统在线监测与智能诊断模块发现的真实的电能表时钟异常类型和数量。该状态量反映电能表实时运行情况。

（4）其他要素。主要指用户信誉（S_{10}），即电能表用户是否发生过窃电等影响信誉的行为，参见表 2-2。

表 2-2　　　　　　　　　　电 能 表 状 态 量 列 表

编号	状态量	选取标准	数据支撑
S_1	实验室检定基本误差	选取 3 个负荷点的误差值： （1）U_n, I_n, $\cos\varphi=1.0$ 的误差值 S_{1-1}； （2）0.2S 级和 0.5S 级取 U_n, 0.02 I_n, $\cos\varphi=0.5L$ 的误差值，1 级和 2 级取 U_n, 0.05 I_n, $\cos\varphi=0.5L$ 的误差值 S_{1-2}； （3）U_n, I_{max}, $\cos\varphi=1.0$ 的误差值 S_{1-3}； （4）U_n, I_n, $\cos\varphi=0.8C$ 的误差值 S_{1-4}（可选）	MDS 系统，基本误差结论表（若此项数据缺失无法补录，默认取 0.5 倍的误差限）
S_2	现场检测运行误差	现场实负荷测试得到的误差值	SG 186 营销业务应用系统，运行维护及检验（电能表现场检验数据，电能表现场检验示数）
S_3	同批次误差分散性	同一批次合格电能表额定负荷点，功率因数 1.0 时基本误差的标准偏差： $$S_3=\sqrt{\frac{1}{N-1}\sum_{i=1}^{N}(x_i-\overline{x})^2}$$	MDS 系统，基本误差结论表
S_4	同批次厂家退货率	同一制造厂家三相电能表近 3 年不合格退货批次率 $$S_4=\frac{不合格退货批次数量}{所供表总批次数量}\times100\%$$	MDS 系统，退换任务表
S_5	同批次运行故障率	同一到货批次电能表运行故障率 $$S_5=\frac{因表计质量问题退出运行表数量}{批次表总数量}\times100\%$$	MDS 系统，运行故障统计表
S_6	运行时间与环境	（1）S_{6-1} 表计运行年数，最小分辨力 0.5 年，只舍不进。例如：0～5.9 个月为 0 年，6～11.9 个月为 0.5 年； （2）S_{6-2} 表计运行环境，分为室内有空调、室内无空调、户外，不同环境有不同权重	（1）运行时长取 SG 186 营销业务应用系统提供的表龄库龄数据的运行时长字段； （2）安装环境需 SG 186 营销业务应用系统 C_METER 表新增字段，标准编码：01—室内有空调；02—室内无空调；03—户外

编号	状态量	选取标准	数据支撑
S_7	家族缺陷	经确认的家族缺陷影响力大小	
S_8	在线监测——电量异常	1个评价周期内在线监测发现的真实的电量异常数量 S_8;	用采系统——在线监测模块
S_9	在线监测——时钟异常	1个评价周期内在线监测发现的真实的时钟异常数量 S_9;	用采系统——在线监测模块
S_{10}	用户信誉	近1年内用户是否发生过窃电等擅自异动、破坏计量装置行为	营销业务应用系统,用户信誉接口

10. 状态评价方法

以百分制对电能表状态进行表述,100分表示最佳状态,0分则表示最差状态,其他情形的状态评分介于100～0分。

电能表状态评分

$$G=BTMF$$

式中　B——基础评分;

　　　T——检测评分;

　　　M——监测评分;

　　　F——家族缺陷评分。

（1）基础评分（B）。基础评分参见表2-3。

表2-3　　　　　　　　　　　电能表基础评分参考

对象	状态量	评分方法
同制造厂供货电能表	批次退货率 S_4	$B_1 = A_{B1} \times (1 - S_4)$
同批次电能表	批次误差分散 S_3	$B_2 = A_{B2} \times \left(1 - \dfrac{S_3}{0.2 \times 误差限值}\right)$
	批次运行故障率 S_5	$B_3 = A_{B3} \times (1 - S_5)$
被评分电能表	基本误差 S_1	$B_4 = A_{B4-1} \times \dfrac{(误差限值 - \|S_{1-1}\|)}{误差限值} + A_{B4-2} \times \dfrac{(误差限值 - \|S_{1-2}\|)}{误差限值} + A_{B4-3} \times \dfrac{(误差限值 - \|S_{1-3}\|)}{误差限值} + A_{B4-4} \times \dfrac{(误差限值 - \|S_{1-4}\|)}{误差限值}$
	运行时间与环境 S_6	$B_5 = 20 - 2.5 \times S_{6-1} \times S_{6-2}$（最小为0）
用户	用户信誉 S_{10}	近一年内发生过窃电等破坏电能表的行为 $B_6=0$;否则 $B_6=A_{B6}$

A_{B1}、A_{B2}、A_{B3}、A_{B4-1}、A_{B4-2}、A_{B4-3}、A_{B4-4}、A_{B4-6} 可配置,同时需保证 $A_{B1}+A_{B2}+A_{B3}+A_{B4-1}+A_{B4-2}+A_{B4-3}+A_{B4-4}+A_{B4-6}=80$ 分,默认 $A_{B1}=10$,$A_{B2}=10$,$A_{B3}=20$,$A_{B4-1}=10$,$A_{B4-2}=10$,$A_{B4-3}=10$,$A_{B4-4}=0$,$A_{B4-6}=10$;S_{6-2} 由运行环境得出权重,默认权重参考表2-4。

表 2-4　　　　　　　　　　　　　电能表运行环境评分参考

运行环境	S_{6-2}取值（%）
室内有空调	100
室内无空调	120
户外	200

$$B = \sum_{i=1}^{6} B_i \qquad (2-1)$$

（2）检测评分（T）。检测评分是现场检测电能表运行误差的评分值。评分介于 100%～0，100%对应于运行误差远低于误差限值。电能表检测评分参见表 2-5，按式（2-2）进行。

表 2-5　　　　　　　　　　　　　电能表检测评分参考

对象	状态量	评分方法
被评分电能表	运行误差 S_2	$T_i = \dfrac{\min\left(\dfrac{\|误差限值\|-\|S_2\|}{\|误差限值\|}, A_T\right)}{A_T} \times 100\%$　　$T_i < 0$时，$T_i = 0$

$$T = \frac{\sum_{i=1}^{n} T_i}{n} \qquad (2-2)$$

式中　A_T——可配置，默认值为 50%。

　　　n——选取最近 n 次检测评分。对于Ⅰ类电能表，$n=3$；对于Ⅱ类电能表，$n=2$；对于Ⅲ类电能表，$n=1$。检测次数不足 n 次时，该项不进行评分，$T=1$。

（3）监测评分（M）。监测评分是在线监测模块发现电能表运行异常的评分值。评分介于 100%～0，100%对应于没有发生运行故障，电能表监测评分参见表 2-6，按式（2-3）进行。

表 2-6　　　　　　　　　　　　　电能表监测评分参考

对象	状态量	评分方法
被评分电能表	在线监测电量异常数量 S_8	$M_1 = A_{M1}^{\sqrt{S_8}} \times 100\%$
	在线监测时钟异常数量 S_9	$M_2 = A_{M2}^{\sqrt{S_9}} \times 100\%$

A_{M1}、A_{M2} 可配置，A_{M1} 默认 95%，A_{M2} 默认 85%。

$$M = M_1 \times M_2 \qquad (2-3)$$

（4）家族缺陷评分（F）。有家族缺陷时，尚未发生家族缺陷的电能表在隐患消除前的家族缺陷评分参见表 2-7，按式（2-4）进行。

表 2-7 电能表家族缺陷评分参考

缺陷	S_7取值
对电能表计量性能无大影响，突发恶化风险小	86%～100%
对电能表计量性能有一定影响，可监测	51%～85%
对电能表计量性能有一定影响，不可监测	16%～50%
对电能表计量性能有影响	0～15%

$$F = 1 - \frac{1 - S_7}{\sqrt[n]{N}} \qquad (2-4)$$

式中 N——家族电能表总数量；

n——发生该家族缺陷的电能表数量（$N > n \geqslant 1$）。

依据《国家电网公司电能表质量监督管理办法》对电能表家族缺陷进行判定和评估，由国家电网有限公司统一发布缺陷评分。如果涉及家族缺陷的隐患已消除，则不再考虑其影响。

11. 状态评价流程

电能表状态评价流程如图 2-13 所示。

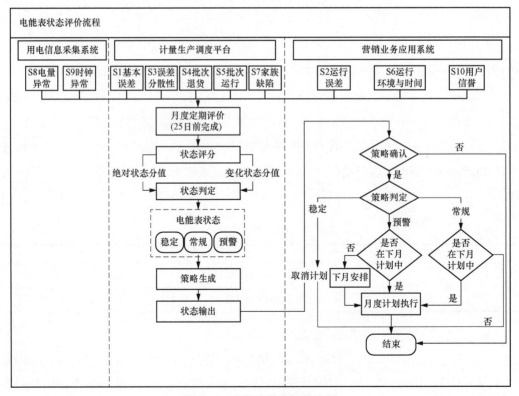

图2-13 电能表状态评价流程

12. 状态判定依据

（1）根据电能表的评分结果和变化趋势，评价电能表所处的状态，其判定依据参见表 2-8。

表 2-8　　　　　　　　　　　　　　　电能表状态判定依据

运行状态	绝对分值	上月周期评分-本月周期评分
稳定	[80, 100]	(-∞, 5]
关注	[30, 80)	(5, 30]
预警	[0, 30)	(30, +∞)

（2）电能表运行状态由好到差的排序为：稳定＞关注＞预警。当绝对分值与两次状态分值（上月周期评分、本月周期评分）差所判定的状态不一致时，取较差状态。

2.2.2　电压互感器运行误差在线监测技术

电压互感器作为电网计量装置的关键设备，尤其在高电压等级电网中，其运行误差的大小对电网潮流控制及安全稳定性至关重要。但对于电压互感器的误差检测仍停留在停电状态下开展周期性校验，无法掌握其实际运行工况下的计量性能。大量校验数据表明，电压互感器长时间运行后可能产生误差超过允许值的问题。实际运行中，大量互感器因线路难以停电没有进行按期校验，其计量性能的失控风险较大，可能导致巨大的电能计量差错。国家市场监管总局在《贯彻落实计量发展规划 2020 年行动计划》中明确提出了"研发互感器计量性能在线监测和状态评价技术"的相关要求。因此，如何利用大数据、物联网、云计算、人工智能等现代化技术的应用，开展电压互感器误差在线监测与状态评价技术研究，实现关口电压互感器信息化管理，是一个亟待解决的技术问题。

2.2.2.1　电容式电压互感器（Capacitor Voltage Transformer，CVT）误差影响及数学关系

CVT 由电容分压器（Capacitor Voltage Divider，CVD）和电磁单元两部分组成。CVT 的高压部分由电容分压器承担，大大降低了对电磁单元绝缘性能的要求。电磁单元的主要组成部分是中间变压器、阻尼器和串联电抗器。在 CVD 单元之后串联接入补偿电抗器，使 CVT 在额定工作频率下发生串联谐振以提高 CVT 的准确度和带载能力。速饱和阻尼器由电抗器和阻尼电阻串联而成，在电压超过额定值故障情况下，电抗器能快速饱和，电感值将迅速减小，回路电流在阻尼电阻上损耗极大的阻尼功率，可以抑制铁磁谐振。CVT 原理接线如图 2-14 所示，其中 C_1 为高压电容，C_2 为中压电容，L 为补偿电抗器，T 为中间变压器，1a、1n、2a、2n、3a、3n 为二次绕组端子，da、dn 为剩

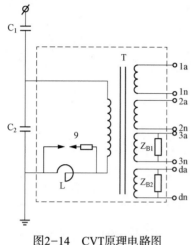

图2-14 CVT原理电路图

余绕组端子，Z_{B1} 和 Z_{B2} 为阻尼器。

CVD 单元可以将输入端高电压降低为适合二次侧的中低电压。其主体是串联分压的电容器，每节电容器为 10000～25000pF。不同电压等级的 CVT，其构成电容器容量不同。110kV 的 CVT 由单节电容器组成，电容器共计约 10000/20000pF；220kV 的 CVT 由 2 节电容器组成，每节电容器约 10000/20000pF，共 5000/10000pF；330kV 的 CVT 由 3 节电容器组成，每节电容器约 15000pF，共 5000pF；500kV 的 CVT 由 3 节或 4 节电容器组成，每节电容器约 15000/20000pF，共 5000pF；750kV 的 CVT 由 4 节电容器组成，每节电容器约 20000pF，共 5000pF；1000kV 的 CVT 由 5 节电容器组成，每节电容器约 25000pF，共 5000pF。

CVT 单元可视为一个二端口网络，输入端为高压端和地端，输出端为中压端和地端。当输入端电压为 U_1 时，输出端开路电压 U_C（中间电压）是等效电动势，U_C 可表达为

$$U_C = U_1 C_1 / (C_1 + C_2) = U_1 / K_C \qquad (2\text{-}5)$$

式中，$K_C = (C_1 + C_2)/C_1$ 代表 CVD 部分的分压比。将输入端短路得到的输出端阻抗等效为内阻抗，即高压电容 C_1 和中压电容 C_2 并联。由于在实际运行中存在介质损耗，因此额定频率 f_N 下的内阻抗 Z_C 可表达为

$$Z_C = R_C + \mathrm{j}X_C \qquad (2\text{-}6)$$

式中，$X_C = 1/\omega_N(C_1 + C_2)$。由于 Z_C 很大，因此 CVT 带载能力不强。考虑在输出电路串联等效容抗 X_L，使其与等效电容（$C_1 + C_2$）在额定频率下谐振，提高 CVT 的带载能力。

CVT 误差包含比值差 $f_U(\%)$ 和相位差 $\delta(')$ 两部分。比值差产生的原因是实际变比与额定变比之间存在偏差，f_U 的表达式如式（2-7）所示。

$$f_U = (k_N U_2 - U_1)/U_1 \qquad (2\text{-}7)$$

式中 k_N——CVT 的额定变比；

U_1——CVT 一次侧电压；

U_2——CVT 二次侧电压。

相位差产生的原因是输出端电压与输入端电压相角不重合。相位差用二次电压相角减去一次电压相角表示，当其值为正时，代表二次电压超前于一次电压，反之则代表滞后于一次电压。其计算表达式如式（2-8）所示。

$$\delta_U = \varphi_{U2} - \varphi_{U1} \qquad (2\text{-}8)$$

式中 φ_{U1}——一次电压相位；

$\quad\quad\varphi_{U2}$——二次电压相位。

根据 JJG 1021—2007《电力互感器检定规程》可知，影响 CVT 运行误差变化的主要部分是 CVD 单元，影响因素主要包括环境温度、频率、外电场等。

1. 温度影响

温度变化会引起补偿电抗器、中间变压器绕组电阻的变化，引起感抗和容抗的变化，还会引起电容分压器的分压比变化。补偿电抗器和中间变压器绕组电阻受温度影响产生的附加误差较小，可以忽略；电容器受温度影响产生的容抗变化通过控制电容器的温度系数来限制，JB/T 8169—1999《耦合电容器及电容分压器》要求电容器在温度类别下限温度和比上限温度高 15K 的温度范围内测得的电容温度系数的绝对值应不大于 5×10^{-4}/K。当 C_1 与 C_2 在不同的工作温度下运行，10K 产生的分压比值差远大于 C_1 与 C_2 采用相同结构（包括材料、工艺）引入的附加误差。一般要求电容分压器分压比误差变化小于 0.1%，由此引入的比值附加误差小于 0.05%，相位附加误差小于 1.5′。温度变化引入的比值附加误差 Δf_t 和相位附加误差 $\Delta\delta_t$ 分别如式（2-9）、式（2-10）所示。

$$\Delta f_t=\frac{Q\times a\times\Delta t}{\omega_n(C_1+C_2)U_{CN}^2}\times100\%(\%) \tag{2-9}$$

$$\Delta\delta_t=-34.4\frac{P\times a\times\Delta t}{\omega_n(C_1+C_2)U_{CN}^2}\times100(') \tag{2-10}$$

式中 a——电容温度系数；

$\quad\quad Q$——总负荷的无功分量；

$\quad\quad P$——总负荷的有功分量；

$\quad\quad\Delta t$——温度变化量，K；

$\quad\quad U_{CN}$——中间电压值；

$\quad\quad\omega_n$——角频率。

以下以一台 220kV 的 CVT 为例，计算温度变化引入的附加误差大小。在 50Hz 情况下，该 CVT 的 C_1=8355pF，C_2=73280pF，U_{CN}=13kV，总负荷 S=200VA，功率因数为 0.8，电容温度系数为 1×10^{-4}/K，以 20℃为基准值，在 40℃时温度引起的附加误差

$$\Delta f_t=\frac{200\times0.6\times(-0.0001)\times20}{2\pi\times50\times(8355+73280)\times10^{-12}\times13000^2}\times100=-0.005\%$$

$$\Delta\delta_t=-34.4\frac{200\times0.8\times(-0.0001)\times20}{2\pi\times50\times(8355+73280)\times10^{-12}\times13000^2}\times100=0.25'$$

根据计算结果可知，对于总负荷为 200VA 的 CVT，温度上升 20℃后，温度产生的

附加误差为万分之一数量级。随着 CVT 总负荷的降低，中间电压的降低和电容温度系数的减小，温度对 CVT 的附加误差影响会更加弱化，可认为温度的改变对 CVT 的影响量级在万分位。

2. 频率影响

CVT 等效电路如图 2-15 所示，图中 R_1 代表一次侧绕组的总电阻，X_1 代表一次侧绕

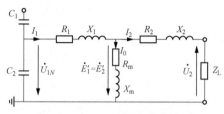

组的总漏抗；R_2 代表折算至一次侧的二次侧绕组总电阻，X_2 代表折算至一次侧的二次侧绕组总漏抗；R_m、X_m 代表励磁阻抗；Z_L 代表折算至一次侧的二次负载。根据等效电路可知，电源频率的变化会破坏工频环境下的串联谐振条件，从而引入剩余电抗产生附加误差。

图2-15 CVT等效电路图

在额定频率 f_N（角频率 ω_N）下，CVT 的等效电容（C_1+C_2）与串联电抗器电感 L 发生谐振，即有 $\omega_N L - 1/\omega_N(C_1+C_2)=0$。当电网中的电源频率偏离额定频率时，将会出现由于容抗与感抗不相等而产生的剩余电抗 ΔX_M，剩余电抗 ΔX_M 的表达式如式（2-11）所示。

$$\Delta X_M = (\omega/\omega_N - \omega_N/\omega)/\omega_N(C_1+C_2) \qquad (2-11)$$

根据负载误差的相关计算表达式，可以得到剩余电抗引起的 CVT 附加误差如式（2-12）、式（2-13）所示。

$$f = 100Q(\omega/\omega_N - \omega_N/\omega)/\omega_N(C_1+C_2)U_{CN}^2 \qquad (2-12)$$

$$\delta = 3440P(\omega/\omega_N - \omega_N/\omega)/\omega_N(C_1+C_2)U_{CN}^2 \qquad (2-13)$$

式中 ω——实际角频率；

ω_N——额定角频率；

P——二次负载的有功分量；

Q——二次负载的无功分量；

U_{CN}——中间电压。

仍以温度附加误差计算中的 220kV 的 CVT 为例，计算频率变化引入的附加误差大小。当电源频率为 50.5Hz 时，频率产生的附加误差为：

$$\Delta f_f = \left(\frac{100}{101} - \frac{101}{100}\right) \times \frac{200 \times 0.6}{2\pi \times 50 \times (8355+73280) \times 10^{-12} \times 13000^2} \times 100 = -0.055\%$$

$$\Delta \delta_f = 34.4 \times \left(\frac{100}{101} - \frac{101}{100}\right) \times \frac{200 \times 0.8}{2\pi \times 50 \times (8355+73280) \times 10^{-12} \times 13000^2} \times 100 = -2.5'$$

根据计算结果可知，当频率变化 0.5Hz 时，频率产生的附加误差约为万分之五，随着 CVT 总负荷的降低以及中间电压的减小，频率对 CVT 的附加误差影响会弱化，可认

为频率的改变对 CVT 的影响量级在万分位。

3. 外电场影响

外电场的作用机理复杂，在研究其特性时可借助 CVT 周围物体与本体的距离、高度、引线夹角等具体因素进行分析。对于理想的电容分压器单元，可以将其视为纯电容器件，当存在杂散电容时，不论杂散电容的大小如何，由于电容中流过的都是容性电流，不会引起相位角的偏移。因此，外电场只会改变 CVT 的比值差而不会改变相位差。将 CVT 单元等效为串联相接的电容元件，每个串联的电容器元件分别存在对大地和对高压端的杂散电容。CVT 主要由电容分压单元和电磁单元两部分组成。其中，电磁单元被密封在绝缘油箱中，电磁屏蔽作用使其不会受环境电场的影响；而电容分压单元为敞开式结构，没有电磁屏蔽，受环境电场影响较大。

CVT 电容分压器单元的误差是由本体电容、对地电容和对高压端电容共同作用引起的，随着电压等级的提高，CVT 电容分压器的高度也越做越高，杂散电容的影响更加不可忽视。对地杂散电容和对高压端杂散电容的等效电路如图 2-16 所示，C_H 表示高压引线等高压端对 CVT 分压器单元总的杂散电容，假定它沿着分压器单元对地高度均匀分布，C_h 代表分压器本体单位长度的对高压端杂散电容，c 为单位长度纵向电容，C_g 为分压器本体单位长度对地电容，C_G 为分压器本体总的对地电容，C 为本体纵向电容总值，分压器单元总高度为 l，则有 $C_G=C_g l$，$C=cl$，$H=C_h l$。

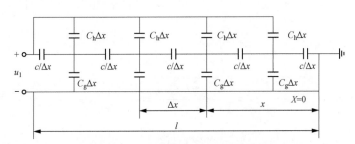

图2-16　CVT电容分压器单元等效电路

假设电容分压器对地高度 x 处为 CVT 中间电压输出位置，电位为 U，电流为 I，取 $\Delta x=0$，据电路关系式有

$$\begin{cases} \dfrac{\partial U}{\partial x} = \dfrac{I}{j\omega c} \\ \dfrac{\partial I}{\partial x} = j\omega\left[(C_g + C_h)U - C_h U_1 \right] \end{cases} \qquad (2\text{-}14)$$

进一步化简可得

$$\frac{\partial^2 U}{\partial x^2} - \frac{(C_g + C_h)U}{c} = -\frac{C_h}{c}U_1 \qquad (2\text{-}15)$$

其通解为

$$U = U_0 + U^* \tag{2-16}$$

U_0 为通解，U^* 为其特解，显然 $U^* = U_1 C_h / (C_g + C_h)$ 为其一个特解，所以式（2-16）的解为

$$U = A \cdot \mathrm{ch}(\lambda x) + B \cdot \mathrm{sh}(\lambda x) + \frac{C_h}{C_g + C_h} U_1 \tag{2-17}$$

引入边界条件

$$\begin{cases} x = 0, U = 0 \\ x = l, U = U_1 \end{cases} \tag{2-18}$$

求得

$$\begin{cases} A = -\dfrac{C_h}{C_g + C_h} U_1 \\ B = \dfrac{C_g + C_h \mathrm{ch}(\lambda l)}{(C_g + C_h) \cdot \mathrm{sh}(\lambda l)} \end{cases} \tag{2-19}$$

可得

$$U = U_1 \left\{ \frac{C_h}{C_g + C_h} [1 - \mathrm{ch}(\lambda x)] + \frac{C_g + C_h \mathrm{ch}(\lambda l)}{(C_g + C_h) \cdot \mathrm{sh}(\lambda l)} \mathrm{sh}(\lambda x) \right\} \tag{2-20}$$

令 $C_0 = C_g + C_h$，则

$$\lambda = \sqrt{\frac{(C_g + C_h)/l}{cl}} = \frac{1}{l} \sqrt{\frac{C_0}{c}}$$

$$\lambda x = \frac{x}{l}$$

$$\begin{cases} \mathrm{sh}(\lambda l) = \sqrt{\dfrac{C_0}{c}} \left(1 + \dfrac{C_0}{6c} + \dfrac{C_0^2}{120c^2} + \cdots \right) \approx \sqrt{\dfrac{C_0}{c}} \left(1 + \dfrac{C_0}{6c} + \dfrac{C_0^2}{120c^2} \right) \\ \mathrm{ch}(\lambda l) = 1 + \dfrac{C_0}{2c} + \dfrac{C_0^2}{24c^2} + \cdots \approx 1 + \dfrac{C_0}{2c} + \dfrac{C_0^2}{24c^2} \\ \mathrm{sh}(\lambda x) = \dfrac{x}{l} \sqrt{\dfrac{C_0}{c}} \left(1 + \dfrac{C_0}{6c} \dfrac{x^2}{l^2} + \dfrac{C_0^2}{120c^2} \dfrac{x^4}{l^4} + \cdots \right) \approx \dfrac{x}{l} \sqrt{\dfrac{C_0}{c}} \left(1 + \dfrac{C_0}{6c} \dfrac{x^2}{l^2} + \dfrac{C_0^2}{120c^2} \dfrac{x^4}{l^4} \right) \\ \mathrm{ch}(\lambda x) = 1 + \dfrac{C_0}{2c} \dfrac{x^2}{l^2} + \dfrac{C_0^2}{24c^2} \dfrac{x^4}{l^4} + \cdots \approx 1 + \dfrac{C_0}{2c} \dfrac{x^2}{l^2} + \dfrac{C_0^2}{24c^2} \dfrac{x^4}{l^4} \end{cases} \tag{2-21}$$

由于电容分压器输出电压位置一般较低，即 x/l 很小，此可忽略含 x/l 的高次项，将式（2-21）代入式（2-20）进行化简可得

$$U \approx \frac{1+\dfrac{C_h}{2c}}{1+\dfrac{C_g+C_h}{6c}}\frac{x}{l}U_1=\left(1+\frac{2C_h-C_g}{6c+C_g+C_h}\right)\frac{x}{l}U_1 \qquad (2-22)$$

由式（2-22）可知，电容分压器单元本体杂散电容仅引起比差，不会引起角差，根据比差定义式可得

$$
\begin{aligned}
f &= \frac{K_N U_2 - U_1}{U_1} \times 100\% = \frac{K_N U_2 - K_N' U_1}{K_N' U_2} \times 100\% \\
&= \frac{2C_h - C_g}{6c + C_h + C_g} \times 100\%
\end{aligned}
\qquad (2-23)
$$

式中，$K_N=\dfrac{l}{x}=\dfrac{C_1+C_2}{C_1}$，$K_N'=1/\left(\dfrac{2C_h-C_g}{6c+C_h+C_g}\right)\times\dfrac{C_1+C_2}{C_1}=\dfrac{2C_h-C_g}{6c+C_h+C_g}\times100\%$

假设某台 CVT 电容分压器单元 $c=100C_g$，可计算出不同 C_h/C_g 值下的比值误差，如图 2-17 所示。

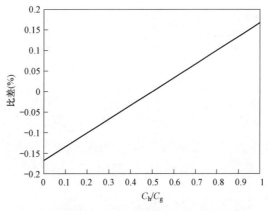

图2-17　比差与杂散电容关系图

由图 2-17 可知，随着 C_h/C_g 的增大，比差先负向减小后正向增大且近似线性变化，高压端杂散电容 C_h 对误差有一定的补偿作用，当 C_h/C_g 过大时，由于过补偿也会导致误差。

2.2.2.2　电压互感器误差状态识别技术

电压互感器的状态识别转换为互感器的在线监测数据是否满足正常互感器的电气规律，需要通过数据分析方法将测量数据中的电网自身波动分离，以确定互感器本身的计量误差并进行状态判断。

1. 主元分析法

主元分析法将过程数据投影到两个正交的子空间上并建立相应的统计量，通过假设检验的方法来判断过程的运行状况。首先根据系统在正常运行条件下所采集到的变量 x 的 n 次测量样本建立数据矩阵 $X \in R^{n \times m}$，为了消除量纲的影响，常采取变量标准化进行数据预处理。

$$X_i^* = \frac{X_i - \mu_i}{\sqrt{\sigma_{ii}}}, i = 1, 2, \cdots, m \qquad （2-24）$$

式中 X_i——数据矩阵中的第 i 列向量；

       μ_i——第 i 列向量的均值；

       σ_{ii}——列向量的方差 $\sigma_{ii}=Var(X_i)$。

对标准化矩阵进行主元分析，先求其协方差矩阵 Σ。

$$\Sigma = \frac{1}{n-1} X^{*T} X^* \qquad （2-25）$$

然后对协方差矩阵进行特征分解，求出 m 个特征值 $\lambda_1 \geq \lambda_2 \geq \cdots \geq \lambda_m$ 及其特征值对应的特征向量矩阵。接着确定主元个数，通常采用主元累积贡献率法，其计算方法为

$$CPV(p) = \frac{\sum_{j=1}^{l} \lambda_j}{\sum_{j=1}^{m} \lambda_j} \times 100\% \qquad （2-26）$$

采用 CPV 方法选择主元个数 l 时需要人为设定一个标准期望值，一般情况下该值取为 85%。确定主元个数后，将 X^* 投影到主元子空间与残差子空间之中。当变量之间存在着一定的线性相关时，主元子空间可利用较少维数的变量来描述系统的变化过程，残差空间则主要包含着测量噪声。

对主元模型可以建立平方预测误差统计量即 Q 统计量，以此作为故障检测的标准。选取检验置信度 α，可计算 Q 统计量的统计阈值 Q_c。

$$Q_c = \theta_1 \left[\frac{C_\alpha \sqrt{2\theta_2 h_0^2}}{\theta_1} + 1 + \frac{\theta_2 h_0 (h_0 - 1)}{\theta_1^2} \right]^{\frac{1}{h_0}} \qquad （2-27）$$

其中，$\theta_2 = \sum_{j=\alpha+1}^{3} \lambda_j^i (i = 1, 2, 3)$，$h_0 = 1 - 2\theta_1 \theta_3 / 3\theta_2^2$，$C_\alpha$ 为在置信水平 α 下正态分布的临界值。当计算的统计量 Q 大于阈值 Q_c 时，即可判断数据点异常。

综上所述，局部异常因子算法具有较高的时间复杂度，孤立森林算法需进行特征选择才能保证最终识别结果的准确性。结合互感器二次侧输入电气参量数据的线性、低维

的数据特点，本节优选了 PCA 算法进行互感器的状态识别。

2. 基于主元分析的互感器状态识别方法

电力系统 n 个节点物理状态量的正常电气规律可记为通式，即

$$F[X(n+1), U(n), D(n+1), \rho, A] = 0 \qquad （2-28）$$

式中：A 为一次电网的物理网络结构变量，由系统各元件的连接方式和开关的状态量共同决定；ρ 为网络元件参数，一般不可调整；D 为电力系统的干扰变量，一般不可控，记为 $D = [d_1, d_2, ..., d_m]^T$；$U$ 为一次物理系统的控制变量，通常由 X 反馈控制，记为 $U = [u_1, u_2, ..., u_m]^T$；$X$ 为一次系统的物理状态量，记为 $X = [x_1, x_2, ..., x_m]^T$，根据电力互感器在一次物理系统和二次信息系统间的作用规律，可用电压或电流的关系式替代；n 为信息采样时标，对应系统的调控周期。

以这些正常互感器电气规律通式作为约束条件，可实现基于主元分析的互感器运行误差状态识别。

针对三相互感器二次侧输出的有效数据，采用主元分析法分离电网一次电压、电流波动信息与互感器自身异常造成的计量偏差信息，提取 Q 统计量及其各相贡献率 Q_i，分别作为误差异常状态的检测指标和异常定位指标，从而有效地识别互感器误差异常状态并定位。

基于主元分析的互感器运行误差状态识别工作原理如下。

三相互感器二次侧样本数据 Y_0 的标准化矩阵为 Y，对 Y 进行主元分解，即

$$Y = \hat{Y} + \tilde{Y} = TP^T + T_e P_e^T \qquad （2-29）$$

式中，$\hat{Y} = TP^T$ 和 $\tilde{Y} = T_e P_e^T$ 分别为矩阵 Y 的主元子空间和残差子空间，分别反映电网一次电气值波动信息与互感器自身异常造成的计量偏差信息；T 和 T_e 分别为主元得分矩阵和残差得分矩阵；P 和 P_e 分别为主元载荷矩阵和残差载荷矩阵。

由于残差子空间 $\tilde{Y}$ 反映互感器自身异常造成的计量偏差信息，在 $\tilde{Y}$ 里计算 Q 统计量可判断互感器状态是否发生异常。正常状态下 Q 统计量满足

$$Q = (YP_e P_e^T)(YP_e P_e^T)^T = YP_e P_e^T \leqslant Q_c \qquad （2-30）$$

其中，Q_c 是置信水平为 α 时的阈值。

$$Q_c = \theta_1 \left[\frac{C_a \sqrt{2\theta_2 h_0^2}}{\theta_1} + 1 + \frac{\theta_2 h_0 (h_0 - 1)}{\theta_1^2} \right]^{\frac{1}{h_0}} \qquad （2-31）$$

式中，$\theta_2 = \sum_{j=a+1}^{3} \lambda_j^i (i = 1, 2, 3)$，$h_0 = 1 - 2\theta_1 \theta_3 / 3\theta_2^2$，$C_a$ 为在置信水平 α 下正态分布的临界值。

当 $Q>Q_c$ 时，判断互感器运行误差状态存在异常，此时计算各相互感器对 Q 统计量的贡献率 Q_i 以进行异常状态定位。

$$Q_i = (Y_i - \hat{Y}_i)^2 \qquad (2-32)$$

式中，Y_i 和 $\hat{Y}_i$ 分别为矩阵 Y 和 $\hat{Y}$ 的第 i 列的向量。

2.2.2.3 基于共时性和历时性的互感器状态识别技术

1. 深度学习算法优选

除理论基准外，从历史数据中分析互感器计量误差波动规律也很重要。为了同时实现高精度和快速性，提出基于深度学习的 CVT 误差波动识别模型，以修正对测量数据的基于主元分析法的识别结果。为了保证监测数据的有效性，还需提出一种剔除坏值和插补缺失值的方法。

针对基于历史数据的 CVT 计量误差波动识别需求，本节优选深度学习识别算法。主流深度学习算法有卷积神经网络（Convolutional Neural Networks, CNN）。长短期 i 到 z 网络（Long Short-Term Memory，LSTM）算法是最有代表性的循环神经网络（Recurrent Neural Network，RNN）变体，通过引入遗忘门、输入门和输出门，实现长期和短期记忆的平衡，缓解了 RNN 的梯度消失现象，因此在各时序识别算法中具有最突出的性能表现。然而，受网络结构限制，LSTM 存在单向记忆、深度特征提取限制和难以多任务学习的缺陷，因此，将其应用于 CVT 误差波动识别任务时，应做出相应改进。

2. 基于改进 LSTM 的误差识别模型

LSTM 最适用于 CVT 误差波动识别任务，但同时也要对其单向记忆方式、深度特征提取限制及多任务学习方法做出改进，从而改善 CVT 误差波动识别效果。

LSTM 的信息仅由前序数据流向后序，而 CVT 多维计量误差数据具有完整序列依赖性，因此，本节引入双向记忆改进策略。该策略最初针对自然语言处理（Natural Language Processing，NLP）提出，在处理时序任务时也有优越表现。

双向记忆改进策略在原有的正向记忆结构上引入逆向记忆结构，获得网络结构如图 2-18 所示，其中 $\vec{h}(i)$ 和 $\overleftarrow{h}(i)$ 分别为 i 时刻的正向记忆层输出和逆向记忆层输出，拼接两者后，获得完整的隐藏层输出 $h(i)$。

如图 2-18 所示，依次研究正向记忆层、逆向记忆层和双向记忆拼接结构。

（1）正向记忆层。正向记忆过程根据 i 时刻的输入 $x(i)$、$i-1$ 时刻的正向记忆单元 $\vec{c}(i-1)$ 和正向输出 $\vec{h}(i-1)$，识别 i 时刻的 $\vec{h}(i)$。为理解该过程，绘制正向记忆单元结构如图 2-19 所示，其中 $\overrightarrow{forget}(i)$、$\overrightarrow{input}(i)$、$\vec{c}(i)$ 和 $\overrightarrow{output}(i)$ 分别表示正向记忆层的遗忘门、输入门、记忆单元备选量与输出门，"*" 和 "+" 分别表示矩阵点乘与加运算。

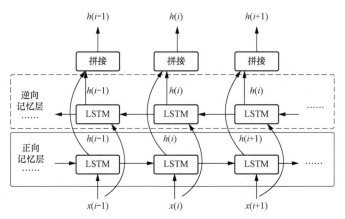

图2-18　基于双向记忆改进策略的LSTM神经网络

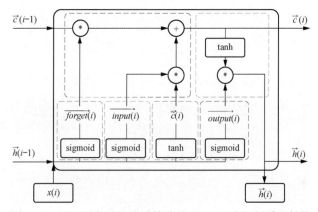

图2-19　基于双向记忆改进策略的LSTM正向记忆单元结构

在正向记忆过程中，各门控根据 $\left[\vec{h}(i-1),x(i)\right]$ 自适应调控信息的流通程度。此时的正向遗忘门、输入门和输出门可分别表示为

$$\overrightarrow{forget}(i)=\text{sigmoid}\left(\overrightarrow{W_f}\left[\vec{h}(i-1),x(i)\right]+\overrightarrow{b_f}\right) \tag{2-33}$$

$$\overrightarrow{input}(i)=\text{sigmoid}\left(\overrightarrow{W_{in}}\left[\vec{h}(i-1),x(i)\right]+\overrightarrow{b_{in}}\right) \tag{2-34}$$

$$\overrightarrow{output}(i)=\text{sigmoid}\left(\overrightarrow{W_o}\left[\vec{h}(i-1),x(i)\right]+\vec{b_o}\right) \tag{2-35}$$

其中，$\overrightarrow{W_f}$、$\overrightarrow{W_{in}}$ 和 $\overrightarrow{W_o}$ 分别表示遗忘门、输入门和输出门的权重；$\overrightarrow{b_f}$、$\overrightarrow{b_{in}}$ 和 $\vec{b_o}$ 为对应的偏置；sigmoid 为激活函数，表示为

$$\text{sigmoid}(x) = \frac{1}{1 + e^{-x}} \qquad (2\text{-}36)$$

sigmoid 函数的输出区间为（0,1），其值越大，门控允许信息流通的程度越高。

与门控结构类似的，记忆单元的备选量可表示为

$$\vec{c}(i) = \tanh\left(\vec{W_c}\left[\vec{h}(i-1), x(i)\right] + \vec{b_c}\right) \qquad (2\text{-}37)$$

其中，$\vec{W_c}$ 和 $\vec{b_c}$ 分别表示记忆单元备选量的权重和偏置；tanh 为激活函数，即

$$\tanh(x) = \frac{e^x - e^{-x}}{e^x + e^{-x}} \qquad (2\text{-}38)$$

tanh 函数的输出区间为（-1，1），因此其输出值可用于模拟信息状态。

记忆单元的更新量受遗忘过程和输入过程的影响，如图 2-19 中的紫色虚线框所示，表示为

$$\vec{c}(i) = \overrightarrow{forget}(i) \times \vec{c}(i-1) + \overrightarrow{input}(i) \times \vec{\tilde{c}}(i) \qquad (2\text{-}39)$$

其中，前项描述了记忆单元的遗忘过程，后项描述了输入过程。可以看出，遗忘门和输出门接近于 1 时分别对应着优越的长期记忆和短期识别能力；此外，通过调节遗忘门和输出门，可以将原本靠近 0 的递归梯度拉向 1，从而有效抑制层级内的梯度消失现象。

正向输出量受输出门的控制，如图 2-19 的灰色虚线框所示，表示为

$$\vec{h}(i) = \overrightarrow{output}(i) \times \tanh\left[\vec{c}(i)\right] \qquad (2\text{-}40)$$

至此，正向记忆单元的工作原理已研究完毕。

（2）逆向记忆层。逆向记忆层的工作原理与正向记忆层类似，仅方向发生变化，根据 i 时刻的输入 $x(i)$ 及 $i-1$ 时刻的逆向记忆单元 $\overleftarrow{c}(i+1)$ 和逆向输出 $\overleftarrow{h}(i+1)$，识别 i 时刻的 $\overleftarrow{h}(i)$。此过程可表示为

$$\overleftarrow{forget}(i) = \text{sigmoid}\left\{\overleftarrow{W_f}[\overleftarrow{h}(i-1), x(i)] + \overleftarrow{b_f}\right\} \qquad (2\text{-}41)$$

$$\overleftarrow{input}(i) = \text{sigmoid}\left\{\overleftarrow{W_{in}}[\overleftarrow{h}(i-1), x(i) + \overleftarrow{b_{in}}\right\} \qquad (2\text{-}42)$$

$$\overleftarrow{output}(i) = \text{sigmoid}\left\{\overleftarrow{W_o}[\overleftarrow{h}(i-1), x(i)] + \overleftarrow{b_o}\right\} \qquad (2\text{-}43)$$

$$\overleftarrow{\tilde{c}}(i) = \tanh\left\{\overleftarrow{W_c}[\overleftarrow{h}(i-1), x(i)] + \overleftarrow{b_c}\right\} \qquad (2\text{-}44)$$

$$\overleftarrow{c}(i) = \overleftarrow{forget}(i) \cdot \overleftarrow{c}(i-1) + \overleftarrow{input}(i) \cdot \overleftarrow{\tilde{c}}(i) \qquad (2\text{-}45)$$

$$\overleftarrow{h}(i) = \overleftarrow{output}(i) \cdot \tanh[\overleftarrow{c}(i)] \qquad (2\text{-}46)$$

其中，$\overleftarrow{forget}(i)$、$\overleftarrow{input}(i)$、$\overleftarrow{output}(i)$ 和 $\overleftarrow{\tilde{c}}(i)$ 分别表示逆向遗忘门、输入门、输出门

和逆向记忆单元备选量；$\overrightarrow{W_f}$、$\overrightarrow{W_{in}}$、$\overrightarrow{W_o}$、$\overrightarrow{W_c}$ 和 $\overrightarrow{b_f}$、$\overrightarrow{b_{in}}$、$\overrightarrow{b_o}$、$\overrightarrow{b_c}$ 分别为对应门控的权重和偏置。

（3）双向记忆拼接结构。隐藏层的输出是正向记忆输出量与逆向记忆输出量的拼接，表示为

$$h(i) = \left\{ \vec{h}(i), \overleftarrow{h}(i) \right\} \tag{2-47}$$

综上所述，通过引入逆向记忆结构，并与原有的正向记忆结构组合，获得双向记忆改进 LSTM。该结构既考虑了前序数据对后序发展趋势的作用情况，也考察了后序数据对前序信息的潜在影响，从而满足了 CVT 多维计量误差数据的完整序列依赖特点。

3. 深度特征提取策略

CVT 多维计量误差数据具有特征维度高、映射关系复杂、噪声多等特点，这要求网络模型具有很好的深度特征提取能力。然而，LSTM 记忆单元参数较为复杂，为避免出现层级间梯度消失现象，一般仅设置两层 LSTM 结构，导致该模型的深度特征提取能力较弱。因此，本节从 LSTM 层前端的网络结构出发，提出深度特征提取改进策略。

考虑到卷积层有很好的空间特征提取能力，且相比 LSTM 的内部参数更少，因此，在时序双向记忆层前引入卷积结构，此时基于深度特征提取改进策略的 LSTM 结构如图 2-20 所示。

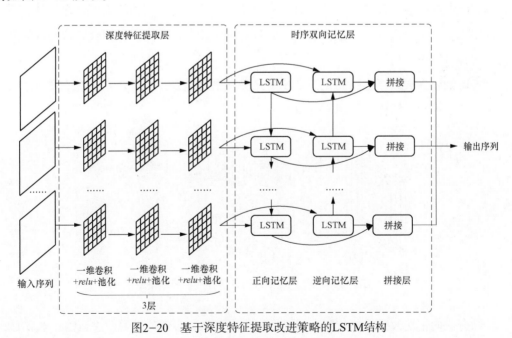

图2-20　基于深度特征提取改进策略的LSTM结构

深度特征提取层包含 3 组一维卷积（Conv1D）层、relu 激活函数和最大池化（Max-pooling）层。其中，一维卷积层用于提升深度特征提取能力，表示为

$$\mathrm{conv}(X) = W_k X + b_k \tag{2-48}$$

relu 激活函数用于引入非线性运算并提升收敛速度，表示为

$$\mathrm{relu}(x) = \max(0, x) \tag{2-49}$$

最大池化层则取矩阵窗口中的最大元素作为池化层输出，用于降低特征维度并减小计算量。

时序双向记忆层包含两组双向记忆改进 LSTM 结构，在图 2-20 中以一组双向 LSTM 作为代表。

综上所述，通过在时序双向记忆层前引入深度特征提取层，基于深度特征提取改进策略的 LSTM 能够更好地处理噪声数据和复杂映射关系。

4. 多任务学习改进策略

CVT 计量误差识别任务包含了比值误差和相角误差的识别任务，且比值误差与相角误差之间存在一定的耦合作用，因此，相比分别建立两者的识别模型，采用多任务识别方式有更好的准确性。

多任务学习（Multi-task Learning）通常采用参数共享的方式实现，具体包含软参数共享和硬参数共享两种方式。前者建立多个模型，并通过正则项约束模型之间的关系；后者则建立一个多任务共享结构，之后针对不同任务进入分支，在捕获联合特征的基础上实现各自的识别功能。

考虑到硬参数共享能够简化识别模型并提升识别速度，本节建立了基于硬参数共享的多任务学习网络结构，如图 2-21 所示。

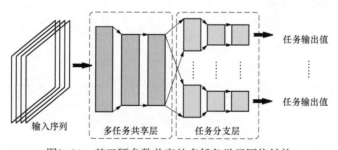

图2-21　基于硬参数共享的多任务学习网络结构

结合双向记忆改进策略、深度特征提取改进策略和多任务学习改进策略，本节 CVT 误差波动识别模型的完整结构如图 2-22 所示。其中，多任务共享层包含深度特征提取结构、双向记忆结构和一层全连接结构，通过共享信息特征，比值误差与相角误差之间

的联合特征被充分挖掘；任务分支层则包含两层全连接结构，将比值误差和相角误差的识别值从特征空间映射回样本空间，实现两者的并行识别。

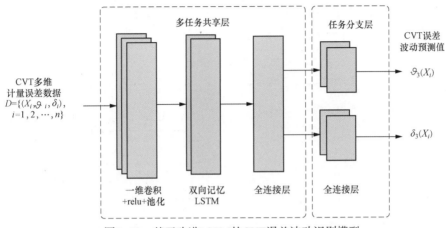

图2-22 基于改进LSTM的CVT误差波动识别模型

5. 改进算法测试与性能分析

通过实验，验证各改进策略对 LSTM 性能的提升作用。为模拟高配、高精度的需求场景，引入显卡 NVIDIA GeForce RTX 2080 Ti 和 CUDA 10.0，进行加速计算。设置 LSTM 神经网络的训练参数见表 2-9。

表 2-9　　　　　　　　　LSTM 神经网络的训练参数

参数名称	参数说明	参数取值
optimizer	优化器	adam
epoch	迭代次数	20
learning_rate	初始学习率	0.001
batch_size	批尺寸	64
time_step	时间步	10
loss	损失函数	MSE
units	隐层神经元数	128
activation	激活函数	relu
dropout	丢弃比例	0.2
Random seed	随机数种子	42

2.2.2.4 基于非线性扰动补偿的多维时序关联数据缺失值补全技术

在线数据中，会出现由于停电检修等原因出现的空缺值或坏值，这些坏值不属于互感器计量误差的有效数据。为此，在对数据进行分析之前需要进行预处理。对输入得到的多组三相互感器采集数据进行判断，当输入数据的幅值信息均位于额定幅值的80%～110%，且同相相位处于其对应均值的80%～110%时，保留数据进行下一步计算操作；反之，剔除所有幅值相位信息并应用非线性插值算法。

基于非线性扰动补偿的多维时序关联数据的缺失值补全技术路线如图 2-23 所示。

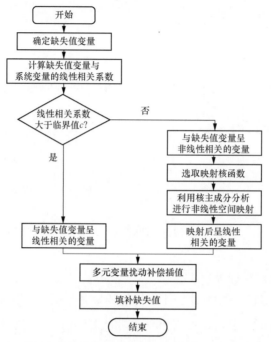

图2-23　基于非线性扰动补偿的多维时序关联数据的缺失值补全技术路线

该算法采取非线性特征空间映射的方式保留全部线路多维影响量数据的耦合作用，而且应用到系统内多维数据的扰动对缺失值的修正，进而对于获取到的线路的完整多维时序数据与存在缺失数据的变量进行补全。

对于单一系统扰动，可以通过多维时序数据分类、非线性耦合数据特征映射、系统扰动补偿修正插值结果三个阶段得到。

1. 多维时序数据分类

在线损成因计算数据集中，存在设备运行环境参数与设备运行状态参数，为了应用线性系统叠加原理填补缺失值，应该数值化表示各个变量之间的关联性。计算待缺失数据 Y 与其他数据 X 的线性相关性，以变量 X_i 与变量 Y 为例，两维度之间的相关性计算公式如下。

$$\text{cov}(X_i, Y) = \frac{\sum_{j=1}^{m}(x_{i,j} - \overline{x_i})(y_j - \overline{y})}{\sqrt{\sum_{j=1}^{m}(x_{i,j} - \overline{x_i})^2 \sum_{j=1}^{m}(y_j - \overline{y})^2}} \tag{2-50}$$

当变量 X_i 与其代填补变量 Y 的线性相关性大于临界值 c 时，则 X_i 被认为是变量 Y 的线性相关变量，否则被认为是变量 Y 的非线性相关变量。

2. 非线性耦合数据特征映射

呈线性相关的数据集合 X_{linear} 可以直接进行对 Y 的线性系统叠加扰动的计算。对于呈非线性相关的数据集合，该算法使用核主成分分析由非线性空间映射至线性空间的数据，再进行线性叠加。此处选用的是高斯径向基（RBF）核函数

$$K(x_1, x_2) = \exp\left(-\frac{\| x_1 - x_2 \|^2}{\sigma^2}\right) \tag{2-51}$$

如果特征空间中数据不满足中心化条件，则需要对核矩阵进行修正：

$$\overline{K}_{i,j} = K_{i,j} - \frac{1}{n_1}\sum_{m_1=1}^{n_1} l_{im_1}K_{m_1 j} - \frac{1}{n_1}\sum_{m_2=1}^{n_1} l_{im_2}K_{m_2 j} + \frac{1}{n_1^2}\sum_{m_1,m_2=1}^{n_1} l_{im_1}K_{m_1 m_2}l_{m_2 j} \tag{2-52}$$

修正后得到核矩阵 KL，其中 n 为非线性相关数据集合的变量数。计算 KL 的特征值和特征向量，并将特征值按降序进行排列，调整与其相对应的特征向量。利用 Gram-Schmidt 正交法单位化特征向量，得到系数 a。利用已经修正后的核矩阵 KL，计算得到映射后的变量 $X'_{unlinear} = KL \cdot a$，可以计算到映射后数据 $X'_{unlinear}$ 与变量 Y 之间的数值化关联性。

3. 系统扰动补偿修正插值

由于电力系统符合线性系统叠加原理，所以可根据多维数据计算系统的扰动。首先，由式（2-53）得到融合变量 X_{maped}。

$$X_{maped} = X_{linear} \cup X'_{unlinear} \tag{2-53}$$

式（2-54）可用来确定 X_{maped} 与系统内其他数据的关系

$$Z = \sum \beta_i X_{maped} + \beta_0 \tag{2-54}$$

其中，Z 是系统内多元变量对变量 Y 的回归变量，数据如图 2-24 所示，记为 z。

该系统在此数据水平下存在的扰动大小为

$$\Delta_2 = z_{a1} - z_a \tag{2-55}$$

由于波动性剧烈程度与系统内数据水平有关，所以在此数据下系统的波动 Δ_1 与波动 Δ_2 的关系为

$$\frac{\Delta_1}{y_{a1}} = \frac{\Delta_2}{z_{a1}} \tag{2-56}$$

将此多元数据扰动添加至变量 Y 的插值上得到更精准的缺失位置的补全值。

$$y_a = y_{a1} - \frac{y_{a1}}{z_{a1}}(z_{a1} - y_a) \tag{2-57}$$

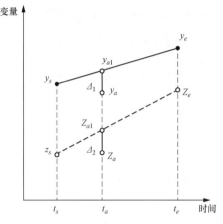

图2-24 多元变量计算系统扰动

综合以上原理，基于主元分析的互感器运行误差状态识别步骤如下。

1）采集试验数据信息，获得数据矩阵 Y^0。

2）对数据矩阵 Y^0 进行标准化数据处理，得到标准化的数据矩阵 $Y=(Y^0-1_n b^T)\Sigma^{-1}$ 及其均值向量 $b=(Y^0)^T 1_n / n$ 和方差矩阵 $\Sigma=diag(\sigma_1^2,\cdots,\sigma_m^2)$。

3）对标准化矩阵 Y 进行奇异值分解，计算其特征值 λ_1，λ_2，$\cdots$，λ_m 和对应的特征向量 $[P\ P_e]$。

4）按照累计贡献率 $CPV\% \geq 85\%$ 的原则选取主成分的个数 P，确定主元子空间的载荷矩阵 P 及残差子空间的载荷矩阵 P_e。

5）选取检验置信度 α，计算 Q 统计量的统计阈值 $Q_c=\theta_1\left[\dfrac{C_\alpha\sqrt{2\theta_2 h_0^2}}{\theta_1}+1+\dfrac{\theta_2 h_0(h_0-1)}{\theta_1^2}\right]^{\frac{1}{h_0}}$，建立互感器计量误差状态的识别标准量。

6）采集运行过程中的 Y^0 数据信息，计算过程信息的 $Q_{ncw}=(YP_e P_e^T)(YP_e P_e^T)^T=YP_e P_e^T Y^T$。若小于统计阈值 Q_c，表明此时三相互感器处于正常运行状态；反之，则表明此时互感器有较大可能处于异常运行状态。

7）当三相互感器二次输出信息的 Q_{ncw} 超过统计阈值 Q_c 时，根据第 i 相互感器测量数据 Y_i^0 对 Q 统计量的贡献率为 $Q_i=e_i^2=(Y_i-Y_i)^2$，判断异常互感器所在相，指导相关工作人员的运行维护和检修工作。

将上述过程绘制流程图，基于主元分析的误差状态识别流程如图 2-25 所示。

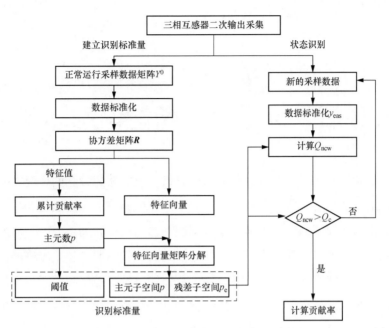

图2-25 基于主元分析的误差状态识别流程

第3章 计量异常智能识别诊断技术

如今，计量装置已经成为电力系统中分布最广泛、功能最全面、应用最深入、准确性和时效性最强的传感设备，其运行质量对电网智能调控、精益运营和主动抢修至关重要，为此，很有必要提高计量异常的发现速度、诊断精度和处置力度。新型电力系统计量异常智能识别技术是当前电力行业科技进步的典范，它通过集成先进的信息技术、大数据分析及人工智能算法，为电力系统的远程监测、精准控制和智能管理提供了强有力的支持。这种技术的应用不仅提高了用电数据的采集精度和实时性，而且极大地改善了用户的用电体验和系统的运行效率。从计量装置全寿命周期管理各环节来说，现有计量异常智能诊断技术围绕选型配置、安装调试、运维检修等方向；而从技术方向来说，则包括智慧计量、数智化转型、新型计量采集技术与设备、现场运维技术手段、计量运行管理模式等分支。

3.1 计量选型配置诊断技术

3.1.1 计量方案与设计信息提取技术

所谓计量方案，是指业扩流程初期，供电企业根据用户用电申请资料信息，结合现场查看情况给出的框架性技术方案，主要是以文档为主要格式，而计量设计则是在用户签收并认可供电方案之后，以其为基础，自主选择并委托有资质的设计单位对受电工程与设备作出具体配置与规划，主要以 CAD 图纸为主要格式。

3.1.1.1 计量方案关键信息提取技术

计量方案关键信息的提取主要依靠结构化信息识别技术。结构化信息读取主要针对 word 文档格式的计量方案，通过编程实现对文档中文本数据的提取，调用算法包将数据以对象的方式读出，使用 Document 对象来表示整个 docx 文档，其内部包含一个 Paragraph 对象列表，每个 Paragraph 对应 docx 文档的一个段落。Paragraph 对象中除了包含字符串，还包含字体、大小、颜色等样式信息。本节只针对文档中的字符串信息，因此只需提取出其中的字符串进行识别关键字的查找和关键信息的提取。识别关键字和关键信息见表 3-1。

表 3-1   计量方案中的识别关键字和关键信息样例

信息项	识别关键词	关键信息样例
受电容量	受电容量：……	合计 121500kVA
计量点位置	计量装置装设在……处	花庄变电站 110kV 花永线 165 号间隔开关柜
计量方式	计量方式为……	高供高计
接线方式	接线方式为……	三相四线
计量点电压	计量点电压……	110kV
电压互感器变比	电压互感器变比为……	110kV/0.1kV
准确度等级	准确度等级为……	0.2
电流互感器变比	电流互感器变比为……	600A/5A
准确度等级	准确度等级为……	0.2S
电能表规格	电能表规格为……	3×1.5(6)A，3×57.7/100V
准确度等级	准确度等级为……	0.2S
用电信息采集终端	配装……台	远程采集终端

计量方案是基于文本的内容，一般通过关键词即可提取相关的信息。本算法中，对于计量方案中的信息提取，优选的方法是根据计量方案中的识别关键词，指定需要提取信息的首尾文字，找到对应的位置索引，截取首尾位置之间的信息。计量方案中有文本"电流互感器变比为 300A/5A，准确度等级为 0.2S"，如果审查的是电流互感器的变比及准确度，则在计量方案中提取信息的识别关键词是"电流互感器变比"和"准确度等级"，需要提取的信息是 300A/5A、0.2S，所以指定的该信息的首尾文字是"电流互感器变比为 300A/5A，准确度等级为 0.2S"，最后截取首尾位置中间的信息，即"300A/5A"和"0.2S"，将该信息输出出来，完成计量方案中信息的提取。

3.1.1.2 计量设计关键信息提取技术

计量设计主要以 CAD 图纸为主要形式，考虑到通过直接解析 CAD 文件来提取图纸中的关键信息难度较大，因此采用间接方式，将 CAD 图纸转化成图片形式，采用基于机器学习的方法来分别识别图纸中的图像和文字信息。具体来讲，采用目标检测算法来识别图纸中的计量设备符号，例如互感器、变压器；采用光学字符识别（Optical Character Recognition，OCR）来提取图纸中的文字信息。

1. 计量设备符号识别技术

相比于传统的图像识别处理技术场景，计量装置符号的识别具有专业性高、特异性强、信息量大的特点，难以直观确定效果最佳的基础技术。此前较长一段时间内，最常用的符号识别方法是特征识别方法和基于深度卷积神经网络的识别算法。

特征识别方法的分支种类很多，此处仅以 SIFT（Scale-Invariant Feature Transform）为例进行说明。SIFT 即尺度不变特征转换，是一种计算机视觉的算法。它用来侦测与描述影像中的局部性特征，在空间尺度中寻找极值点，并提取出其位置、尺度、旋转不变量。SIFT 特征是图像的局部特征，对平移、旋转、尺度缩放、亮度变化、遮挡和噪声等具有良好的不变性，对视觉变化、仿射变换也保持一定程度的稳定性。SIFT 特征的生成可以简单描述为以下步骤：首先构建特征尺度空间，检测极值点，获得尺度不变性特征；然后对提取到的极值点进行过滤；最后对特征点在 8 个方向上计算梯度方向，将其中梯度值最大的方向作为特征点的主方向。通过滑动窗口对图片中的局部特征提取成特征向量，使用 SVM 分类器进行训练。特征识别算法曾经作为相关领域的主流方法得到广泛应用，但针对计量设计图纸这一特殊对象而言，在实验中发现实验图片数据色彩信息不足，元件全部由单色线条组成，背景全部为空白，因此极值点无法提取到具有足够区分度的特征向量，无法通过训练 SVM 分类器来实现对计量元件的识别。

近年来，基于深度卷积神经网络的目标检测算法在机器学习领域成为主流。相比于传统的图像处理方法，基于深度卷积神经网络的算法在特征提取方面具有巨大的优势，在各种科研和生产环境中都取得了优于传统图像处理方法的效果。因此，在前期实验无法达到研究点要求的情况下，在深度卷积神经网络的目标检测算法的基础上进行研究，取得较高的识别精度。这里在 YOLOv3 算法的基础上，针对业务特点和要求进行了针对性改进。

YOLOv3 算法是目前工业界应用最为广泛的基于深度卷积神经网络的目标检测算法。算法基本组成可以分为特征提取与融合、候选区域生成和目标预测三部分。算法流程如图 3-1 所示。

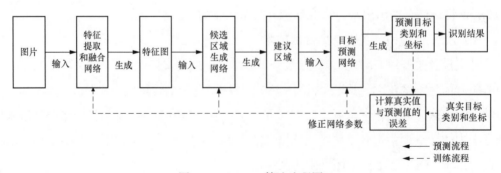

图3-1　YOLOv3算法流程图

YOLOv3 算法使用了 Darknet-53 网络作为特征提取网络。其中应用了大量 3×3 和 1×1 的卷积层来代替原有的全连接层和池化层，有效减少了参数规模。同时为了避免过深的网络结构会产生梯度爆炸的现象，在网络中添加了大量的残差块。Darknet-53 网络结构如图 3-2 所示。

为了提升在多尺度目标上的检测精确度，YOLOv3 在生成特征图进行预测时吸取了特征金字塔网络（Feature Pyramid Networks，FPN）的思想来实现多尺度融合，在大、中、小三种尺度的特征图上进行预测，能够兼顾大尺寸特征图中的低层语义信息和小尺寸特征图中的高层语义信息。特征融合网络结构如图 3-3 所示。

候选区域生成网络的目的是在训练过程中在特征图上提取出可能存在目标的区域，在YOLOv3 算法中采用了"锚框"机制生成候选区域。具体来讲，首先是在特征图上划分网格，之后在每一个网格的中心上铺设大小不同的锚

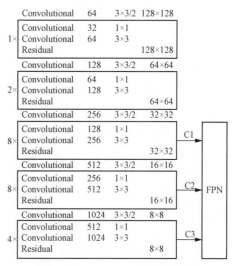

图3-2　Darknet-53网络结构图

框，来尽可能拟合可能出现的目标大小，网格和锚框的关系如图 3-4 所示，图中只标示了一个网格和其对应锚框的关系，锚框的大小人为预先设置。在 YOLOv3 算法中，会为每一个网格上分配三种面积相同、比例不同的锚框。

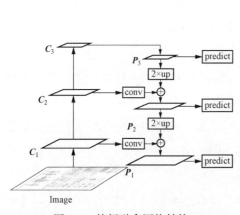

图3-3　特征融合网络结构

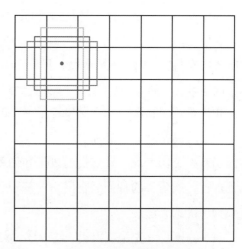

图3-4　网格与锚框的关系

在得到所有锚框之后，将所有锚框的坐标映射回原图，这时引入预先在图片上标注的真实目标的坐标，分别计算每一个锚框与每一个真实目标的交并比（Intersection over Union，IOU）。当某一个锚框与某一个真实目标的交并比大于阈值时，认为这个锚框与真实目标十分接近，也就是建议区域。在特征图上提取出建议区域的部分特征，作为第三部分目标预测网络的训练样本。

目标预测网络是根据候选区域生成网络所生成的候选区域，将区域内部特征作为输入，经过卷积操作和全连接操作计算出这一候选区域的类别得分及坐标偏移，在算法进行预测时，会直接输出预测类别及坐标偏移，并直接映射到图片上标注出区域。而在训练过程中，每次对一张图片预测完成之后会计算预测结果与真实的目标类别和坐标的误差，也就是损失函数。YOLOv3 的损失函数主要由三部分组成，分别为位置坐标损失、置信度损失和类别损失。损失函数计算公式如式（3-1）所示。

$$Loss = L_{coord_i} + L_{conf_i} + L_{class_i} \qquad (3-1)$$

位置坐标损失 L_{coord_i} 对应于网络的输出，包括中心坐标误差损失和宽高误差损失两部分。损失的计算采用平方损失函数，计算过程如式（3-2）所示。

$$L_{coord_i} = \lambda_{coord_i} \sum_{i=0}^{S^2} \sum_{j=0}^{B} I_{ij}^{obj} \left[(x_i - \hat{x}_i)^2 + (y_i - \hat{y}_i)^2 + (w_i - \hat{w}_i)^2 + (h_i - \hat{h}_i)^2 \right] \qquad (3-2)$$

式中　　λ_{coord_i}——位置坐标损失的权重系数；

　　　　x_i、y_i——预测框的中心坐标；

　　　　$\hat{x}_i$、$\hat{y}_i$——真实框的中心坐标；

　　　　w_i、h_i——分别为预测框的宽和高；

　　　　$\hat{w}_i$、$\hat{h}_i$——分别为真实框的宽和高。

置信度损失 L_{conf_i} 和类别损失 L_{class_i} 则是采用交叉熵损失函数，在得到预测结果的误差之后会将误差反方向地回传到特征提取和融合网络、建议区域生成网络、目标预测网络中，调整网络参数，最终使得网络的误差损失降到最低，这时网络的预测精度达到最高。

相比于传统算法，基于深度神经网络的方法提取特征的能力优势明显，但针对计量设计要求的高精度、高准确度，YOLOv3 在超参数的设置、特征融合网络及数据预处理方面仍有不足。因此，针对性的改进和创新不断出现，包括对训练标签进行聚类来优化训练过程、构建新的特征融合网络、基于数据冗余的图片预处理算法及相应改进的非极大值抑制筛选算法。

（1）锚框尺寸先验值聚类。在 YOLOv3 中，特征融合网络会输出 3 种不同尺寸的特征图，每一种特征图设置 3 种锚框，共设置了 9 种不同尺寸和比例的锚框来预测目标的位置。为了使网络在训练时能够平稳快速地收敛，需要为锚框的尺寸设置一个初始值。初始值设置得与实际识别目标的尺寸吻合程度越高，网络的训练效果就会越好。YOLOv3 中原有的锚框是根据公开数据集 VOC Pascal 来设置的，并不适合本书所针对的电气符号数据集。因此这里采用 K-means++聚类算法对训练集标签进行聚类的办法来确定网络中锚框的尺寸。

原有的 K-means 聚类算法随机选取 9 个点作为聚类中心，这种方法存在较大的偶然性，无法保证得到的聚类结果是最优解。K-means++聚类算法在聚类中心的选取上进行了优化，降低了聚类结果的随机性。选取方法如下：

1）从候选数据集中随机选取1个数据点作为第一个初始聚类中心 c_1。

2）计算其他每一个样本点 (x_i, y_i) 与聚类中心 (x_c, y_c) 的欧氏距离 $D(x)$ 和每一个样本点被选为聚类中心的概率 $P(x)$，选取概率最大的点作为下一个聚类中心。

$$D(x) = \sqrt{(x_c - x_i)^2 + (y_c - y_i)^2} \qquad (3-3)$$

$$P(x) = \frac{D(x)^2}{\sum_{x \in X} D(x)^2} \qquad (3-4)$$

3）重复步骤2），直到选择出9个初始聚类中心。

4）选取完初始聚类中心后的过程与 K-means 聚类算法一致，将每一个样本点分配给距其最近的聚类中心，划分成初始簇，之后重新计算每个簇的质心并将其作为新的聚类中心，之后不断迭代，直到簇不再发生变化或者达到最大迭代次数。

经过 K-means++聚类算法得到9个聚类中心点之后，按照聚类中心点长和宽的乘积从小到大进行排序，并按照大小分为三组，分别对应特征融合网络中大小不同的三种特征图。

（2）自下而上的特征融合网络。在电气符号数据集中，很多不同类型的符号具有相似的边缘轮廓特征，但内部细节特征存在差异，一些典型的电气符号如图3-5所示。以电流互感器、主变压器及电压互感器为例，这三类符号都是由多个圆形部分组成，在排列方式及内部特征上略有不同，所以在这类元件中存在部分误识别的情况。

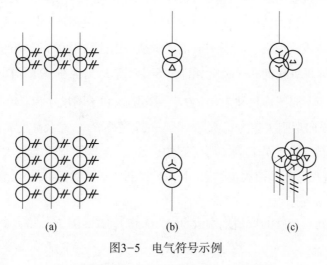

图3-5 电气符号示例

（a）电流互感器；（b）主变压器；（c）电压互感器

在 YOLOv3 中，应用了特征金字塔网络来实现多尺度特征融合，构建了"自下而上"和"自上而下"两条路径的网络结构，将深层特征经过上采样与浅层特征进行融合，丰富浅层特征的语义信息。对 P_1、P_2、P_3 所输出预测框的数量进行统计，P_2 和 P_3 分别贡献了 32% 和 42% 的预测框。但是，P_3 只包含 C_3 的特征，P_2 只包含 P_3 和 C_2 的特征，没有使用到 C_1 中所包含的浅层细节信息，不能考虑到不同类别的元件之间产生误识别的情况。针对此问题，有学者提出了一种全新的特征金字塔网络，构建了"自下而上"的路径。自下而上的路线将包含更多细节信息的浅层特征图进行下采样，然后与深层特征图进行合并，来丰富和强化深层特征中的细节信息，有利于提升网络的分类精度。具体来说，应首先使用 3×3、步长为 2 的卷积操作来实现下采样，再使用 1×1 的卷积来进行通道对齐。特征图合并则是采用像素点相加的方式，公式如式（3-5）所示。

$$P_i = \theta \times down(P_{i-1}, size) + (1-\theta) \times conv(C_i) \qquad (3-5)$$

其中，$down(P_{i-1}, size)$ 是下采样函数，$size$ 为输出尺寸，$conv(C_i)$ 中卷积核大小为 1×1、步长为 1。θ 为特征图的权重因子，一般情况下取 0.5。

（3）基于数据冗余的图像分割算法。深度神经网络对于输入数据的尺寸有固定限制，虽然可以通过图像的放缩和比例修正使图片的尺寸满足网络输入要求，但会引起原有图像比例的改变和数据损失。本书所使用的电气元件数据集与传统的图像数据集不同，电气元件在图纸上不存在由于透视导致的形态变化和遮挡重叠等特殊情况，而图像比例的改变可能会对目标的识别和类别判断产生影响。

为了解决大尺寸图纸的识别问题，提出了一种基于数据冗余的图片切割算法，在不改变网络输入且不改变图片原有比例的条件下，将输入图片切割成多张子图，分别进行识别以提升检测器的识别精度。简单的切割图片容易将识别目标切割成两部分，不完整的元件有可能会造成误识别、漏识别或重复识别，因此采用冗余分割的方法对输入数据进行预处理，可以保证任何一个目标元件都至少完整地出现在一张子图中。

算法实现细节：原图片尺寸为 $W \times H$，网络输入和子图尺寸为 $w \times h$，横向切割次数为 $C_x(C_x > 0)$，纵向切割次数为 $C_y(C_y > 0)$，冗余宽度 R_w、冗余高度 R_h，为了保证任意一个目标元件都被完整地分割到一张子图中，R_w、R_h 需要尽可能地大于所有目标的尺寸，因此应用锚框尺寸先验值聚类结果，取聚类得到的 9 个锚框中尺寸最大的值 (A_w, A_h)，切割方式如图 3-6 所示。

冗余宽度和冗余高度的取值范围满足式（3-6）、式（3-7）。

$$w > R_w > A_w \qquad (3-6)$$

$$h > R_h > A_h \qquad (3-7)$$

同时 C_x、C_y、R_w、R_h 满足式（3-8）、式（3-9）。

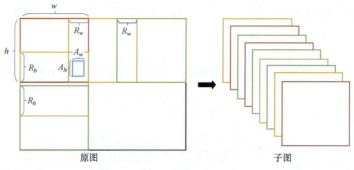

图3-6 冗余分割

$$wC_x - (C_x - 1)R_w = W \qquad (3-8)$$

$$hC_y - (C_y - 1)R_h = H \qquad (3-9)$$

对于从各子图得到的检测结果，还需要筛选其中重复的检测框，使用改进的非极大值抑制算法来筛选重复检测框。传统的非极大值抑制算法只需要计算两个候选框的交并比（Intersection over Union，IOU），计算方法如式（3-10）所示。

$$IOU = \frac{a \cap b}{a \cup b} \qquad (3-10)$$

当两个候选框的 IOU 大于阈值 y_1（$y_1 = 0.7$）时，保留其中得分较高的候选框，但在此处所使用的基于冗余的数据分割预处理算法中，会出现如图 3-7 所示的情况。

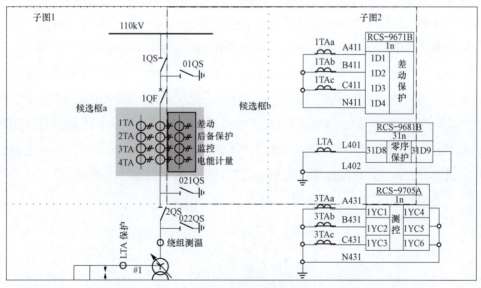

图3-7 筛选候选框

在图 3-7 所示的情况中，显然候选框 a 与候选框 b 的 IOU 小于阈值 y_1，但实际上两候选框只应保留候选框 a，因此在计算两候选框 IOU 符合条件 $y_1 > \text{IOU} > 0$ 时，进一步计算 IOE（Intersection over Each）。

$$\text{IOE}_a = \frac{a \cap b}{a} \tag{3-11}$$

$$\text{IOE}_b = \frac{a \cap b}{b} \tag{3-12}$$

设置阈值 $y_2 (y_2 = 0.8)$，若 $\text{IOU}_a > y_2$，则剔除候选框 a，若 $\text{IOU}_b > y_2$，则剔除候选框 b。图 3-7 所示的情况中，$\text{IOU} \approx 0.3$，$\text{IOE}_a \approx 0.3$，$\text{IOE}_b = 1$，那么根据改进的 NMS 算法，候选框 b 将被剔除。

考虑到计量设计信息提取的目标以电流互感器、电压互感器、主变压器为主，对比传统的电气符号识别算法，最新的融合方法在识别准确率和信息召回率两方面均有大幅度提升，能够满足计量内容审查的需要，与传统方法的结果对比见表 3-2。

表 3-2 　　　　　　　　　　　　与传统方法效果对比

识别方法	平均准确率	平均召回率
SIFT	53.4%	69.6%
YOLOv3	90.2%	92.3%
融合方法	94.8%	96.5%

2. 计量装置标注信息提取技术

电气图纸中的关键信息除了计量装置符号之外，还包括计量装置的标注信息，但是这两者在图纸中并没有明确的映射关系，主要是根据空间位置进行关联，因此本处同样使用基于光学图像识别的文字提取技术来对图纸中的标注文字进行提取。

文字识别是审查工作中的重要组成部分，OCR 技术可以与其他技术很好地结合使用。为了得到更好的文字识别结果，通过将 Tesseract_OCR、百度 OCR、阿里云 OCR、腾讯 OCR 这四种文字识别方法进行对比，并且经过多种测试，得到的结果是调用百度 OCR 提供的 API 接口文字识别效果最好，所以此处采用百度 OCR 技术作为审查过程中的文字识别方法，识别精度能够达到 90%以上，提取结果如图 3-8 所示。

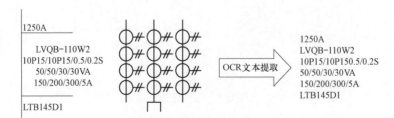

图3-8　OCR文本提取结果

除了关键元器件外，计量二次回路也是设计图纸的关键内容和信息载体。在二次回路图纸部分中存在若干个二次回路图，这些图是独立的。为了便于识别，需将这些图块切割出来。二次回路分解与识别流程如图 3-9 所示。

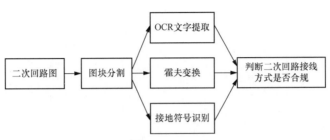

图3-9 二次回路分解与识别流程

具体做法：先将二次部分的图片转换成灰度图，对得到的灰度图片进行高斯去噪来改进图片质量，再通过 Sobel 边缘检测算法检测出图像中的二次部分的图块轮廓，然后进行二值化处理，再将得到的二值化图像先膨胀再腐蚀。膨胀是为了填充图像中的小孔及图像边缘处的小凹陷部分；腐蚀是为了消除图像边缘小的成分，并将图像缩小，从而使其补集扩大。通过上述操作，二次部分上的图块边缘特征即非常明显，然后将图块区域从图纸上切割出来，通过调用 OpenCV 中的边缘检测函数返回每个图块边缘区域的左上角、右下角坐标和它的宽、高，根据得到的坐标信息将这些二次回路图块切割出来。

将切割出的图块经过灰度图、高斯去噪、操作以后，通过对处理之后的图片进行 Sobel 边缘检测。Sobel 算子是一个离散微分算子，它结合了高斯平滑和微分求导，用来计算图像灰度函数的近似梯度。

接下来使用 Opencv 中的 cv2.findContours 函数对得到的区域轮廓进行提取，该函数会返回轮廓本身 contours，是一个 list，list 中每个元素都是图像中的一个轮廓；再通过 Opencv 中的 cv2.boundingRect 函数返回每一个轮廓的坐标，包括区域的左上角、右下角坐标和宽、高；最后通过坐标裁剪出各区域，之后使用百度 OCR 提取图块上的标注信息。

针对该二次回路图块的图片，一方面采用霍夫变换识别该图片上图块的接线方式。霍夫变换是一种特征检测，可以用来辨别区域中的线条；另一方面，需要识别出该图片上的图块中是否存在接地符号，此处采用 YOLOv3 算法来识别出图块上的接地符号。最后根据识别到的绕组接线数量和接地情况，判断接线方式是否合规，进而输出审查反馈信息。如图 3-10 所示，有 3 个绕组，1TVa、1TVb、1TVc，用霍夫变换可以判断出三个绕组引出了 3 条接线，这 3 条接线只引出了一条接线到接地上，说明是简化接线，进而说明图 3-10 的接线方式不符合规范，若三条接线分别引出 3 条接线到接地上，说明接线符合规范。此处接线方式的判断不需要与计量方案进行比对。而二次部分的每一个回路上应有且仅有一处接地，二次部分计量回路如图 3-10 所示。

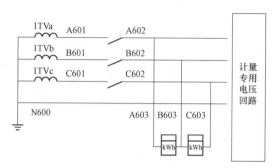

图3-10　二次部分计量回路

3.1.2　计量方案与设计智能审查技术

明显区别于传统模式下的人工审查，智能审查技术依据计量方案及设计读取技术获取到的计量方案及设计信息，经过重组之后与计量关键信息进行关联，通过系统智能逐项审查，输出相应的审查意见。智能审查技术解决了人工审查模式下工作效率低、人力投入高、标准不统一、容易出现人为差错的问题。

3.1.2.1　业扩计量规则库的构建

电力业扩计量规则构建包括信息抽取、知识加工两个主要阶段。

1. 信息抽取

信息抽取主要包括实体识别和关系抽取。

实体识别方面，针对电力实体抽取提出了一种将注意力（Attention）机制和反馈机制相结合的电力实体识别框架（NER）。该模型由字符嵌入层、注意层、词嵌入层、校正和反馈层组成。字符嵌入层将字符嵌入特征、字形特征向量和拼音特征连接成高维字符特征向量。注意层采用编码器-解码器模型，将字符嵌入层和反馈层的特征编码为具有丰富字符距离和关系信息的自我注意特征向量。注意层的输出被送入词嵌入层，词嵌入层采用标准的 Word2Vec 模型，得到所有可能的字符序列的词嵌入特征表示。将单词嵌入特征与上节所述提取的语法相关特征融合，融合后的特征向量通过 CRF 模型反馈给双 LSTM，用于 NER 输出。为了避免因省略和回指引起误识别，校正层和反馈层根据实体位置和关系的规则对 NER 结果进行验证。如果结果不匹配，该层将根据上下文完成缺失的单词，并将融合的字符嵌入特征重新组织到注意层。电力领域 NER 模型结构如图 3-11 所示。

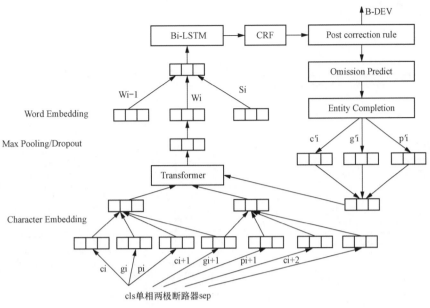

图3-11 电力领域NER模型结构

通过原始文档的整理和关键数据检索，从 8 类信息的角度完成了信息提取与初步组织，分别是电力用户（E_user）、安装限制条件（E_condition）、设备组件（E_subunit）、计量装置（E_equipment）、计量规则（E_rules）、电力设施（E_facilities）、规格参数（E_size）；其他（E_other）。电力实体关系如图 3-12 所示。

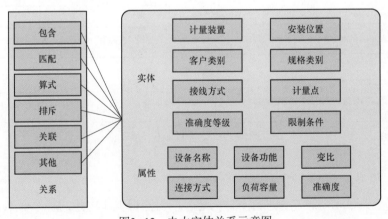

图3-12 电力实体关系示意图

关系抽取方面，使用一种跨多句子的、基于图 LSTM 的方法完成关系抽取任务。应用中，首先以 Word Embedding 层作为输入文本的单词嵌入层，接下来经过图 LSTM 模型学习文本上下文的隐藏层表示；之后把句子中的每个电力业扩计量实体的隐藏层状态拼接到一起；最后将拼接的每个实体的隐藏层状态传入关系分类器中，找出所属的关系类型。

关系抽取流程图如图 3-13 所示。

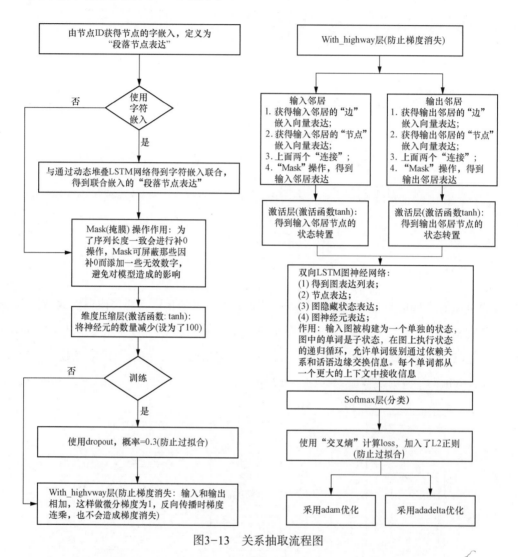

图3-13 关系抽取流程图

2. 知识加工

采用基于关联规则的方法进行本体构建。电力知识本体构建的基本框架在现有语义网知识表示的基础上开发。本体知识使用标准的三元组格式（实体-关系-实体）。基于电力计量文本的语言表达，可以开发一种基于关联规则的电力计量本体层提取算法，将文本的不同组成部分作为输入特征，基于电力计量本体的不同本体层作为系统的输出，主要步骤如图 3-14 所示。

这一方法在计量规则处理中的应用方法概述如下。

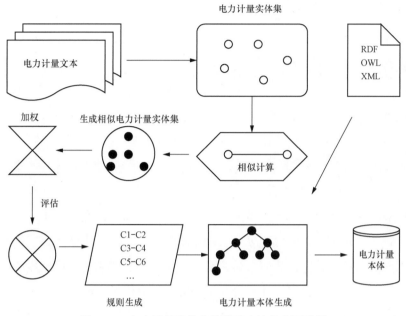

图3-14 电力计量实体本体构建方法的主要步骤

（1）第一阶段：在现有的知识表示的语义网基础上，完成电力计量知识本体的构建。本体知识表示使领域专家能够使用三元组形式即实体-关系-实体，以一致的方式定义知识。

（2）第二阶段：在获得电力计量实体文本的语言表达后，项目通过一种基于关联规则的算法，从电力计量实体文本中提取不同的电力计量实体本体层。具体步骤：构建过程需要计算电力计量实体之间的相似度，同时在构建过程中可基于电力计量实体文本中的嵌入知识生成更多相关的关联规则。

1）电力计量实体集提取：识别电力计量实体语料库中的所有电力计量实体。

2）相似性识别：电力计量实体本体通过利用词向量表达获得电力计量实体的语义，并以此计算实体之间的相似度值。目前，项目以通过命名实体识别技术完成了电力文档的电力计量实体识别，语义相似性关联性通过下式被检测出来，并以此组合关联规则。

$$rel(t_1,t_2) = \frac{V_1,V_2}{|V_1\|V_2|} \qquad (3-13)$$

式中 t_1、t_2——分别代表原始的电力计量实体；

V_1、V_2——分别为实体 t_1 和 t_2 两个电力计算实体词向量表达；

$rel(t_1,t_2)$——分别为实体 t_1 和 t_2 的相似度表达。

3）生成相似电力计量实体集：基于从步骤 a 和步骤 b 中得到的电力计量实体和相似度表达，生成相似电力计量实体集。

4）加权集相似电力计量实体集生成：在生成相似电力计量实体集之后，将对每个相似电力计量实体集应用一个权重，该权重以电力计量实体语料库中相应相似电力计量实体集出现次数为标准。

5）使用 Apriori 算法进行评估：它采用广度优先的搜索策略来计算实体集合的支持度，并利用实体集合支持度的向下闭包特性来生成候选函数。在这一步骤中，该算法评估每个选定集合的支持度和可信度。如果实体集合的支持度大于或等于预定义的阈值"M-S"（表示最小支持度），则将相应的实体集合添加到频繁实体集合中，用于生成关联规则。

6）生成规则：在最后一步中，为每个频繁实体集合寻找泛化的可能性。如果规则的置信度大于或等于预定义的阈值"M-C"（表示最小置信度），则认为该规则有效。关联规则生成通常分为两个独立的步骤。第一步，应用最小支持来查找数据库中的所有频繁实体集合。第二步，这些频繁实体集合和最小置信约束用于形成规则。

（3）第三阶段：文本的不同部分将作为该阶段的输入特征，而基于电力计量实体本体的不同本体层将由系统输出。

电力计量规则部分示例如图 3-15 所示，展示了电力计量装置类别的部分本体构建结果，并以层级展示本体间的包含关系。

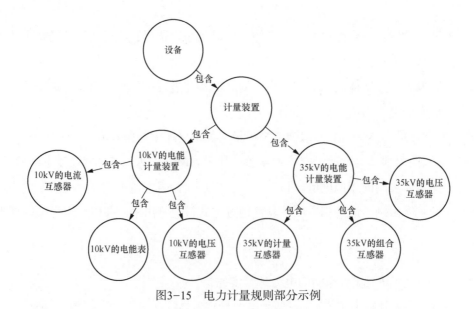

图3-15　电力计量规则部分示例

3.1.2.2　计量规则库调用与审查方法

业扩计量规则库依据属性图为基础进行数据存储。图由顶点和边组成，顶点与顶点之间由边进行连接。属性图的顶点有标签、顶点的属性及属性值；属性图的边有类型、边的方向、边的属性及属性值。每个顶点都包含标签和属性，其中标签代表顶点的分类，而属性用来描述顶点的特征，用一组键值对来存储。

例如一个名称为发电企业的用户，在图数据库中用一个顶点表示，顶点的标签是"用户"，属性（name：发电企业）则代表用户的特征。边包含类型和方向，其中类型代表关系的名字，方向则表示顶点之间边的方向。例如，名称为用户的节点包含发电企业节点时，用户与发电企业之间存在一条边，边的名字叫包含，边的方向是从用户到发电企业。边也可以包含属性，采用键值对存储。例如给边增加权重、特性等信息时，就可以给边增加属性。图3-16所示为一个简单的图数据库示例。如果用户希望获得"发电企业的贸易结算用电能计量点的安装位置"，针对这类查询，结合图3-16所示的数据，可将查询表示为路径：（发电企业）→［限定］→（发电企业的贸易结算电能计量点）→［位置］→（位置信息×××），其中（）表示顶点，第一个顶点信息由查询条件给定；［］表示关系；→表示方向。该查询中涉及未知个数的顶点以及两层关系，最后对最终的结果进行排序。

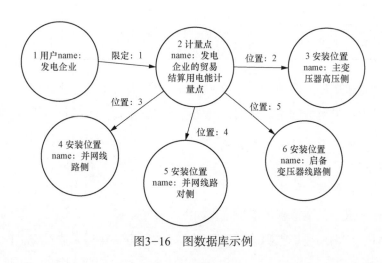

图3-16 图数据库示例

结合业务实际，针对前述计量规则信息的种类和设计内容设置了查询调用策略，见表3-3。

表3-3　　　　　　　　　　　　　　业扩计量规则库查询规则

序号	条件名称	是否必选	描述	可选项
1	电压等级	必选	电力系统及电力设备的额定电压级别	根据实际填写
2	功率容量	必选	功率容量是指器件由电阻和介质损耗所消耗产生的热能所导致器件的老化、变形，以及电压飞弧现象不被出现所允许的最大允许功率负荷	根据实际填写
3	城乡类别	非必选	三相交流电力系统中性点与大地之间的电气连接方式，称为电网中性点接地方式	城市；乡村

序号	条件名称	是否必选	描述	可选项
4	是否峰谷	非必选	一天 24h 划分成两个时间段，8：00～22：00 共 14h 称为峰段，执行峰电价为 0.568 元/kWh；22：00～次日 8：00 共 10h 称为谷段，执行谷电价为 0.288 元/kWh	是；否
5	用户行业	非必选	指用户属于哪种服务类别	根据实际输入，例如医疗；电子政务；教育；电信等
6	负荷性质	非必选	电能用户的用电设备在某一时刻向电力系统取用的电功率的总和，称为用电负荷	依据实际填写
7	计量方式	非必选	电能计量装置设置点的电压与用户供电电压的关系	高供高计；高供低计；低供低计
8	计量点性质	非必选	计量点按计费与否分类：1—计费，2—考核，3—参考，4—购电	计费；考核；参考；购电
9	中性点接地方式	非必选	三相交流电力系统中性点与大地之间的电气连接方式，称为电网中性点接地方式	中性点直接接地；中性点不接地；中性点经消弧线圈接地；中性点经低电阻接地
10	用电量	非必选	指消耗或者存储电能的数量	根据实际填写
11	最大电流	非必选	最大电流是指在不影响设备安全状态下，所能承受的电流的一个极限值	根据实际填写

从业扩计量规则库返回的业扩计量规则都是以字符文本的形式返回，为了能够与计量设计中的关键信息对应和关联判别，同样需要对计量规则中的信息进行提取和重组，提取和重组方法参考对于计量关键信息的重组方式，将离散的计量规则归并成一个整体，便于后续使用。

在完成业扩计量规则的查询和重组之后，综合从计量方案和设计图纸中提取到相关信息，与规则库进行关联审查，审查流程如图 3-17 所示。

首先将计量方案与业扩规则进行关联审查，关联方式直接采取对应项比对方式，若计量方案不存在问题，则进一步将计量设计分别于业扩规则和计量方案进行关联审查，以确保计量设计在符合业扩规则的同时与计量设计保持一致，否则不再对计量设计进行审查，直接输出审查结果。

审查过程主要分为两部分：一部分是一致性审查，指对计量方案、计量设计与业扩规则的对应项的审查，审查依据是对应项是否一致；另一部分主要是对于计量设计中二次回路

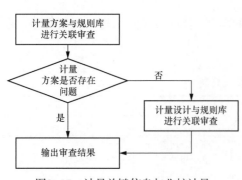

图3-17　计量关键信息与业扩计量
规则库审查流程

图中的部分审查项目，这部分的审查依据是固定的，例如计量二次回路中不能存在无关设备；计量二次回路中各回路应独立连接到接地装置，不得并线；计量二次回路中只能存在一个接地装置。

与计量方案以及计量设计中提取到的对应条目进行比对审查，根据审查结果输出审查建议，审查建议分为两类：准确性建议与合理性建议，审查项目与审查建议的对应关系见表3-4。

表3-4　　　　　　　　　审查项目与审查建议的对应关系

审查项目	数据来源	审查依据	审查建议
电流互感器准确度	计量方案	与规则库不一致	准确性建议：计量方案中电流互感器准确度不满足规则库要求
	设计图纸	与规则库不一致	准确性建议：设计图纸中电流互感器准确度不满足规则库要求
		与计量方案不一致	准确性建议：计量方案与图纸应保持一致，同时按照规则库合理选择准确度等级满足要求的电流互感器
电流互感器变比	设计图纸	变比小于计量方案	合理性建议：计量方案与图纸应保持一致，同时按照规则库合理选择变比满足要求的电流互感器
		变比大于计量方案	合理性建议：条件允许情况下可适当降低电流互感器变比，使大部分时候运行电流介于30%~60%最大电流之间
电压互感器准确度	计量方案	与规则库不一致	准确性建议：计量方案中电压互感器准确度不满足规则库要求
	设计图纸	与规则库不一致	准确性建议：设计图纸中电压互感器准确度不满足规则库要求
		与计量方案不一致	准确性建议：计量方案与图纸应保持一致，同时按照规则库合理选择准确度等级满足要求的电压互感器
电压互感器变比	设计图纸	与计量方案不一致	准确性建议：计量方案与图纸应保持一致，同时按照规则库合理选择变比满足要求的电压互感器
电能表准确度	计量方案	与规则库不一致	准确性建议：计量方案中电能表准确度不满足规则库要求
接线方式	计量方案	与规则库不一致	合理性建议：计量方案中接线方式有误
主变压器电压等级	设计图纸	与计量方案不一致	准确性建议：主变压器电压等级应与计量方案一致
主变压器受电容量	设计图纸	与计量方案不一致	合理性建议：变压器总受电容量应与计量方案一致
二次部分计量绕组	设计图纸	与一次部分不一致	准确性建议：二次部分计量绕组与一次部分不一致
二次部分接地装置	设计图纸	接地装置数量不为1	合理性建议：二次部分回路接地装置有且只能有一个
二次部分接线方式	设计图纸	不符合规范	合理性建议：二次部分计量回路接线不符合规范，各回路应独立连接到接地装置
二次部分无关设备	设计图纸	存在无关设备	合理性建议：二次部分计量回路中不应存在无关设备

3.1.3　计量设备选型配置技术

近年来，日益多样化的用户负荷特性和用能设备对计量装置运行性能提出了更广泛、更高标准的要求，传统模式下的用户自主选配模式难以解决用户缺少必备技能的问题，而计量专家参与又无法很好满足"三不指定"的要求，智能化、无人化的选型配置技术应运而生并不断发展。

顾名思义，计量智能选型配置技术可以帮助用户定制计量配置方案。从实现路径上说，首先基于历史用户业扩信息，构建计量装置典型配置信息表，在此基础上构建计量装置配置决策树；其次研究计量装置配置及选型方案评价方法，对计量配置及选型方案有效性进行判别，在此基础上对有效方案进一步从状态普适性、计量准确性、运行可靠性、设备经济性和运行风险性五个方面进行评价，为用户调整配置方案提供支撑；最后基于计量装置配置决策树分析方法和评价方法，运用可视化技术，研发计量装置辅助选型平台，辅助用户完成计量装置选型、进行选型方案评价并提供多维度分析报告，在确保用户自主性的基础上，有效提升用户技术服务的深度与广度，提高计量装置配置、选型的合理性和可靠性，提升用户服务感知。

3.1.3.1 决策树生成

基于已经存在的电能计量方式、计量点位置、安装方式以及接线方式等典型配置方案，并考虑计量装置的历史运行情况，提取各类用户计量配置方案，形成计量装置典型配置信息知识库，根据用户电压等级、用电容量、用电类别等业扩申报信息，结合信息知识库应用决策树分析，生成用户计量装置配置方案。

决策树模型的构建过程主要包括特征选择、决策树的建立、决策树的剪枝 3 个步骤。

（1）特征选择。特征选择在于选取那些对分类结果影响最大的特征，提高分类的效率和精度。以在工程场景中取得广泛应用的 C4.5 算法为例，该算法选取信息增益率作为特征选择的准则，信息增益率越大，表明该特征对分类结果影响越大，对实例的分类能力越强。

计算整个样本集的信息熵。假设样本集 S 有 n 个不同的特征属性值，那么样本集 S 对于 n 个特征属性值分类的熵

$$H(S) = \sum_{i=1}^{n} -p_i \log_2 p_i \qquad (3-14)$$

式中　p_i——实例中第 i 个属性值的样本所占的比例。

计算每个属性对样本集 S 进行划分的信息熵。假如属性 A 的数据为离散型数据，有 K 个值，使用属性 A 对样本集 S 进行划分，产生 K 个分支节点，S_k 为第 k 个分支节点的所有样本。则以属性 A 对样本集 S 进行划分的信息熵

$$H(S \mid A) = \sum_{k=1}^{K} \frac{S_k}{S} H(S_k) \qquad (3-15)$$

如果属性 A 的数据为连续型数据，需要将其离散化。将数据递增顺序依次排列，每两个属性算一个均值作为候选划分点，计算每一个划分点划分集合 D 后的信息增益，选择最大信息增益的划分点作为最优划分点，计算其信息熵。

随后计算每个属性的信息增益，属性 A 对集合 S 的信息增益表示为

$$g(S,A) = H(S) - H(S \mid A) \tag{3-16}$$

其后，计算信息增益率，属性 A 对集合 S 的信息增益率为信息增益 $g(S,A)$ 与集合 S 的信息熵之比，即

$$g_{\mathrm{R}}(S,A) = \frac{g(S,A)}{IV(A)} \tag{3-17}$$

其中

$$IV(A) = -\sum_{k=1}^{K} \frac{S_k}{S} \log_2 \frac{S_k}{S} \tag{3-18}$$

计算出每个属性的信息增益率之后，选择 g_{R} 最大的属性作为节点，加入决策树中。

（2）决策树的建立。采用 C4.5 算法建立决策树，每次选择信息增益率最大的特征属性作为当前节点，加入决策树中，直至节点达到不可再分的程度。这时就可以把树转换成 if—then 规则。规则存放在一个二维数组中，每一行表示根节点到叶子节点的一个路径，每一列存放树中的节点。

（3）决策树的剪枝。如果一棵决策树的判断条件过多，即决策树过于复杂，就可以主动剪掉一些分支，来降低过拟合的风险。剪枝一般分为预剪枝和后剪枝两大类。预剪枝方式稍稍简单，在一般的机器学习训练中也比较常见。后剪枝方法多种多样，以下分别对不同的剪枝方法进行描述。

预剪枝是指在决策树构建过程中，对每个节点在划分前先进行估计，若不能带来决策树泛化性能提升或满足预设的条件，就停止划分。后剪枝则是先形成一棵完整的决策树，再分析非叶子节点，若去掉该节点之下的子树有助于更好地泛化，则实施剪裁。后剪枝先从训练集生成一棵完整的决策树，再对该树进行剪枝处理。

以某区域的近 40 万套计量设备数据为例，尝试进行决策树构建。首先对数据进行清洗、筛选、数据归一化等处理，形成可以应用到决策树算法的原始样本集，其中有功准确度等级为 0.5S 的数据量大约为其他两种数据量的 10 倍，存在标签类别不平衡现象，通过使用 SMOTE 算法对原始样本集进行过采用处理，使得 0.5S 有功准确度等级的样本数量与另外两种的样本数量基本达到平衡。

其中数据归一化处理的过程主要是将计量方式、接入方式、接线方式、电压等级、电压、电流、电压变比、电流变比等类别特征处理成数值型特征，采用独特编码来处理这些类别特征，比如计量方式一共有 3 个取值（高供高计、低供低计、高供低计），独特编码会把计量方式变成一个三维稀疏向量，高供高计表示为（1，0，0），低供低计表示

为（0，1，0），高供低计表示为（0，0，1）。

以上述处理后的样本集为基础，使用 C4.5 决策树算法构建计量装置有功准确度等级评估决策树。根据业内计量装置安装经验，先将有功准确度等级为 0.5S 和 0.2S 类别的数据量归为一类，将有功准确度等级为 1.0 的数据量归为另一类，分别用 0 和 1 表示，属于离散量。

在处理后的数据集中，选择其中的 80% 作为训练样本，20% 作为测试样本，利用决策树模型对训练样本进行训练，建立电能计量装置选型模型，对剩下的 20% 样本进行测试，结果表明分类准确率为 87.5%。

3.1.3.2 配置选型方案评价技术

由于缺乏先验的计量装置选型标注样本，目前主要采用的是经典的综合评价技术。综合评价技术多采用百分制打分制形式，基于多级的指标体系先利用优劣解距离法给最底层的指标项客观打分，再利用基于信息论的熵权法技术给最底层的指标项逐一客观赋权，进而可以自底向上加权求和出每一个上层指标的得分，最后利用主客观相结合的层次分析法得到上层指标即状态量分类的权重，有了状态量分类的加和得分和对应的权重，最终通过加权求和得到计量装置选型方案对应的评价得分。

评价指标按照数量化的程度可以分为计量指标和非计量指标。计量指标就是数值分析指标，它还可以继续细分，按计量方式不同，分为价值量指标和实物量指标；按用途不同，分为总量指标和比率指标。计量指标较为具体、直观，评价时有明确的实际数值和可供参考的标准值，评价结果表现为具体的分数，对所作的评价结论直接、明确，给外界的印象清晰。非计量指标即人们通常说的定性指标，一般采用基本概念、属性特征、通行惯例等对被评价对象的某一方面进行语言描述和分析判断，达到剖析问题和解决问题的目的。非计量指标的特点是外延宽、内涵广，难以具体化。但非计量指标将无法计量却反映某方面状况的潜在因素纳入评价范围，通过分析判断，验证计量指标评价结果，得出综合评价结论。对非计量指标进行评价计分，关键是要严格定义指标的内涵，并给出评价参考标准，如此才能实现经验判断的分数转换，融入整个评价指标体系。

从供电企业和用电用户关注点和性能需求的角度出发，现阶段主要考虑计量准确性、运行可靠性、设备经济性、运行风险性四个方面的因素，并以此为导向，提出电能计量装置配置、选型方法和配置方案的综合评价方法。

（1）计量准确性评价。计量准确性是电能计量装置的核心指标，计量数据与其他数据不同，计量数据本身是通过计量器具测定被测对象后获取的定量数据，需要客观真实地采集数据——电流电压、日冻结电量、互感器二次回路和曲线数据等，同时也需要严格的数据认证和监督工作，确保计量数据的准确性、真实性和完整性。

电能计量装置由三部分组成，分别是电能表、电流电压互感器以及连接电能表与互感器的电气元件。对应以上三部分，每一部分都会存在误差，因此造成电能计量装置误差的原因也可以从三方面进行考虑：电能表误差、互感器合成误差以及 TV 二次回路压降三者引起的合成误差。

设备选型计量准确性的影响，可分为电能表的精度、互感器的精度，以及电能表和互感器精度的匹配程度，因现阶段暂无任务文献说明这三者之间的重要程度，且现行数据中大部分容易受环境因素、人为因素等影响，很难客观地反映出这三者的重要程度，目前应用较广泛的方式是等比分布设计，即电能表准确性 25%、电流互感器准确性 25%、电压互感器准确度 25%、设备匹配度 25%。

（2）运行可靠性评价。电力设备的维护状况直接关系到企业生产的水平和经营活动。通过对电力设备的维修、保养，可以有效提高设备运行效率，延长设备寿命，降低设备损耗，从而提高设备的运行可靠性。

计量装置运行可靠性主要是侧重于计量设备运行、巡检、检修时是否稳定运行，其中应排除部分干扰数据，例如安装、人为、环境、自然灾害导致的不稳定运行。

计量装置配置选型方案中运行可靠性评价指标内容：基于现存用户报装数据及近 5 年内巡检、检修情况，用决策树算法对电压等级、用电容量、用电类别等信息相同的近似配置方案进行横向比较，对当前配置方案在 5 年内发生不稳定运行情况的概率进行预测。不稳定概率与运行可靠性成反比，也就是不稳定概率越高，运行可靠性越低。另外，为减少因运行可靠性分值太低给用户造成的恐慌，且符合规则库及决策树要求的方案均为合格方案且可靠性已具有一定保障，即及格线 60 分。

假设 5 年内某配置方案发生不稳定运行的概率为 0%，则认为该配置方案运行可靠性为最高值满分，即 100 分；假设 5 年内某配置方案发生不稳定运行的概率为所有配置方案的最高，如 300%，则认为该配置方案运行可靠性为最低分。

（3）投资经济性评价。投资经济性是指在满足计量方案与计量设计要求的必备性能基础上，充分考虑设备购置、安装、运维、检修等全寿命周期环节费用、预期风险概率和潜在损失，以及因设备使用造成的必需劳动消耗情况，任何设备能否在生产中得到应用，主要是由它的性能和经济性决定的，经济性太差的设备是难以应用的。设备经济性指标主要包括以下两个方面的内容。

1）配置费用。如设备的购置费和营运成本。营运成本包括原材料、能源消耗、运转维修费、设备操作人员工资、设备折旧费等。通过对现存用户报装数据的横向比较，可以建立配置费用在某个价格区间内的量化值，可用式（3-19）表示。

$$配置费量化值 = \frac{当前方案的配置费 - 最低配置费}{最高配置费 - 最低配置费} \qquad (3-19)$$

2）维护费用。设备维护费用的决定因素有两个——发生维护的概率和单次维护的费用，且维护费用与维护概率和单次维护费的乘积成正比，假设维护概率与运行可靠性中发生不稳定运行的概率成正比，单次维护费用与设备购置费成正比，且系数为 α，建立维护费的量化值用公式可以表示为

$$维护费量化值 = \alpha \times 不稳定概率 \times 配置费量化值 \qquad (3-20)$$

计量装置配置选型时将产生选型时的配置费用和后期运行的维护费用，两类费用作为计量装置选型经济性评价。经济性评价属于评价重点，因为经济性指标本身是一个相对值，旨在表达出当前方案在所有可行性方案中的价格情况，同时为解决某些极端方案中经济性指标可能为 0 的情况，此处采用分值区间为 $[50,100]$，经济性评价指标的公式修正为

$$设备经济性 = \left[1 - (1 + \alpha \times 不稳定概率) \times 配置费量化值\right] \times 50 + 50 \qquad (3-21)$$

（4）运行风险性评价。风险管理在计量装置选型方面也扮演着重要的角色，通过对在网客户的报装数据及巡检、检修数据进行汇集与融合分析，并排除部分干扰数据，例如因安装、人为、环境（自然灾害）导致的不稳定运行，运用决策树算法对配置选型方案的风险性进行预测。运行风险性评价的两个关键因素为发生风险的概率和对应的风险等级。运行风险性分值采用反面表达方式——风险性越高，分值越低。为排除预测结果对用户心理上产生的焦虑感，分值范围为 $[50，90]$，其中 $50 \sim 60$ 表示风险高，$80 \sim 90$ 表示风险低，$60 \sim 80$ 表示风险适中。

本评价方法通过计量装置的检修策略定义风险等级，见表 3-5。

表 3-5　　　　　　　　　　　　　计量装置风险等级

风险等级	检修策略
0 级	设备正常，无须检修
1 级	小修，正常检查，日常维护
2 级	大修，优先处理，对部件进行维护
3 级	更换，立即处理，更换故障部件
4 级	更换，立即处理，更换设备

3.1.3.3　配置选型问答服务技术

使用知识图谱搭建智能问答系统是信息检索系统的一种高级形式，它可以通过链接知识库的方式检索到用户问题的答案。问答系统与信息检索中的语义搜索有点类似，把用户输入的问题转换为一个有结构的语义表达式，然后从知识库中寻找答案，并直接反

馈给用户。智能问答系统的答案可以从结构化知识库中获取，用信息抽取的方法提取关键信息，并构建知识图谱作为问答系统的后台支撑，再结合知识推理等方法为用户提供更深层次语义理解的答案，辅助用户更准确高效地完成计量装置的选型。

从设计上来说，该技术的主要路线是采用知识图谱的方式对问句进行标签，即通过"语义计算"确定问题的含义，问句匹配相似度则借助目前互联网行业智能问答机器人中被大量使用的自然语言处理技术，使用向量空间描述自然语言问句以及知识库中的实体和关系。

从应用场景来说，在进行以用户为主导的自主选型时，它可以帮助用户准确地选择出符合用户需求的计量方案，主要涉及的问题类型为同类型不同规格型号的设备间的差异，例如"单相电能表与三相电能表使用场景的区别"。在对用户提供评价结果的解读与针对性完善时，它可以帮助用户对特定计量方案进行认识与理解，主要涉及的问题类型为评价系统中对评估分值的解读，对当前计量方案的风险性识别及建议，例如"如何提高计量准确性"。

3.1.4　计量设备预期性能模拟评价技术

计量设备预期性能模拟评价的核心在于利用报装阶段的有限信息，充分预估出用户投运后可能面临的各种潜在工况，并对每一种负荷组成状态下计量装置的运行状态和性能表现进行预测评价，这是避免传统业扩模式下用户投运后整改检修问题的关键所在。

该技术是通过对用户业扩信息进行充分挖掘分析，识别并提取供电方案中的关键信息，整合行业用电特征、区域用电特征、时序负荷曲线、设备级别的负荷特性等一般规律与通用信息，基于通用信息模型的理念，通过对业扩信息的深度解读与辨析，完成当前用户投运状态下运行方式的识别与各种方式下运行状态的测算，进而可在虚拟运行状态下完成对用户计量设计的多维度分析，结合对当前用户业扩信息在历史故障信息库中实施类案检索的结论，即可完成对计量准确性、安全性、经济性以及稳定性的综合评估与风险研判。

3.1.4.1　业扩信息识别与提取

业扩报装即受理用户的用电申请，按照用户需求，同时依据供电网络的实际情况制定经济、安全、合乎实际的供电方案。制定供电工程的投资，并组织其设计与实施，检查及协调用户内部工程的设计以及实施情况、装表接电、签订供用电合同等。可见，业扩报装是从用户申请用电到实际用电整个过程中供电部门业务流程的总称。电力业扩报装是供电企业和用户实现供电服务的重要工作内容，良好有效的业扩报装工作能够加强供电企业和用电用户的联系，全面分析业扩报装信息对于用电服务的开展、其他相关管理的顺利进行以及供电企业长久发展具有直接的影响。

分析业扩报装中所含的关键信息，进一步利用关键信息模拟未入网用电用户的实际运行状态及主要设备特性，进一步对用电方案中可能隐含的风险进行合理的评估和推测，主要考虑提取业扩报装信息中的因素，如图 3-18 所示。

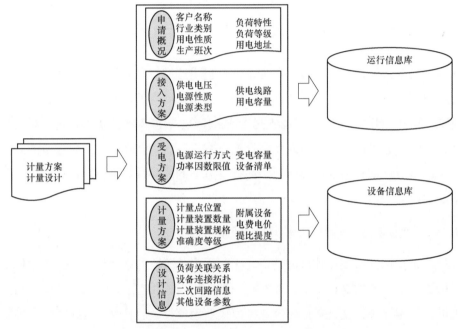

图3-18　计量方案及设计中业扩报装信息概览

客户名称。表明当前用户主体身份，通常作为检索依据，对用户行业类别、用电地址、用电性质等信息具有一定的表征作用。

行业类别。表征当前用户所处产业分类，按照现行营销业务系统规范设计与管理要求，可从 14 个大类共计 117 个子项中选择确定，通常与用户政策性电价电费补贴、高危重要用户身份认定、电价类别、交费方式等事项具有明确的关联关系。

负荷特性。在业扩报装信息中的负荷特性较为简单，即考虑到用电用户的主要负荷组成设备而形成的负荷特性描述，具有行业性和单一性的特点。

用电性质。用电性质反映用户用电过程中的客观规律与用户对供电的基本要求，按时间特性可分为季节性、连续性和非连续性、季节性用电等，通常对于本课题场景面向的大用户，均需要选用连续供电。

生产班次。生产班次指日常生产中，按用电用户的实际使用要求排的班次。每个用电用户对生产的追溯体系管理方式是不一样的，一般来讲，是以每天的工作小时数来作为生产班次进行管理的。一天 24h，每天工作 8h 称为一班制；同理，每天工作 16h 称为二班制,每天工作 24h 称为三班制。例每天生产工作 6h,则为一班制;每天生产工作 18h,则为三班制等。

负荷等级。负荷等级是对用户用电负荷重要性和供电可靠性要求的分级表述,通常分为一级负荷、二级负荷和三级负荷。此项信息与电源配置、保安措施以及定期检查等后续运维服务工作关联紧密。

用电地址。即用户受电设施的所在地,可以根据此信息研判供出电源、输电走廊、地理气候因素等方面的影响。

电源性质。确定各供电电源的应用方式,可分为主供和备用两个类别,对于双电源或多电源用户,根据此信息可以研判在主供电源断供的极端情况下用户的运行状态。

电源类型。即供电电源的供电相别,可分为三相与单相,单相通常仅用于 220V 低压供电用户。此项信息将决定计量装置类型、接线方式。

供电线路。即由供电企业变电站向用户受电设施供出电能的线路名称与编号,可根据此信息在计量设计中明确各电源点与用户设备、计量装置的连接关系。

用电容量。是指用电用户或用电设备可能用到的最大电功率。用电容量是向供电对象进行供电工程设计计算的基础和供电部门营业管理的依据。对于非单电源用户,用电容量可能存在电源点供电容量与用电容量不一致的情况,此时受电容量为所有主供电源点供电容量之和。

受电容量(kVA)。是指用户所有直接受电设施最大方式运行状态下的容量之和,通常考虑到生产经营发展需求,还可能留有一定冗余,是按容量计收基本电费的两部制电价用户核算电费的重要依据。

电源运行方式。电源运行方式可分为单电源运行和双电源运行,当采用双电源运行时,其运行方式可分为"并列运行"和"一主一备"运行方式。主用电源指的是正常情况下此路电源一直运行。备用电源指的是正常情况下作为备用,常用设备异常时才投入运行的设备。

无功补偿。全称为无功功率补偿,在电力供电系统中起提高电网功率因数的作用,降低供电变压器及输送线路的损耗,提高供电效率,改善供电环境。合理选择补偿装置,可以做到最大限度地减少电网的损耗,使电网质量提高。为提高线路出力、优化电网电能质量,通常在用户新装用电时,供电企业都会与用户约定一个功率因数限值,根据计量计费周期内用户综合功率因数情况给予电费优惠或惩罚。

设备清单。全称为主要用电设备清单,是由用户提供的非常重要的业扩资料。主要包含用户准备购置或近阶段拟配置的大容量设备信息列表,内容包括设备名称、拟定型号、额定电压、额定容量、设备数量等数据信息,是本课题中实施用户负荷模型分类重构、类案检索的关键信息之一。

计量点位置。即计量装置安装的位置，决定计量装置的计量范围，原则上均应当设置在产权分界点。

计量装置数量。即用户需配置安装的计量装置套数或计量设备台数，取决于用户电压等级、用户类型、接线方式等，通常对于交换电量大、准确性要求高的 I 类用户或大规模关口计量点，需要安装型号、规格相同的两套计量装置，称主副表配置。

计量装置规格。包括电能表电压电流、互感器变比等信息，用来表述计量回路中各装置出口、入口处的电压/电流大小，如果各计量装置规格不能良好匹配，则可能导致计量失准或安全风险。

准确度等级。在正常的使用条件下，仪表测量结果的准确程度称为仪表的准确度。准确度等级是指符合一定的计量要求，使误差保持在规定极限以内的测量仪器的等别、级别。通常在计量领域，电能表准确度等级可分为 A、B、C、D 等；电流互感器等级可分为 0.2S、0.5S、1.0 等；电压互感器准确度等级可分为 0.2、0.5、1.0 等。

附属设备。即与电能计量不直接相关，但参与其分析、存储、通信或状态监测等工作的辅助设备，包括用电信息采集终端、二次回路巡检仪等。

电费电价。对应于用户同时存在适用多重电费电价的情况。此类用户可采用设置分计量点的方式完成单独计量、准确核算，但由于这一方式要求各类负荷需要有一个明确的电路拓扑节点，且需要单独配置安装子计量点计量装置，故也有部分用户选择提比提度，即根据设备容量占比或用电量估算与供电企业约定按照比例或数量从总计量点电量中扣除一部分进行独立核算，对于商业办公、居民生活类负荷难以测算的用户，此数据对于负荷模型的重构具有重要参考价值。

相比于计量方案，计量设计中包含的信息尤其是数据信息有较大程度的丰富，通过对计量设计信息的识别读取，可以获得更多设备的运行参数，并能够识别用户设备拓扑关系，提高用户运行状态信息库的信息量与准确性。

负荷关联关系。指用户各种用电负荷与计量点或电源点的关联关系，可实现在各种运行状态下对计量点计量范围与供电电源供电范围的确定。

设备连接拓扑。主要指用户计量装置之间的连接关系，尤其是对采用主副表配置或同时存在多个计量点的用户更为重要，能够有效避免由拓扑混乱、计量回路错接导致的分析偏差。

二次回路信息。二次回路的本质是电线或导线，其信息通常在计量方案中并无描述，但却对计量装置整体的性能评估具有重要作用，因此需要从二次回路原理图中识别提取诸如回路长度、线材规格等信息。

其他设备参数。与二次回路信息类似，同属于计量方案未详细说明的数据信息，如计量用互感器额定二次负荷等。

3.1.4.2　用户负荷模型分类

用户负荷模型的分类基于通用信息模型的理念实施，首先将用户业扩信息按照信息类别和属性分为运行信息和设备信息两类，随后以主要用电设备清单为核心，针对大工业用户常用、常见设备进行分类建模，形成具有一般性和通用性的负荷模型，最后即可通过多重复合的方式将运行信息和设备信息关联组合，形成当前用户的完整负荷模型类别溯源与整体合成，如此层次递进，逐级扩展，通过负荷特性展示，利用负荷模型模拟实现用户的运行状态及相应的特性分析，用电用户可清晰地得到其入网后的用电状况。

典型负荷模型包括复数个包括电压、电流、功率因数和谐波参数在内的状态组，每一个状态组可以完全表征一种对应的运行状态，负荷模型主要根据常用电气设备，即容量较大或运行时间占比较长的设备特性进行测算，综合文献检索、仿真实验与实际调研等多种手段，以运行状态和阶段特性为依据，将大量大工业用户常见的主要用电设备依据运作机理、工作方式、用电特性等方面的功能聚合归类，同时对不同类的负荷模型进行区分，完成对实际情况有较强表征能力的典型负荷模型建设，聚类建立的模型如下。

（1）电弧冶炼负荷模型。电弧冶炼负荷模型主要是针对具有融化阶段的设备而设立的一类负荷模型，其主要代表行业为炼钢、电解铝、电镀等冶炼类行业，主要用电设备代表则为电弧炉、锅炉、高压电机、轧钢设备等。以电弧炉为例，炼钢电弧炉作为生产钢铁的主要设备，被广泛应用在冶金行业当中。现代大型超高功率炼钢电弧炉，由于其容量大、耗电多，对电网具有举足轻重的作用，它具有功率因数低、无功波动负荷大且急剧变动、产生有害的高次谐波电流，三相负荷严重不平衡产生负序电流等对电网不利的因素，使得电网电能质量恶化，危及发配电和大量用户，也影响电炉自身的产量、质量。电弧冶炼负荷模型类别关联关系如图3-19所示。

图3-19　电弧冶炼负荷模型类别关联关系

在考虑此类负荷模型时，首要的影响因素即为每类的启动阶段、融化阶段和稳定运行阶段的电流值和功率因数值。根据此类设备的阶段性运行特性，选取设备单机容量、额定电流、启动系数、短路系数和每个不同档位下的功率因数、工作功率作为关键参数建立针对每种工作状态以及启动和故障瞬态的负荷模型。

（2）启停特性负荷模型。启停特性负荷模型，顾名思义即为具有启停特性设备的一类负荷模型，此类模型与电弧冶炼负荷模型不同，其没有固定的行业特性，而是覆盖了绝大多数的行业，只要设备本身具有一定的启停特性，即可归到启停特性负荷模型里。以步进电机为例，步进电机是一种将电脉冲信号转换为机械角位移的数字控制电机，具有响应速度快、定位精度高和无误差积累等优点。随着步进电机驱动技术和数字控制技术的发展，步进电机在火控系统、红外扫描、激光探测等领域发挥着重要作用。步进电机驱动执行机构运动时要经历加速、匀速和减速三个过程。步进电机是靠脉冲驱动的，如果启动时一次将速度升到给定速度，由于启动频率超过极限启动频率，步进电机会发生抖动、失步、堵转等现象，使电机不能正常启动。而到终点时，若突然停止，由于惯性作用步进电机会发生过冲现象，降低位置精度。如果非常缓慢地加速、减速，步进电机虽然不会产生抖动、失步、过冲等现象，但降低了执行机构的工作效率。此外，在速度变化时，也不能使驱动脉冲频率突然变化，否则容易造成失步或堵转现象，从而引起系统的控制精度变化。启停特性负荷模型类别关联关系如图 3-20 所示。

图3-20　启停特性负荷模型类别关联关系

考虑此类设备负荷模型时，有必要根据启停特性设备进行研究。根据调研发现，用电用户启停特性设备的单机额定容量通常不高于 2000kVA，且在设备启动阶段可能产生较大的启动电流，此电流往往可达到额定电流的数倍。与电弧冶炼负荷模型有所不同，启停特性设备没有融化阶段，并且其电流值会远大于额定值，这也是此负荷模型的主要特点。采取与电弧冶炼类设备相同的分析手段，对常见的启停类大功率用电设备用电负荷特性进行分析，由于业扩阶段暂未完成电机设备选型及配置调试，以最恶劣情况考虑，即在不考虑降压启动、限流启动或其他启动方式影响的情况下，以冲击程度最大的直接启动方式作为参考依据完成此类设备特性的分析测算。

（3）普通工业负荷模型。普通工业负荷模型涵盖了工业中众多的用电设备，这些用电设备没有电弧特性，其启停特性也并不明显，仅根据生产工作的需求设定若干可选工作档位，因而在构建负荷模型时并不考虑其额外的平台特性，仅根据工作负载率进行测算，并且弱化了启停特性负荷模型的启停特性，普遍适用于工业生产设备。普通工业负荷模型类别关联关系如图 3-21 所示。

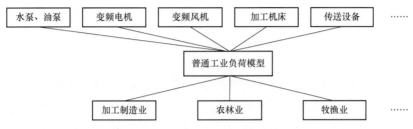

图3-21　普通工业负荷模型类别关联关系

需要指出的是，此处的变频电机与普通电机不同，普通电机属于启停特性负荷模型，而变频电机属于普通工业负荷模型，主要是因为变频电机在标准环境下具备以 100%额定负载在 10%～100%额定速度范围内持续运行的能力，因而此类电机可根据其出力大小的需求，灵活划分成若干个工作档位，供使用者自由选用。对普通电机而言，在设计时主要考虑的性能参数是过载能力、启动性能、效率和功率因数，而变频电机由于临界转差率反比于电源频率，可以在临界转差率接近 1 时直接启动，这就造成了变频电机没有较大的启动电流，因此发生过流风险的概率要小于普通电机。

通过调研试验，普通工业负荷类设备虽然也存在启动电流超出额定电流的情况，但相比于启停特性类负荷设备，此类设备的启动电流已经出现了很大程度的降低，一般均能控制在额定电流的 2～3 倍之内，从而显著降低了对用户受电设施和保护装置的冲击作用。也正因为如此，此类设备的单机容量可以设计得比启停特性类设备更大一些。但从负荷模型分类的角度来看，此类设备同样存在启动阶段和稳定运行阶段两个平台状态，且启动电流也同样明显超出额定电流，因而可在启停特性类负荷模型的基础上重新测算部分常数的取值，从统计学的角度对所得数据进行聚类区分，进一步形成了动力类（如水泵、风机、升降机等）、电热类（如烤箱、烘箱、消毒柜等）以及电子类（如显示屏、控制系统、高音广播等）三类互相略有差异的负荷模型。

（4）商业办公负荷。商业办公负荷主要是指商业建筑内各种用电设备电力负荷的总和。商业建筑按功能划分主要包括商场、办公楼、酒店、健身房、娱乐场所、各类型餐厅等十余种功能类型。近年来，部分大工业用户在建设运营时也选择将办公楼、门市部、经营场所选址在厂房车间附近，此类设备按照现行电价规定，也参照执行工商业电价，同时从用电设备的组成和性质规律来看，也更接近于商业办公类负荷，故而也并入此类考虑。商业办公负荷模型类别关联关系如图 3-22 所示。

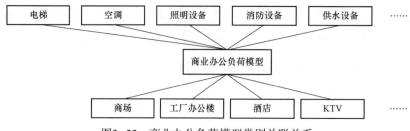

图3-22 商业办公负荷模型类别关联关系

与前述各类设备模型不同，商业办公负荷模型由于具有设备数量大、种类多、组成复杂的特性，不利于进行设备级别的负荷特性分析，因此课题研究中选取典型用户整体测算的方式，即对部分典型的商场、写字楼、学校、酒店、娱乐场所等的用电特性实施用户层面的分析研判。目前，虽然越来越多的大工业、工业用户已经呈现出以工业负荷为主、商业负荷与居民生活负荷同步运行的趋势，但从电能计量的角度来看，更常用的方式仍然是提比提度，即通过约定比例或约定用电量的方式，从总计量电量中以估算的方式确定工业用电、商业用电以及居民生活用电等不同价格、不同类别负荷的用电情况，进而实现分别结算。这一现状为工业用户尤其是大中型工业用户工商业用电特性的分析造成了不便。

为了解决这一问题，可以采取近似测算的方式，针对当地在网运行的一般工商业用户，即主要针对低压非居民用户或一般工商业用户进行用电特性测算分析，得到此类负荷的大致用电特性之后，再根据其主要用电设备类别、所属行业、运营规律等外部因素实施聚类分析，进而确定与工业用户中工商业负荷用电习惯最为接近的部分类型，作为此类负荷的典型负荷模型运用。

（5）居民负荷。居民负荷具有单机容量小、设备特性不明显的特征，为满足应用场景需求，可以从当地用户用电信息数据中抽取的一定数量的正在正常用电的居民用户的电压、电流、功率与功率因数数据进行测算分析，发现不同用户的用电负荷特性存在一定差异。主要由当前运行设备的种类和数量决定，具有较高的随机性和不可控性，且其个体之间的差异对其作为集群整体的影响并不显著，统计意义上可视为具有同一性。即可通过批量抽取与随机采样相结合的方式，基于业务系统存量数据取得具有较高表征能力的用电特性参数。

3.1.4.3 负荷模型重构与运行模拟

设备层级的负荷模型可以用来方便地表征单台设备或多台相似设备的运行特性或完成对特定状态下设备电参量的计算分析，但考虑到用户场景下并非所有设备均同时处于同一典型运行状态，而是受诸多外部因素影响，呈现出复杂多样的特征。在设备负荷模型的基础上，为实现由点及面的特性汇总，需要结合外部影响因素确定用户运行方式以及各种运行方式下同类设备的统计信息，从宏观角度完成外部因素影响分析，从微观角度确定设备运行具体特性，进而通过分类汇算的方式取得用户所有用电特性的总和，完成基于用户业扩信息的负荷模型重构。

在用户业扩信息完成提取识别后，即可根据信息属性、类型与应用方式将其进一步划分为运行信息与设备信息两个数据池，进而完成对用户投运后可能出现的各种运行方式的模拟推演，以及对应每一种运行方式下用户主要用电设备的用电特性，结合用户负荷模型的分类技术，以负荷模型分类标签为依据，结合运行方式参数与设备状态参数等控制变量，调用各类负荷模型完成独立计算与分类汇总，最终完成对用户主要设备用电特性的遍历分析，实现由设备级用电特性向用户整体用电特性的合并汇算，完成用户负荷模型的重构。

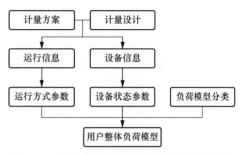

图3-23　用户负荷模型重构技术实现流程图

基于用户业扩信息的负荷模型重构技术实现流程如图 3-23 所示。

（1）业扩信息提取与处理。应用业扩计量信息识别提取方法，从计量方案、计量设计中获取部分关键信息与电气参数，将其按照种类划分转存为运行信息与设备信息两类，其中运行信息主要包含行业从属、生产运营规律、负荷性质、用电类别、用户类型、计量装置分类等一般性内容，用于决定当前用户负荷模型的规模大小与时域特征；设备信息则以受电点方案、计量方案、主要用电设备清单等内容为核心，重点针对主变压器、计量装置、计量点、主要用电设备的规格属性等参数类信息内容，用于决定当前用户负荷模型的符合特征与变化趋势，并参与确定各维度指标阈值。

考虑到后续算法需求，此步骤主要对运行信息和设备信息进行数字化处理。处理方式：对于运行信息，考虑到此类信息往往夹杂有大量的文本，且其规范性程度相对较高，大多数情况下并不直接参与运算，具备采用编码方式设置数据标签，实现信息数字化的可能，采用表 3-6 的方式进行统一信息标注与赋值。

表 3-6　　　　　　　　　　　　运行信息赋值规则表

代表符号	表征信息	赋值规则
K_s	当前同时供电的电源数量	并列运行双电源，此数值可为 1 或 2；带闭锁双电源或单电源，此数值只可为 1
S	计量点容量	根据计量方案中"计量点容量"内容提取
N	生产班次	当生产班次为三班制时，此数值恒为 1；当生产班次为两班制或一班制时，此数值可以为 1 或 2
G	计量装置类别	根据用户类型、计量点电压等信息确定，取值可为 1、2、3、4、5
$\cos\varphi_n$	功率因数考核标准	按照供电方案要求确定，通常可为 0.95、0.90、0.85 等值
U	计量点电压	按照供电方案确定，通常可为 500kV、330kV、220kV、110kV、35kV、10kV 等

与此相对，对于设备信息而言，此类信息更多关注设备的技术特征，通常与运行模型、输入/输出参数或关键指标参数紧密相关，其天然具备高度数字化、便于计算的特性，因此本技术主要采用信息提取转存与数据格式转换的方式处理，即按照表 3-7 中所述规则直接从业扩信息中识别提取相应信息，仅需将提取到的信息由文本类型转化为数值类型，即可形成运行状态参数表。

表 3-7 设备信息赋值规则表

代表符号	表征信息	赋值规则
U_n	电能表额定电压	取自电能表规格中电压信息，通常： 对三相三线制电能表，此数值为 100V； 对三相四线制电能表，此数值为 57.7V； 对直接接入式三相电能表，此数值为 220V； 对单相电能表，此数值为 220V
I_b	电能表基准电流	取自电能表规格中电流信息
I_{max}	电能表最大电流	取自电能表规格中电流信息
E_m	电能表准确度等级	取自电能表规格中准确度等级信息
L	二次回路长度	取自计量设计中二次部分图纸标注信息，以单程计算
k_{TA}	电流互感器倍率	取自电流互感器规格信息
I_{1n}	电流互感器额定一次电流	取自电流互感器规格信息
I_{2n}	电流互感器额定二次电流	取自电流互感器规格信息
E_{TA}	电流互感器准确度等级	取自电流互感器规格中准确度等级信息
k_{TV}	电压互感器倍率	取自电压互感器规格信息
U_{1n}	电压互感器额定一次电流	取自电压互感器规格信息
U_{2n}	电压互感器额定二次电流	取自电压互感器规格信息
E_{TV}	电压互感器准确度等级	取自电压互感器规格中准确度等级信息

最后，基于业扩信息中的主要用电设备清单，依据负荷模型分类技术，按照设备名称与额定容量完成向各种类、各类型典型负荷模型的归类划分，取得对应于该用户的负荷模型容量矩阵 S。

$$\boldsymbol{S} = \begin{bmatrix} S_{a1} & S_{a2} & S_{a3} & ... & S_{an} \\ S_{b1} & S_{b2} & S_{b3} & ... & S_{bn} \\ S_{c1} & S_{c2} & S_{c3} & ... & S_{cn} \\ S_{d1} & S_{d2} & S_{d3} & ... & S_{dn} \\ S_{e1} & S_{e2} & S_{e3} & ... & S_{en} \end{bmatrix} \tag{3-22}$$

式中，a，b，c，d，e 分别表示电弧冶炼负荷、启停特性负荷、普通工业负荷、商业办公负荷以及居民用电负荷 5 种典型负荷模型，1，2，3…则表示在每一种典型负荷模型之下进一步细分的子项种类。

矩阵中每一元素的取值计算方式均为求取从属于此类别所有设备的总容量之和，即

$$S_{ij} = \sum \left(n_1 S_1 + n_2 S_2 + \cdots \right) \tag{3-23}$$

其中，n 表示属于此负荷模型分类的某种设备数量，S 则表示该设备的单机容量。

矩阵所有元素均计算完成后，对空缺部分作补 0 处理。

（2）用户典型运行方式的分类与状态推算。随后，基于用户业扩信息中的运行信息，采用层级分支的方式，对应确定典型运行方式特征矩阵 M，矩阵中每一行均对应一种可能出现的运行方式，根据此矩阵的取值即可唯一性地确定用户在各种运行方式下模拟生产经营状况与各类设备的用电状态。

$$M = \begin{bmatrix} K_{S1} & B_{a1} & B_{b1} & B_{c1} & B_{d1} & \cdots & B_{m1} \\ K_{S2} & B_{a2} & B_{b2} & B_{c2} & B_{d2} & \cdots & B_{m2} \\ \cdots & \cdots & \cdots & \cdots & \cdots & \cdots & \cdots \\ K_{Sn} & B_{an} & B_{bn} & B_{cn} & B_{dn} & \cdots & B_{mn} \end{bmatrix} \tag{3-24}$$

其中：K_S 表示当前状态下保持供电的电源数量；B 表示各项决定用户运行方式参数的取值情况；B 的下标中 a，b，c，d…代表该用户可能涉及的各种影响因素，包括淡旺季、寒暑期、工作日/休息日、昼夜等与设备本身运行特性无关的重要事项，B 在此矩阵中的取值采用编号代替，并可通过编号追溯各种具体运行方式。具体见表3-8。

表 3-8　　　　　　　　　　　　客户运行方式参数编码表

表征符号	代表因素	编码规则
B_a	运营周期，通常由市场需求和行业发展决定，循环周期往往长达数月至数年	旺季：1，较高：2，一般：3，较低：4，淡季：5，停产：6
B_b	季节周期，通常与气象、气候等影响因素相关，以自然年为循环周期	春季：1，夏季：2，秋季：3，冬季：4
B_c	工作周期，通常以周为循环周期，体现工作日与节假日之间的区别	工作日：1；节假日：2
B_d	作息周期，通常以自然日为循环周期，体现生产班次的影响和用户对应峰谷电价的用能取向	白天：1，晚间：2，夜间：3
B_e	其他因素，可供进一步精细化评估时扩展使用	……

考虑到根据用户的实际情况未必会涉及全部影响因素，即在此矩阵中有较大概率存在无关项，在此矩阵形成后，需要进行降维处理，即对取值全为 0 的部分列执行删除操作，实现业务意义上对无关项的剔除。

（3）运行状态信息库构建。基于典型运行方式特征矩阵，即可实现对用户用电设备可能稳定或短期处于的所有运行状态进行穷举，在完成状态特性遍历决策后，即可采用

嵌套循环的方式分别针对每一种运行方式确定必要的状态参量，进而完成对此运行方式下用户运行状态的模拟推演与计量装置运行性能的多维评估。

针对降维后的典型运行方式特征矩阵，依次取出其中的每一个行向量进行测算处理：

$$V_i = \begin{bmatrix} K_{Si} & B_{ai} & B_{bi} & B_{ci} & ... & B_{mi} \end{bmatrix} \tag{3-25}$$

则可根据此向量确定该用户在当前状态下所处的运营周期、季节周期、工作周期、作息周期以及其他相关影响因素的编码取值情况，进而通过查表方式分别检索获取该用户当前运行状态下对应于前述各类负荷模型的状态参数，形成负荷模型状态矩阵 S, X_i 以及 F_i。

其中，S 即为负荷模型容量矩阵，仅与用户设备配置数量相关，不随运行状态变化；X_i 表征在当前运行方式下，各模型、各类别负荷设备的测算运行负载率，计算公式如式（3-26）所示。

$$X_i = \begin{bmatrix} X_{a1} & X_{a2} & X_{a3} & ... & X_{an} \\ X_{b1} & X_{b2} & X_{b3} & ... & X_{bn} \\ X_{c1} & X_{c2} & X_{c3} & ... & X_{cn} \\ X_{d1} & X_{d2} & X_{d3} & ... & X_{dn} \\ X_{e1} & X_{e2} & X_{e3} & ... & X_{en} \end{bmatrix} \tag{3-26}$$

X_i 中每一元素取值均可根据典型负荷模型中生产负载率的测算结果唯一确定。

类似地，同样可以根据典型负荷模型中功率因数的测算结果，唯一确定当前运行方式下各模型、各类别负荷设备的测算功率因数。

$$F_i = \begin{bmatrix} \cos\varphi_{a1} & \cos\varphi_{a2} & \cos\varphi_{a3} & ... & \cos\varphi_{an} \\ \cos\varphi_{b1} & \cos\varphi_{b2} & \cos\varphi_{b3} & ... & \cos\varphi_{bn} \\ \cos\varphi_{c1} & \cos\varphi_{c2} & \cos\varphi_{c3} & ... & \cos\varphi_{cn} \\ \cos\varphi_{d1} & \cos\varphi_{d2} & \cos\varphi_{d3} & ... & \cos\varphi_{dn} \\ \cos\varphi_{e1} & \cos\varphi_{e2} & \cos\varphi_{e3} & ... & \cos\varphi_{en} \end{bmatrix} \tag{3-27}$$

随后，即可通过矩阵对位运算的方式，很方便地获取当前运行状态下各模型、各类别负荷设备的负载电流、有功功率和无功功率。

$$I = \frac{S}{\sqrt{3}U} \tag{3-28}$$

$$P = S \times \cos\varphi \tag{3-29}$$

$$Q = S \times \sqrt{1 - \cos^2\varphi} \tag{3-30}$$

最终即可通过叠加原理，在忽略用户内部线损的条件下完成对计量点处一次关键电参量的合成测算。值得注意的是，在执行此步骤的计算时，如电源系数有多种取值或部分设备存在多重运行阶段，则需要分别针对这些参量的每一种状态分别计算，并将其独立作为一种运行方式并入运行状态信息库中，以确保对用户设备所有运行方式与用电状态的全面覆盖。

3.1.4.4 计量设备预期性能评估

完成对当前用户运行状态信息库的分析测算后，即可调用计量装置运行模型，通过该模型实现电能表、二次回路、电流互感器、电压互感器等组成部分输入/输出关系的理论计算，并综合计量设计中各计量装置的拓扑关系和连接情况，借此取得互感器二次侧、电能表端钮盒以及最终计量结果等一系列关键电参量的计算结果，进而实现在业扩阶段对计量装置运行性能的分析评估。

对应于某特定的运行方式，将待分析计量点处一次侧关键电参量 I_1、U_1、P_1、Q_1 以及该计量点对应的计量装置规格信息作为输入信息，传输入计量装置运行模型中，并在计算完成后接收计量装置运行模型返回的各项参数，随后完成分析评估。具体见表 3-9。

表 3-9　　　　　　　　　　　计量装置运行模型返回参数信息

符号	定义
U_{II}	电压互感器二次绕组出口处电压值
U_m	电能表接线端钮处电压值
I_m	电能表接线端钮处电流值
P_m	电能表计量有功功率值
Q_m	电能表计量无功功率值
$\cos\varphi_m$	电能表计量功率因数值

分析评估主要从准确性、安全性、经济性三个维度进行：

（1）准确性方面。 主要考察计量装置是否能在各种运行方式下实现对一次侧电能量的准确计量，考虑到新装状态下电能表与电流、电压互感器均独立经过严格的试验检定，出现单体误差超差的概率极低，分析评估中主要设置二次回路压降、整体计量误差以及电流互感器运行负载率 3 个评估指标。

二次回路压降指标计算方法如式（3-31）所示。

$$\Delta U = \frac{U_{II} - U_m}{U_{II}} \times 100\% \tag{3-31}$$

依据《电能计量装置技术管理规程》（DL/T 448—2016），电能计量装置中电压互感器二次回路电压降应不大于其额定二次电压的 0.2%，因此对 ΔU 以 0.2% 为阈值进行判断，当此项取值大于 0.2% 时，即认为可能对计量装置运行准确性造成风险。

整体计量误差计算方法如式（3-32）、式（3-33）所示。

$$E_{\mathrm{P}} = \frac{P_{\mathrm{I}} - k_{\mathrm{TA}} k_{\mathrm{TV}} P_{\mathrm{m}}}{P_{\mathrm{I}}} \times 100\% \qquad (3-32)$$

$$E_{\mathrm{Q}} = \frac{Q_{\mathrm{I}} - k Q_{\mathrm{m}}}{Q_{\mathrm{I}}} \times 100\% \qquad (3-33)$$

式中 k_{TA}——电流互感器倍率；

k_{TV}——电压互感器倍率。

现行技术标准更多关注对各类计量装置本身计量误差的限制，对各类设备组配形成的成套计量体系整体误差不太关注，因此目前尚未形成对运行计量装置整体误差的明确要求，但考虑到供用电双方进行电能交易的直接依据正是由各种计量装置配合运行所得的计量结果，本课题仍坚持对计量装置整体误差进行测算分析与研判，执行中取待分析计量点中准确度等级要求最低的设备，以其误差限制作为整体误差指标的判断标准，如整体计量误差不能满足此标准要求，则表明目前的计量方案中可能存在配组不当导致的性能浪费或组合误差扩大的风险。

电流互感器运行负载率计算方法如式（3-34）所示。

$$\eta_{\mathrm{TA}} = \frac{I_{\mathrm{I}}}{I_{\mathrm{I}}} \times 100\% \qquad (3-34)$$

式中 k_{TA}——电流互感器倍率。

根据电流互感器功能机理，当其一次侧流通电流过大或过小时，均可能导致计量误差增加，为保证计量用电流互感器准确性，现行规程要求电流互感器额定一次电流的确定应保证其在正常运行中的实际负荷电流达到额定值的 60% 左右，至少应不小于 30%。因此本课题中取 30% 作为电流互感器低载运行的判断阈值。

（2）**安全性方面**。此维度重点针对用户在各种运行状态，甚至包括双电源用户一路电源断线等故障异常状态下用户计量装置所承载的电压、电流情况，是否可能发生因用户运行方式变更导致的计量装置过电压、过电流运行。主要设置指标为电压系数与电流系数。

电压系数计算方法见式（3-35）。

$$k_{\mathrm{v}} = \frac{U_{\mathrm{m}}}{U_{\mathrm{n}}} \times 100\% \qquad (3-35)$$

电流系数计算方法见式（3-36）。

$$k_{i} = \frac{I_{\mathrm{m}}}{I_{\mathrm{max}}} \times 100\% \qquad (3-36)$$

电压系数和电流系数的判断阈值均为 100%，即正常情况下接入电能表的电压不应超出电能表额定电压、接入电能表的电流不应超出电能表的最大电流。

（3）经济性方面。根据现行电费电价政策标准，大中型工业产业用户通常执行大工业电价，也就是供电企业对用户采用两部制电费策略，用户除应根据使用电能量多少缴纳电量电费外，还需根据装接容量或最大需量值定期缴纳基本电费，此外，出于对电能质量的保护考虑，对工业用户往往采取力调电费政策，即根据用户一段时间内用能的平均功率因数依据规定上浮或下浮电费金额，以鼓励用户合理设置无功补偿，充分利用线路容量。

基于以上考虑，经济性方面设置容量利用率与综合功率因数两项指标。

容量利用率计算方法见式（3-37）。

$$\eta_S = \frac{k_{TA}k_{TV}\sqrt{P_m^2 + Q_m^2}}{S} \times 100\% \qquad (3\text{-}37)$$

此指标在每次计算时均仅作记录，待所有运行状态信息库中的数据遍历计算完成后，取所有运行方式中取值最大的 η_S 进行评判，若此时 η_S 的取值仍低于80%，则此计量点容量可能存在冗余风险，容易为用电用户造成不必要的基本电费支出。

综合功率因数可直接从计量装置运行模型返回信息中取得，通过与业扩信息中功率因数考核现值直接比较即可判断是否符合要求，即如果满足式（3-38）。

$$\cos\varphi_m < \cos\varphi_n \qquad (3\text{-}38)$$

即认为如果长期运行在当前状态下，将可能造成功率因数越限，导致因功率因数考核而产生的额外电费支出。计量装置运行性能分析评估指标及建议措施见表3-10。

表3-10　　　　　　　　计量装置运行性能分析评估指标及建议措施

评估维度	研判指标	造成风险	采取措施
准确性	二次回路压降	计量误差增加	优化二次回路线材； 缩短二次回路长度； 选用内阻较大的电能表
	整体计量误差	计量误差增加	合理配组计量装置
	电流互感器运行负载率	计量误差增加	合理安排运行计划； 选用多抽头电流互感器
安全性	电压系数	缩短计量装置寿命 造成安全风险	调整负荷总量； 调整电压互感器变比
	电流系数	计量误差增加， 缩短计量装置寿命， 造成安全风险	控制负荷总量； 调整电流互感器变比； 加强电源保障
经济性	容量利用率	造成额外电费支出； 浪费输电通道资源	合理核定报装容量； 优化负荷分配； 及时办理用电变更业务
	综合功率因数	造成额外电费支出	配置补偿装置； 优化主要设备负荷特性

3.1.4.5 基于类案检索的风险评估技术

前面章节所述的计量装置运行性能评估分析技术可以在业扩阶段完成对计量方案及设计的综合分析评估，但考虑到在该技术的研究与实施过程中有一定量的参数数据需通过估算或统计的方式确定，因而其分析评估结果仍有一定的不确定性。为实现对计量装置运行性能评估分析技术的有效补充，本节内容将从存量计量装置故障信息入手，通过对历史计量装置故障案例以及对应用户业扩信息的汇总分析，构建计量故障信息库，采用黑箱理念完成由计量故障向业扩信息的盲源归因，进而通过类案检索功能的建设完成对增量用户业扩信息的匹配检索，发现其可能发生的潜在计量装置异常风险。

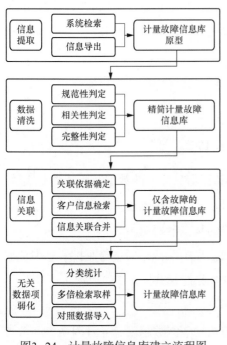

图3-24 计量故障信息库建立流程图

（1）计量故障信息库构建。计量故障信息库的整体结构包括计量故障信息与用户业扩信息两个板块，即最初形成的全量信息库除包含异常说明信息外，还包含用户业扩信息中与计量装置相关的全部因素。计量故障信息库的构建与完善经历了四个阶段，即信息提取、数据清洗、信息关联以及无关数据项弱化。计量故障信息库建立流程如图3-24所示。

信息提取主要通过现有业务记录，包括报装信息、档案信息和异常处置信息等的系统检索与信息导出完成，以计量异常数据作为样本，即可初步搭建具备完整故障信息与用户档案信息的计量故障信息库原型。

完成计量故障信息库建立之后，即需要对库中的全量信息进行核查清洗，主要是信息填写不规范、用户分类不明确、异常信息不完整、供电方案关联失败等情况。鉴于前述各项问题，需要对导出的历史异常信息实施数据清洗与筛查，通过计量异常信息的规范化调整，将库中现有的各种异常记录表述统一归类为误差越限、电流越限、电压越限、功率因数越限等4个种类。通过数据清洗与筛查，最终形成精简计量故障信息库，具体见表3-11。

表 3-11　计量故障类型及影响

故障类型	造成影响
误差越限	影响计量准确，导致电费偏差
电流越限	缩短计量装置寿命，可能引发设备损坏、火灾等安全风险； 造成误差增加，形成计量准确性风险

故障类型	造成影响
电压越限	缩短计量装置寿命，可能引发设备损坏、触电等安全风险
功率因数越限	造成电能质量降低，影响电网及用户运行经济性，可能产生额外电费

在完成计量故障处理记录清洗后，剩余的故障记录即具有信息丰富、记录完整、异常分类明确的特点，具备实施训练分析的基础。经过数据清洗筛查后的精简计量故障信息库虽然将数据成功聚焦到高压用户用电场景下计量装置本体异常上，但对应于每一条数据而言，其涵盖的数据项数量，尤其是业扩资料与用户档案信息等数据项仍相对多，其中不乏诸如供电电压、计量点位置、电源数量等具有高度统一性的无关项，如果不加以进一步处理而直接进行机器学习训练，将很可能导致误判异常成因。考虑到信息库中大量无关项与用户用电情况关联并不紧密，具有高度统一性和机械性的部分变量，可以采用加入对照组的方式降低这部分无关项对训练结果的影响

（2）类案检索技术应用。在计量故障信息库构建完成后，即可通过对当前用户的业扩信息实施聚类分析，确定该用户与计量故障信息库中存量用户业扩信息的相似程度，确定其族群归属，随后便可对该族群中所有数据点进行量化测算，实现当前用户对各故障种类的定性研判与定量风险评估。

类案检索技术根据当前的主流方式存在两种实现途径，即回归分析法和模糊聚类法。回归分析法更注重故障信息向各类业扩信息的归因溯源，通过关联关系的拟合确定实现由增量业扩信息向潜在故障风险的分析研判；而模糊聚类法则更关注增量用户业扩信息与存量用户的相似程度，通过以增量用户业扩信息为中心的族群划分，选取与其相似性足够高的部分存量用户信息，进而通过对这部分用户的故障信息进行加权统计实现各类故障风险的确定。

相比于回归分析法，模糊聚类法具有以下优势：一是模糊聚类法无需提前进行训练，判定规则根据库内数据情况在检索时生成，因而便于根据数据库的更新与扩充随时进行动态调整，采用这一方式可使得计量故障信息库的扩展能力更强。二是模糊聚类法可以通过变量 k 的合理设置调整，实现根据应用需求在响应速度优先与分析准确优先之间的自主调节，应用场景更为灵活多样。三是模糊聚类法的计算过程不涉及大规模矩阵运算，且计算方式也主要为欧氏距离的求取，相比于回归分析法更易于编程实现。基于以上考虑，目前的计量方案及设计智能审查算法均选用聚类分析法作为实现方式。

采用模糊聚类方式实施类案检索的流程如图 3-25 所示。

对于增量业扩信息，首先将其进行与计量异常信息库中数据相同的归一化处理，随后将其引入计量异常信息库中业扩信息数据项构建出的多维空间，并分别对其向各类别

族群的从属关系进行距离测算,考虑到欧氏距离在测量多维空间中两个点的绝对距离(真实距离)时结果更直观且方法简洁,本课题中选用欧氏距离表征增量业扩信息与计算样本之间的相似度,模糊聚类分析的分类预测过程十分简单并容易理解:对于一个需要预测的输入向量 x,我们只需要在训练数据集中寻找 k 个与向量 x 最近的向量的集合,然后把 x 的类别预测为这 k 个样本中类别数最多的那一类,并经验证通过,即可认定 x 与该类别存在从属关系。如图 3-26 所示模糊聚类方法示例,对于待分析的样本 x_u,应用聚类分析算法即可得出该样本与分类 ω_1 具有强相关关系,而与分类 ω_3 具有弱相关关系。

模糊聚类算法的原理示意如图 3-26 所示。

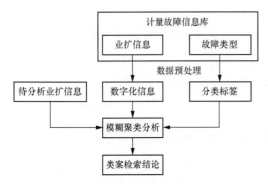

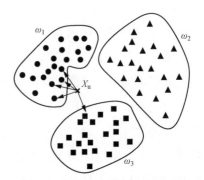

图3-25 计量故障信息库检索流程图　　　　图3-26 模糊聚类算法原理示意图

3.2 计量设备安装诊断技术

计量装置检测识别主要分为传统方法和深度学习方法,近年来随着计算机算力提升和数据资源的日益丰富,深度学习以其强抗干扰和泛化能力等优势在图像检测中得到了广泛应用。计量设备的图像检测任务可以分为计量设备部件视觉定位与表计视觉识别两个部分。计量设备部件视觉定位可归类为图像目标识别任务,即通过训练后的神经网络,对含有目标的图片或大致区域进行分类;而视觉识别可归类为语义分割任务,即通过训练后的神经网络,在有待检测的图像中确定目标位置的同时,对目标进行像素级别的划分。以上两个部分构成了深度学习图像检测技术的基础。

3.2.1 应用于计量装置检测识别的深度学习技术

3.2.1.1 应用于计量装置检测识别的深度学习技术概述

可应用于计量装置检测识别的深度学习技术由人工神经网络演化而来,包括卷积神经网络、栈式自编码神经网络及深度置信网络等。最近几年,深度学习理论得到了更加深入的发展,同时软硬件系统技术均得到切实的提升,卷积神经网络在图像检测领域大放异彩。

神经网络是一种由网络拓扑知识模拟人脑信息反馈系统建立的数学模型，其组成部分为多层神经元，经过多层神经元的计算能够产生输出结果，并将其传送至下一层。单个神经元模拟了生物神经元的相关结构以及特征，包括了多个输入与一个输出，通过单个神经元的计算，将输入的相关数据转化成 0 或 1 并将其输出，就会与和此对应的分类效果相匹配。由图 3-27 可知，其组成部分

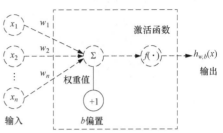

图3-27 用于计量装置检测识别的神经元模型

有输入部分 X、权重值 ω、偏置 b 以及输出 Z。其中 $f(X)$ 为激活函数，将输出限定固定在相应的取值范围。

组成卷积神经网络的部分包括全连接层、池化层、卷积层等，如图 3-28 所示。在输入层将原始图像导入网络之中，处理过程是借助池化层和卷积层完成的，之后就是借助全连接层完成输出，将此过程中的输出视作一种特征图。接下来，详细介绍网络里的相关操作。

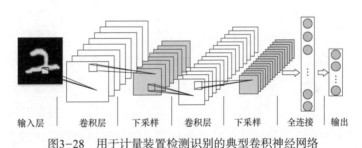

输入层　卷积层　下采样　卷积层　下采样　全连接　输出

图3-28 用于计量装置检测识别的典型卷积神经网络

在输入的图像里，将其特征予以提取，如图 3-29（a）所示，任意电力计量装置的图像都可以视为像素值矩阵，并用符号 $f(x)$ 表示。在卷积运算过程中，是采用卷积核为 3×3 大小的 ω 矩阵完成对特征图的获取操作，在输入的图像中，卷积核来回滑动，从而完成计算过程。卷积操作的数学表达式为

$$g(x,y) = \sum_{g=-a}^{a} \sum_{t=-b}^{b} \omega(s,t) f(x+s, y+t) \tag{3-39}$$

如图 3-29（b）所示，池化操作可去除特征图中不重要的样本，缩小尺寸并提取图像特征，降低训练需要的计算资源。此外其具备噪声消除和敏感度下降等特点，普遍实施的池化操作为均值池化和最大值池化；在最大值池化过程中，将图像转化为多个矩形部分，在多个部分内取最大值替代原有的区域；均值池化则是计算各个区域里的平均值对原有区域进行替代。

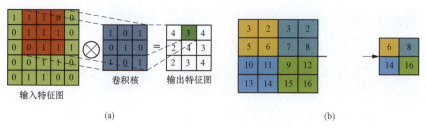

输入特征图　　　　　卷积核　　输出特征图

(a)　　　　　　　　　　　　　　　　(b)

图3-29　用于计量装置检测识别的卷积神经网络常见操作

（a）卷积操作；（b）池化操作

卷积神经网络仅通过卷积以及池化操作很难有较强的非线性分类能力，通常需要加入非线性的映射环节，以提升适应性。普遍采用的激活函数包括 Softmax、Relu、Leaky-Relu、Sigmold 等。

3.2.1.2　应用于计量装置检测识别的区域卷积神经网络

区域卷积神经网络，又可以简称为 RCNN（Region-CNN），在此算法过程中，电力计量装置目标检测工作就是借助这种网络完成的，并通过边框回归来修正目标包围框，识别目标检测精度，予以有效的提升。利用这种数据集把均值平均精度从之前的 35.1%优化升高到 53.7%。

RCNN 系列网络将一幅图片选择出来，将其视为输入图像，在系统中完成输入，之后再从该幅图像中提取待检测区域，共计 2000 个。选择性搜索使用传统图像处理方法将图像划分为许多块，对于归属于相同目标的图像采用支持向量机方法划分成若干块，接着采用扭曲或者拉伸的方法将其改变为同一像素大小，然后通过卷积神经网络算法来提取图像特征。分类操作是借助支持向量机完成的，将具体的类别在该过程中完成获取。末尾阶段，目标包围框按照边框回归方法对其适当调整，相关的架构展示如图 3-30 所示。与以往的目标检测方案相比，RCNN 的精度得到了一定程度提升。但是，R-CNN 还存在一些问题，即选择性搜索、串行式卷积神经网络结构前向传播较为耗费时间，且每个感兴趣区域（RoI）均需经过卷积神经网络提取特征等。此外，边框选定、卷积神经网络及特征分类三个模块仍需分别进行训练，耗费大量空间位置。

考虑到上述情况，2015 年，Ross 在改良过程中采取了 Fast-RCNN。

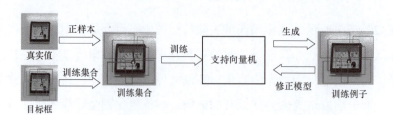

图3-30　计量装置检测识别中的选择性搜索调整方法

Fast-RCNN 使用选择性搜索提取候选框，在此过程采用其中的神经网络完成提取操作，接下来将各区域特征利用感兴趣区域池化层之后，参照全连接层来分类并修正包围框，并将卷积神经网络及特征分类部分一起训练。

在 Fast-RCNN 后，Faster-RCNN 对其结构进行了进一步创新。Faster-RCNN 使用区域候选网络（Region Proposal Network）生成待检测区域，减少生成感兴趣区域的时间。该结构组成划分成三部分，分别是网络分类器、区域候选网络、卷积层主干网络。这一算法在全图特征提取过程中采用了共享的卷积层，并将其输入候选的区域性网络结构中，在产生待检测框的同时，修正感兴趣区域的包围框。根据区域候选网络结构的输出，感兴趣区域池化层在特征图中要对维度值予以设置，同时将感兴趣的表现为差异性的区域特征选取出来。对包围框采取全连接层的方式来完成分类程序，同时对其进行相应的修正。

Faster-RCNN 中区域候选网络，可对有待检测区域（即锚框）进行分类，判断锚框是前景还是背景，并修正属于前景的锚框坐标。参照位于特征图上的滑动窗口，将区域候选网络划分成 9 个区域集的目标点和纵横比，并生成 20000 个初始锚帧。表现为树状结构的候选区域性网络，其中卷积层在主干中的数量为 33 个。第一个 1×1 的卷积层将判断锚框是前景还是背景，若锚框和标签真实值（Ground Truth）的交并比（IOU）大于 0.7，即为前景（Positive）。同样若锚框和标签真实值的交并比小于 0.3，即为背景（Negative）。该部分主要通过交叉熵损失函数（SoftmaxLoss）训练，训练时，区域候选网络将去除超过图像边界的锚框，训练过程中随机选取 128 个背景锚框和前景锚框。锚框修正需要在卷积层的第二个 1×1 位置完成，其输出特征图表示各个锚框属于前景分数或背景分数的可能性。边框修正包括锚框在图像中 x 与 y 方向的平移以及长（w）宽（h）的比例变换。

在 Faster-RCNN 中，通常将区域候选网络与卷积层主干网络部分交替训练，具体为：首先通过预训练的模型在对卷积层予以共享时先对其完成初始化操作，在此过程中训练区域性候选网络；接着充分参照有关联的区域性候选网络生成感兴趣区域候选框；再进行卷积层共享训练主干网络部分。同时将主干网络部分作为一个定值来训练区域候选网络；最后把共享卷积层参数以及区域候选网络的参数作为一个定值，对主干网络部分进行训练。

3.2.1.3　计量装置检测识别算法实现

计量装置检测识别算法实现过程中对于对象的位置采取卷积神经网络完成检测，接着对其完成分类，最关键的特征就是具有非常高的准确率和非常快的运算速度，在此过程中借助目标对象边框直接预测的方法，此时需要将对象识别和提取两个步骤合成一个步骤完成。该算法以回归为基础，计算流程：将输入图像转化成固定大小，然后将网格单元划分为 $S\times S$ 个，在差异性的单元中预测 B 个包围框的置信度和坐标参数，同时条件概率在各单元网格中完成预测。特定类别的得分分数在检测的时候完成获取，之后将更为理想的预测包围框选取出来，并将其作为结果输出。该流程通过简单的网络结构为计量装置检测识别算法的实现打下了坚实的基础。

在这种算法中，先分割原始图像，使其成为不相重叠的小块，然后将特征图采用卷积算法完成生成。该算法将图像分为 7×7 个区域，将其中的两个边框采用其中的一个对象完成预测，还要预测边界框的位置、各任意区域的置信度，各位置应该选取 4 个数值完成表示 (x, y, w, h)，其中 (x, y) 为边框的中心点坐标，(w, h) 分别为边框的宽和高。由于具有独特的网络设计，YOLOv1 将识别与定位相结合，使训练更为简便。但该算法也存在缺点，即在检测目标较小的情况下，该算法预测准确度与精度不足，原因是算法中的网格设置不够紧密。另外，计量装置检测识别算法 v1 版本在长宽比不同的目标的泛化方面也存在不足，一般对该种目标难以检测。

计量装置检测识别算法 v2 对计量装置检测识别算法 v1 进行改良，主要改动包括增添批归一化处理、锚框机制以及多尺度图像训练等。在网格设置不够紧密方面，计量装置检测识别算法 v2 将图像初始网格数量提升至 13×13。在特征图多次采样之后细节信息缺失以至于小目标检测不足方面，将通过层进行设置，细粒度特征存在于低层高分辨率特征图中，并将其完成拆分组合。相比这种计量装置检测识别算法 v1，算法 v2 能够一定程度上提升其检测精度。此外，计量装置检测识别算法 v2 使用 k 聚类方法确定边框大小，使其在速度以及准确度方面折中，可适应多种场景需求，即在检测速率要求低时，检测精度较高；在精度要求低时，检测速率较快。

为促使精度得到更为理想的提升，创建出计量装置检测识别算法 v3。计量装置检测识别算法 v3 对计量装置检测识别算法 v2 的特征提取网络进行改进，在不同网络层间设置快捷链路，意味着能够完成 darknet53 网络的构建。在此过程中，还对多尺度的检测予以有效的添加，依次将特征图完成选取，并对其有关的目标实施检测程序，参照级联方式，在各尺度间的特征图中完成交互操作，即可平均精度均值进行检测。然而，darknet53 对于残差式结构进行了创建，这样会降低训练模型的难度，但对于检测目标类别较少的情况，这种结构过于复杂与冗余，庞大的参数量会增加训练的计算量、增大对样本的需求量以及减慢检测速度。

3.2.1.4 计量装置检测识别中亟待解决的关键技术

电力计量装置图像识别技术发展至今，形成了以传统算法为主，包括图像增强、边缘检测、特征点检测以及轮廓检测等图像检测与识别算法。而在计量设备视觉定位识别以及表计读数检测领域，因面临计量设备分布广、种类多以及类型复杂等挑战，传统技术已无法满足计量设备定位、表计读数检测等应用需求。因此，还需解决如下的关键技术。

（1）计量设备定位检测技术。高质量的图像检测技术是巡检的基础，其反映计量设备的工况信息，为保障配电房用电安全提供了必要的信息，但受配电房的配电设备种类多、类型复杂等条件限制，传统算法如 SIFT、SURF 存在着识别率低、鲁棒性不够及抗光线干扰弱等问题。因此，有必要发展一种适用于面向计量设备的图像检测技术，使其能应对上述挑战。

（2）电力计量设备的图像自动标注技术。基于深度学习的计量设备视觉定位检测技术能够有效解决计量设备图像检测与定位问题，但是其定位性能依赖合适的样本集合。若样本数量太大，则定位准确性提高，标注时间过长，会消耗过多的时间；若样本数目太少，则又会导致定位不准确。因此，需要研发一种计量设备图像自动标注技术。

（3）电力计量设备的机器视觉识别技术。由于计量设备指针表计种类多、类型复杂且量程大多都不统一，利用传统算法如图像增强、边缘检测等算法难以较好地识别读数，即使能够在光线干扰下读出读数，识别的准确率也较低。而通过单一的深度学习卷积神经网络只能达到图像分割或者图像检测的目的，还没有能够达到识别出读数的效果。因此，需要发展一种传统算法和深度学习算法复合式指针表计读数识别技术。

3.2.2　计量装置部件视觉定位技术

本部分开展基于深度学习的计量设备部件视觉定位技术测试验证。在明确卷积神经网络模型的基础上，结合多尺度检测的优势，采用网络结构轻量化的原则，精简网络结构，并基于多尺度的改进策略，以及聚类算法，进行计量装置监督的准确性验证与分析，检测率达到93%以上，满足计量设备巡检的实际应用需求。

3.2.2.1　计量装置部件视觉定位准确性分析

早期的电力计量设备部件视觉定位算法受理论水平和软硬件条件的限制，主要依靠传统方法，其中较为典型的是模板匹配算法、SIFT 算法、SURF 算法以及 OCR 识别算法。随着硬件水平的提高及深度学习理论的发展，基于深度学习的目标视觉定位方法在计量巡检中被使用，但基于深度学习的目标视觉定位算法仍面临计量装置分布广、种类多、光照影响大的问题。

基于以上背景，开展基于深度学习的计量设备部件视觉定位技术测试验证。在明确传统算法以及深度学习算法优劣势的基础上，结合卷积神经网络的技术优势，多尺度检测、网络结构轻量化以及聚类算法的特点，平衡检测速度与检测精度，对计量技术监督功能的准确性展开分析。主要的步骤内容如下。

（1）以运算速度较快的目标检测算法作为检测的主体框架，并使用残差网络、特征金字塔结构 FPN 及可变形卷积对的主干网络进行分析，评估卷积神经网络，加入可变性卷积模块，增强特征提取和小目标检测能力。

（2）确定视觉定位网络模型具体训练流程，完成环境配置与网络超参数的设计，以召回率、精确度和平均精度指标作为模型评判标准，实现计量设备的关键部件视觉定位。

Mask-RCNN 在 Faster-RCNN 的基础上增加了 FCN 分支，用于生成对应的蒙板（Mask），即 Mask-RCNN 是由 Faster-RCNN 和 FCN 组成的，其中 Faster-RCNN 又由 RPN、RoIAlign 和 Fast-RCNN 构成。

Mask-RCNN 在对计量装置部件目标进行检测的过程中，效率非常高。对比单一的检测方法，其目标检测任务表现得更加精细，因为像素级别的标注在该模型训练中进行了充分的提供，意味着信息量能够在此过程中获得更多，对有关的背景和目标可以进行更加精细化的分类，从而提升算法的基本效果。

计量装置部件视觉定位算法可由 Faster-RCNN 改进获得，并将此算法设定为两阶段法检测器。区域提议网络可视为第一阶段。在第二阶段中，将前一阶段的特征进行提取，然后再执行处理程序。计量装置部件视觉定位算法的结构包括以下方面：

（1）骨干网络。借助网络 ResNet101 提取输入图像特征，从而获取全部图像中的特征图。

（2）区域建议网络（RPN）。需要依据滑动窗口的方法，实现划分原图作为锚框（anchor），在此过程中还要将边界框和分类实施回归操作。

（3）特征金字塔网络（FPN）。采取 FPN 网络提取差异性的特征，将深层特征应用于大目标中，而将浅层特征应用于小目标。

（4）分割掩膜分支。借助 FCN 网络来对任意感兴趣区域的膜进行分割，在此过程中，类别数用符号 K 予以表示，掩膜的长和宽则是用 m 予以表示。

（5）回归分支和分类分支。感兴趣区域在完成筛选之后，需要完成分类回归，并将函数采用分类分支予以激活。

根据计量装置部件视觉定位算法原理图，可将计量装置部件视觉定位算法分为目标检测深度网络部分 Faster-RCNN 和图像分割全卷积神经网络部分 FCN，具体步骤如下。

（1）对于深度网络部分 Faster-RCNN 实施目标检测。如图 3-31 所示，对于该深度网络，采用候选区域网络 RPN 替代选择性搜索，在一个完整的框架结构中可以包含算法的所有步骤，从而实现端到端的训练过程。对于原始图像采用卷积层来实现特征的提取作业。需要采用非极大值抑制算法根据评分高低筛选出得分较高的一部分候选框。紧接着通过感兴趣区域池化同时完成目标分类和候选框回归的任务，并且这两个任务对应的两个损失迭代函数即网络的优化方向。最后把这些候选区域框送进分类器进行分类训练，使神经网络具备目标定位和图像分类的功能。

（2）图像分割全卷积神经网络 FCN。卷积是一个函数和另一个函数在某个维度上的加权叠加作用，使用卷积核对原始图像进行滤波操作从而达到特征顺利提取的目的。卷积能够提取图像中的个别特征，还将对空间位置信息予以保留。在各位置上将对应元素乘积计算出来，还要将点乘结果之和保存在输出矩阵中对应的单元格中，则可得到特征图谱矩阵。卷积原理和实现过程如图 3-32 所示，从输入图像数据的左上角选取同

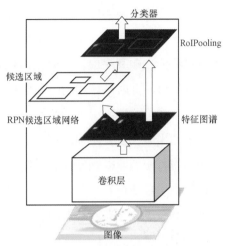

图3-31 基于Faster-RCNN的
计量装置部件视觉定位算法原理图

卷积核大小一样的区域与卷积核点乘并相加的结果记录在卷积特征里，步长为 1，依次滑动窗口，就可以得到完整的卷积特征，即特征图谱。

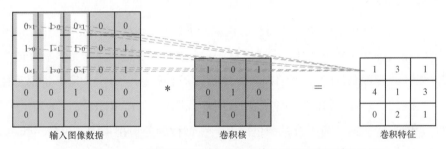

图3-32 计量装置部件视觉定位算法卷积原理和实现过程

CNN 最后的输出是 1000 维向量，再通过 Softmax 归一化成 1000 个概率，用来表示测试图像属于每一种类型的概率，即适用于图像分类或目标分类问题。而 FCN 最后输出为在原图像中的像素级预测，在上采样最后一个卷积层过程中，需要采取反卷积方法完成，还要预测其中任意像素，从而解决语义级别的图像分割问题。

3.2.2.2 计量装置部件视觉图像的预处理

进行图像采集的时候，因为电子设备自身呈现出一定的缺陷，而且外界不良因素对于该设备也会产生影响。所以，需要将图像识别的准确性和运算速度进行相应的识别，在对其完成识别的过程中，需要将此过程中遇到的每一种问题进行汇总分析。先对其完成各种预处理操作，这样能够消除不良外界因素影响，提升提取的精度和速度。

在采集电力设备对应图像的时候，低照度情形下不均匀光照现象普遍存在，因为这

种不够充分的光源照度，反射光在目标表面是非常弱的，使得在成像传感器当中存在的光线也非常弱，同时，由于表现出较差的辨识图像的性能，且噪声很大，使得图像信息提取过程无法顺利完成，也为识别接下来的状态造成较大难度。图像增强可以改善图像的视觉效果，此时图像中的噪声信号被滤除，增强目标与背景的对比度，图像细节会更清晰。因此，前期需提升低照度图像的辨识程度。

从作用域角度，增强图像通常有两种方法，分别是频率域滤波法和空间域滤波法。应用较为普遍的非线性滤波和线性滤波法是较为常见的空间域法。这种线性滤波器具有设计简单、性能良好、表达方式简洁的特点，但是对于边缘无法进行有效的保护，且对于脉冲噪声也无法有效地去除。因为在傅里叶变换过程中，会存在尺寸标准，所以较少采用这种方法。

直方图是统计表达图像特征的一种形式。计算机视觉中图像的概率密度所呈现出的灰度具有差异性，将其用直方图予以表示。在采取很多步操作程序后，可以对直方图进行均衡化操作，从而改变直方图的分布，对于原始图像的特征无法更有效地在直方图中进行均衡化操作。为了降低照度，需要将优化后的 Retinex 算法应用在该过程中，并对操作予以充分的增强。

另外，本次目标识别的预处理还有颜色空间的转换提取。工业摄像机采集的图像为 RGB 格式。在这种颜色模型当中，需要定量表示各种颜色，这三个分量各有 256 个等级。通过红、绿、蓝三种基色的混合可以产生 1600 多万种颜色，每个分量不是相互独立的，而是具有很高的关联性，因此该颜色模型又叫加色混色模型，RGB 模型可用笛卡尔坐标系下的立方体进行描述。为了方便颜色提取，在这种颜色模型当中实现分割颜色。其分量是由明度、饱和度、色相构成的，色彩的核心属性是色相，而色彩纯度则用饱和度予以表示，HSV 颜色空间可以更加方便地对颜色进行处理和判断。圆锥体中心轴取值为自底部的黑色到顶部的白色，对应明度。色彩空间的转换如图 3-33 所示。

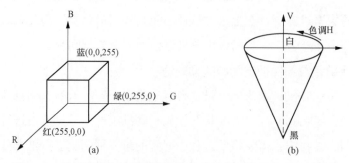

图3-33 计量装置部件视觉定位算法实现过程中的色彩空间转换

（a）RGB空间；（b）HSV空间

在提取计量装置部件目标区域过程中，由于相机在拍摄时存在偏差，导致采集的仪表图像有所倾斜，如果不对倾斜的仪表图像进行校正，会直接影响后期仪表的读取精度。倾斜校正算法有很多，包括仿射变化法、霍夫变化法、旋转投影变换法等。本项目采用一种基于霍夫变换的方式完成仪表图像的倾斜校正，如图 3-34 所示为仪表示意图，图中大矩形表示仪表的外表框，五边形表示仪表的内表框，具体的仪表图像倾斜校正步骤：首先，对仪表的上边框进行截取，

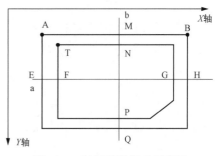

图3-34　计量装置仪表示意图

单独对这一部分进行边缘检测；然后绘制上边缘图中的直线特征，近似求出线段 AB 相对于水平位置的偏转角度；最后以线段 AB 的倾斜角度为旋转角度，构建旋转变换矩阵，完成原仪表图像的倾斜校正。边缘检测的目的是将仪表图像的边框轮廓信息描绘出来。

校正后的仪表图像中有很多直线信息，需要根据对目标区域进行提取，以便对目标图像进行识别。常见的指针区域提取方法包括减影法和穿线法。

3.2.2.3　计量装置部件图像分割与特征提取

（1）计量装置部件图像分割。对于计量设备图像，其特征是从近处逐渐过渡到远处的过程中，表现出逐渐模糊的趋势。而针对此次设计的系统，充分依据背景距离差异、目标对象距离差异等特点，在先行预处理之下，获取分割结果，从而分离背景和目标，如图 3-35 所示。

首先，进行基于 ResNet50-FPN 的 Faster R-CNN 模型的构建。FPN 构建完成后，和模型 Faster-RCNN 基本一致，采用各种类别的交叉熵损失来完成回归层和分类程序，这样就能在检测计量设备的过程中检测模型。

其次，要训练对应模型。因为数据集在这种智能设备识别中不能公开，故模型训练使用自建含有

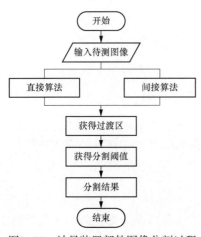

图3-35　计量装置部件图像分割过程

电能表、断路器、铅封、共 700 张计量设备图像的训练数据集对模型进行训练，并使用额外的 100 张计量设备图像作为验证集。

最后，进行三维数据验证。为了在数据采集阶段提高识别率，本方案采集了深度、色彩、红外三种数据。在计量设备识别模块给出预测结果之后，需要将相关联位置项色彩空间和深度空间进行转换，并对预测结果进行验证。

（2）计量装置部件特征提取。计量装置部件图像的识别以物体主要特征为基础。区域特征中直方图双峰法简单，如果对应的环境出现变化，其中的直方图中灰度的波峰不够显著，也会呈现出重叠的现象。迭代阈值分割法，计算量大，消耗时间长，在一定范围内对图像的亮度变化不敏感，适应性强，能够满足本系统的阈值分割要求。因此，在完成阈值分割过程中，需要依据自适应阈值算法来完成。

在完成阈值分割后，根据实际情况中表计形状多为直线的特点，本项目将使用轮廓特征检测方法中的霍夫变换直线检测法。霍夫变换直线检测法在图像处理中常被用于对某个特征进行提取，通过采用类似于投票的方法来确定某个特定特征。霍夫变换直线检测法首先映射各图像对应的空间个点，并将其转化成一种曲线，能够将直线在图像中的寻找问题转换为交点峰值在坐标系中的确定问题。因为借助累加程序来完成极坐标中的点，故对于检测图像空间中间断的直线也具有适应性。因此，用该方法来对直线进行检测稳定性较好。在算法计算的情况下，有限区间的离散值是用来表示直线的方向 θ 离散，该离散参数的值表现为有限性特征，当转换成一个系统时，得到的值落入一个网格中以启用网格。

3.3　计量设备运行异常诊断技术

随着智能新型电网的不断建设，电网建设在提升电力可靠性与稳定性、提高电力系统效率、减少环境影响、确保人身设备及电网安全、指导电网智慧运行方面提出了更加苛刻的要求，基于计量设备的电网运行状态研判及运行异常诊断技术应运而生。

对于电网而言，设备运行异常诊断主要包括以下两层含义。

第一层含义是针对电网中用于直接转换、传输电能量的设备，如发电机组、变压器、输电线路、配电网络等，上述设备直接影响电网运行的可靠性与稳定性，需实现运行状态实时监测、运行异常及时诊断。

第二层含义则是电网中感知设备的运行异常诊断，常常包括测量装置、电压互感器、电流互感器、二次回路及其他电能计量装置、网络通信设备以及发输变配电运行过程中的异常诊断。这一类异常诊断的关注点在于是否能为电网运行提供准确可靠的运行数据，若发生异常情况，会导致一次设备运行出现错误，严重的会导致电网运行策略改变，如导致自动跳闸、断电等，严重影响电网安全可靠运行。

就具体目标而言，计量装置的运行异常诊断是服务于电网设备的运行异常诊断，但并不是说计量装置的运行异常诊断优先级低于电网设备的运行异常诊断，恰恰相反，计量装置的运行异常诊断是电网设备运行异常诊断的基础，只有做好前者，后者的正常运行才能得到有效保障。

计量装置的运行异常诊断主要包括对准确性的诊断、对可靠性的诊断以及对安全性的诊断三个方面。计量装置作为电网的"眼睛",准确获取运行数据是首要任务,因此针对电能计量装置的准确性诊断是目前电网企业已经大规模普及的异常诊断策略。针对低压电能计量装置,主要采取失准更换、低压状态检验等策略;针对高压电能计量装置,则主要采取高压状态检验、关口(或重要客户)运行状态预警等方式,用于对相应计量装置的准确性实施评价。除准确性外,电能计量装置的可靠性评价也是重要组成部分之一,这一部分主要针对的是电能计量装置的异常事件,对运行时检测到的异常代码进行处理;此外,还包括网络安全或网络风暴部分内容,主要目的是分析计量装置对目前运行情况的耐受程度,确保能在当前环境下稳定可靠运行。最后则是安全性诊断方面的内容,安全诊断包括两部分内容,分别是设备本体安全以及运行维护中的人身设备电网安全。本体安全主要是针对可能导致电网解列的设备,如互感器、二次回路;除此之外还包括运行维护过程中的安全诊断,安全性诊断的主要研究方向为温度、漏电保护、电弧等。

3.3.1 准确性诊断

3.3.1.1 失准更换

根据电能计量装置相关管理规定,电能表等计量装置需进行周期检定、到期轮换,但是电网企业在运维过程中发现,随着科技水平的不断进步,电能计量装置运行安全性、可靠性及准确性的周期越来越长,现行规程、规定滞后于技术的发展。

在传统的电能计量方式中,通常采用定期轮换的方式对电能表进行更换。然而,这种方式存在一些问题,如更换周期过长、更换成本较高、更换过程中可能对用户用电造成影响等,并且无法有效发现表计计量失准等情况,无法有效发现,在运维过程当中对计量表计的计量准确性未进行有效监控。

为了解决这些问题,近年来国家市场监督管理总局与国家电网有限公司共同推进电能表失准更换重要举措,以更智能、更环保的"失准更换"代替传统的"到期轮换"。失准更换是指通过信息化系统对电能表的运行状态进行实时监测,对存在计量故障表计进行更换,不存在故障的继续运行。

电能表失准更换则是根据电能计量设备运行数据,基于电网大数据计算表计误差超差情况,根据误差需要进行更换,以确保计量的准确性和可靠性。

电网企业实时监测电能表的运行状态,通过电网运行中产生的大数据对计量表计的误差进行人工智能学习,准确定位误差超差计量点,协助现场工作人员有针对性地处理问题。失准更换将"周期检定"变为"在线监控、失准更换",构建了"企业自控、客户监督、政府监管"的智能电能表监管新模式。大幅度减少电能表更换频次,减少停电次数,提升异常表计发现效率,有效提升居民用户用电体验,同时降低换表成本和投资成本,促进资源节约型社会建设。

在实施电能计量装置失准更换的过程中,需要遵循一定的规范和流程。首先,电力公司需要使用电能表运行校准平台对电能表开展校准,同时明确校准的条件、校准项目、校准方法、结果处理等。其次,需要制定相应的实施规则和流程,指导各地市供电公司规范电能表状态更换的流程。最后,需要加强监督和管理,确保失准更换工作的顺利进行和有效实施。

总之,电能计量失准更换是提高电能计量准确性和可靠性的重要举措,可以减少换表频次和停电次数,提升居民用户的用电体验,降低换表成本和投资成本,促进资源节约型社会建设。

3.3.1.2　状态预警

电能计量装置作为衡量分界处电能量的流向及其大小的装置,是技术经济指标统计、核算的基础数据,是保证电力市场正常运行的关键,其计量的准确性直接关系到发供电企业的经济利益和社会效益。

电网运行工况日益复杂,电能计量装置运行情况直接关系到贸易结算公平公正,为了确保发电上网等电能计量装置交易结算公平公正、电网运行指标统计准确可靠以及电网运行策略制定有理有据,针对计量装置运行状态的分析与预警工具应运而生。

计量装置运行状态分析与预警工具的实施路线大致如下:

首先,建立运行状态分析知识库,根据需求方数据、模型需求,优化部署计量装置运行状态知识库,包括计量装置历史运行状态数据、负荷数据等状态分析模型必需信息,根据状态分析与预警模型,开展数据梳理、校核、整合,梳理数据源间的关联关系以及表数据结构,优化数据结构,使数据结构满足计量装置运行状态分析与预警需求。

其次,实现计量装置状态分析,优化部署运行误差拟合、误差趋势预测、设备故障分析等状态分析模型,包括但不限于基于电量平衡对计量装置运行误差进行拟合;根据负荷情况、历史运行状态等对计量装置误差趋势进行预测;根据计量装置运行信息、历史运行状态等对计量装置异常进行分析等。运用计量装置历史、运行数据等多维度信息分析计量装置状态,输出状态分析结果。

最后,进行计量装置状态预警,优化部署综合运行误差、负荷大小等多种因素的计量装置状态预警模型,具体包括但不限于计量失准、运行风险等方面的监测预警能力提升,根据潜在风险持续时间、风险等级等因素进行综合评价,输出状态预警结果。

相对于低压电能计量装置，高压电能计量装置的网络结构相对更为干练，可用于相关性分析的电能表数量相对较少，但考虑到高压计量装置中存在的互感器在线监测装置、二次回路监测仪等设备，在运行状态分析与预警过程中常可参考上述装置，开展相关性分析。但受限于目前技术水平与数据来源，针对计量装置的状态分析与预警，仍处于较为初级的阶段，存在一定问题。如算法模型受负荷波动影响较大，在稳定负荷情况下常能实现准确预测，在负荷波动较大时，输出结果需剔除相关因素影响导致的误报。部分算法模型考虑到及时性，采取较为激进策略，降低漏报概率。但计量装置常采用较大变比，二次负荷较低，可能会导致较多误报，综合上述原因，建议根据相关预警重要程度采取不同预警策略，酌量减少分析与预警工作量。

3.3.1.3　整箱计量技术

随着电能计量装置技术水平的不断提升，导轨表、物联表等高新技术计量装置不断涌现。传统的壁挂式电能表已逐渐被导轨表等新式电能表取代。

与传统的壁挂式电能表相比，导轨式电能表采用了模数化设计，具有体积小、易安装、易组网等优点，并且可以方便地安装在电气设备中。以往，每块电能表只采用一个计量箱，在高楼层等安装环境下，常会存在安装位置不足等问题；若大范围推广应用导轨表，则可以完全解决安装位置不足、户表关系不明确、配电线路复杂难以梳理等问题。

低压配电网络中常有大量电能表共用同一个搭电点，若其中某处电能表发生异常，导致计量准确性降低，会对整体线路线损指标的准确性产生影响。由于计量装置过多，难以快速发现异常计量点或电能表。

随着导轨表的不断推广应用，在一个计量箱内实现一定范围电能表的集成已具备实施条件，解决了户表关系不明确、电能表位置不规范、运维难度大等问题。同时，人们在对低压电能表的运维管理过程中发现，目前的低压电能计量装置结构仍比较原始，电能计量装置的组织架构混乱，没有清晰的层次结构。针对电能计量装置的运行状态监测仅做到台区-户表联动分析，对应关系过多，难以实现计量装置异常的快速、准确定位。针对上述问题，可采取基于智能量测开关的整箱计量监测技术予以解决。

智能量测开关是一种高集成度的智能量测设备，主要应用于低压计量箱的进线处，替代了原有的普通进线开关。在保证原有塑壳断路器保护功能的基础上，智能量测开关扩展集成了三相智能电能表、用电信息采集器和计量箱智能监测终端等多种功能。

目前，市场上的智能量测开关有多种类型，如集成了智能电能表失准分析和更换需求的智能化量测开关，将传统的塑壳断路器与高精度测量、通信、高精度时钟、事件报警及记录等功能进行深度融合。除此之外，还结合了高精度数据采集、物联网、边缘计算、大数据平台等技术的断路器。

结合智能量测开关，以计量箱作为最小组织，通过智能量测开关对对应电能表的计量装置进行监测与分析，进一步前移数据监测与异常分析关口，大幅度提升了低压电能计量装置运维管理水平，强化了线损管理、防窃电管理能力。

3.3.2　可靠性诊断

电能计量装置的监测与分析不只包括对计量装置准确性的监测与分析，随着技术水平的不断提高，电能计量装置的准确性逐步得到有效保障，针对计量装置运行状态可靠性的诊断逐渐成为运行异常诊断不可或缺的一部分，目前可靠性诊断主要技术路线包括事件上报、在线监测以及网络风暴三部分。

3.3.2.1　事件上报

事件上报指的是将特定事件或问题报告给相关方或系统的过程。在电力行业中，事件上报通常用于监测和控制电力设备的状态，以确保其正常运行并及时发现任何潜在问题。

以智能量测开关为例，智能量测开关实时监测电流、电压、功率等参数，并在发现异常情况时自动上报事件。这些事件可能包括过负荷、短路、欠压等问题，以及电能表失准、计量箱门开启/关闭状态变化等情况。通过事件上报功能，管理者可以及时了解设备运行状况，采取相应措施解决问题，提高供电可靠性和安全性。

在上述的方案当中，需要智能量测开关、采集终端、集中器以及主站共同作用，首先，智能量测开关是一种具有高精度计量、拓扑识别、窃电分析、HPLC 载波多模通信、停电上报、故障研判、物联感知等功能的设备。这些功能使得它能够实时监测电流、电压、功率等参数，并在发现异常情况时与采集终端、集中器进行通信，将异常事件传送至相应通信设备存储备用。

然后，采集终端通过集中器，接收并处理智能量测开关上报的数据和事件，并将这些信息转发给主站。最后，主站作为整个事件上报系统的核心部分，可以查询和设置开关的数据、事件主动上报开启与关闭参数，对异常上报事件进行统计、分析，指导管理人员对运行状态进行研判、对运行策略进行调整，最终达到提升计量设备精益化运维管理水平的目的。

事件上报的兴起得益于智能电能表的不断进步以及通信技术的不断发展，前文提到，智能电能表具备了异常事件记录以及部分异常分析能力，电能表记录相应事件后，通过通信网络将其上传至统一管理系统，电网管理人员可以方便、快捷、直观地获取电网中每一台计量装置的运行情况，如失压、失流等异常。

这种架构设计使得智能量测开关的事件上报系统能够实现分段精细化数据管理，从而实现对电力设备的全面监控和管理，深化应用事件上报功能可有力提升电网企业设备运维水平、缩短计量装置故障处理时间、提升计量管理精益化水平。

但事件上报仍存在一定缺点，主要表现为事件研判算法较为死板，仅能表征设备异常后电气参数现象，设备故障点、异常原因仍需通过人力进行推论，甚至根本无法表征故障的根本原因，具有一定的局限性。

3.3.2.2 在线监测

随着对电能计量装置研究的持续深入，电网企业发现电能表中自带的如失压、失流监测等一系列算法已逐渐不能满足电能计量装置精益化管理需求，下面以失流为例进行分析。

电流失流这一故障状态，在用电计量在线监测中是一项重要的指标。电表失流是指在三相供电系统中，三相电压大于电能表的临界电压，三相电流中任一相或两相小于启动电流，且其他相线负荷电流大于5%额定（基本）电流的工况。此条给出了失流的判定范围，失流的状态可能是非正常用电造成的，也可能是正常用电造成的，但都是非常态的。对三相三线电能表只判断某一相失流。三相四线、三相三线电能表均没有全失流的概念，需要予以补充，因此设定默认参数如下：

（1）失流事件电压触发下限，60%U_N。

（2）失流事件电流触发上限，对应此处"启动电流"。

（3）失流事件电流触发下限（对应失流判定时其他相的负荷电流限值），5%I_b。

（4）失流事件判定延时时间，60s。因电能表异常事件判定相关的算力资源有限，且若对电网中大量存量电能表统一进行系统升级需要耗费大量人力、物力、财力、时间资源，因此，电网企业采用远程的、基于回传采集信息的、集中计算模式的在线监测，作为事件上报的优化完善技术方案。

与事件上报相比，在线监测具备以下特征：一是集中计算，不再是依托边端个体设备，而是通过通信网络将电网中各电能计量装置数据传输至主服务器，在服务器中进行大数据计算。二是算法升级，与采取边端计算的停电上报不同，集中计算方式因算力资源、数据池容量得到大幅度提升，不再单单以简单的阈值计算作为故障研判模型，取而代之的是通过大数据分析等高新技术，作为故障研判模型算法。三是管控提升，停电上报仅可上报基础的电气参数模型，需要人力对其进行进一步分析研判，方可定位具体故障原因，但在线监测因模型算法得到大幅度优化升级，能实现电能计量装置异常或故障的自动化、智能化分析研判，大幅度降低了人力在其中的参与比重，降低了计量运维管理人员工作负担，可提升计量装置故障研判准确性。

除此之外，计量在线监测还可作为电网运行情况监测、用户用能分析、发电机组运行状态分析等分析监测算法，计量在线监测已不单单是作为针对计量装置的监测分析，而是对电网运行状态进行整体把控的一种初步应用，能够基于海量的电网运行数据进行实时分析研判，对其运行状态进行一定程度的预测、预警的高新技术应用，在线监测及其相关延伸应用具有广泛的应用前景。

3.3.2.3 网络可靠性

随着电网建设的不断加快，智能电网（或者电网 2.0）的自动化、智能化特征决定了其在数据采集和传输过程中会产生大量的信息数据。

大量的数据需要在网络中传输，如果网络设备的带宽、处理能力或者其他相关资源无法满足这种大量的数据传输需求，就可能导致一种严重的网络现象——网络风暴的发生。这种情况下，一个数据帧或包被传输到网段上的每个节点，大量占用网络带宽，导致正常业务不能运行，甚至彻底瘫痪。目前电网中的通信主要采用的是分层、分级的架构，数据的链路分别通过采集终端实现采集，集中器对数据信息进行中继传输至主站，主站将信息进一步集中汇集至中央服务器进行计算。

理论上来讲，目前电网普遍采用的这种方式可以有效规避网络风暴的风险，但存在一些特殊情况，若某小范围区域内的电能表、采集终端、集中器出现 bug，导致无法互相响应，则会导致采集终端反复发出指令试图唤醒电能表，电能表反复发出指令试图与采集终端进行通信。因目前采取的载波方式带宽有限，上述情况会间歇性导致一定范围区域内采集功能失效。

为了提升采集成功率，电网企业主要采取了两种措施。一是规范各设备间的数据交互规约——DL/T 645—2007《多功能电能表通信协议》。这个协议主要用于电能表抄表，采用主—从结构的半双工通信模式，硬件接口使用 RS-485，通过有线连接规避网络风暴风险。DL/T 645 协议适用于采集终端和电能表之间，为统一和规范多功能电能表与数据终端设备进行数据交换时的物理连接和协议提供了标准。智能电能表中的 645 规约便是基于此协议，它为智能电网的建设提供了坚实的技术基础，也为日后的电能计量、数据采集、电网监测等方面的应用提供了强有力的支持。

第二则是大力建设统一的、用于数据采集与分析计算的电力信息数据平台，以国家电网公司为例，建设新一代用电信息采集系统（采集 2.0），满足智能电网建设的需求，提高电力系统的运行效率和管理水平。这一系统强化了用电信息采集的各项功能，并在福建等地进行了首次上线。到 2021 年底，新一代用电信息采集系统（简称采集 2.0）完成标准版软件开发，并已在国网江苏、福建、浙江、安徽、河北、山东 6 家单位成功上线运行。

与原有系统相比，采集 2.0 在数据入库、存储计算以及发布效率等方面都有显著提升。此外，新一代用电信息采集系统——采集 2.0 的运行稳定，各项功能、性能、技术指标均超过预期设计标准,这标志着国家电网在用电信息采集领域取得了重要的技术进步。

3.3.3 安全性诊断

计量异常智能诊断的第三个方向,是安全性诊断。这一部分主要包括三层内涵,分别是电网设备的安全性诊断、对计量装置的安全性诊断以及人员运维过程中的安全性诊断。针对计量异常安全性诊断,现有的技术路线主要包括温度监测、漏电保护、电弧监测。

3.3.3.1 温度监测

电网中的设备在运行过程中不可避免的会有一定的功率损耗,根据能量守恒定律,这部分损耗的功率会以其他的形式表现出来,在电网运行过程中主要是通过磁场转化为机械能、电能转化为热能表现出来。

电网中运行的设备都有一定的运行环境要求,如电气元器件的温升范围、运行温度等,若温度过高则会导致电气性能下降,如导线熔断、绝缘烧穿等高风险事件。因此,电网温度监测是电力系统中不可或缺的一部分。电力设备的故障不仅会导致供电系统意外停电,减少电力企业的经济效益,而且可能会造成用户的重大经济损失。因此,对电力设备的温度进行在线监测至关重要。电网企业需针对发电、输电、变电、配电及用电设备进行实时监测,若设备温度超过预设范围,则立即预警。

第一种是传统的温度监测,主要采用热学仪表进行直接测量,如变压器安装的油温温度计等,此类温度监测由于采用传统机械或热学原理仪表,不具备信息传输功能,不能满足智能电网建设需求,随着智能电网的进一步建设正逐渐被淘汰。

第二种温度监测主要采用电热学元器件将热学量值的变化转化为电学电气参量变化值,测量电气参量变化值来进行温度监测。这种方案初步具备信息传输的可行性,但由于对绝缘材料等要求较高,在后续发展中逐渐被光学测温方式淘汰。

第三种采用光学原理,通过测量红外光的辐射,对温度进行监测,此类技术方案与突破了前两种测量方式仅可测量某一点温度的限制,可以对视野范围内的所有区域实现温度监测,且数据高度数字化、信息化,大幅度提升了信息传输的便利性。除此之外,采用光学原理可有效实现电气隔离,确保温度监测与电气设备间的物理隔离,保障了两者之间相互独立运行,确保监测与人员运行维护的本质安全。

最新一代的温度监测则是将监测集成于芯片功能中,通过低功耗、高灵敏度的芯片实现电气设备关键元器件的温度监测。该类技术方案具有小型化、模块化、信息化等显著优点,可以通过信息处理模块对温度变化曲线进行一定模式识别,对温度曲线进行一定程度分析,形成分析结果或预警报告。同时该类方案普遍具备高度物联网结构,能够实现各节点之间快速、双向通信,从而满足一定范围内的联动分析,通过边端计算,降低主站算力负担，大幅缩减预警时间，确保人身设备电网安全。

上述温度监测已不单单应用于电网中的各类输配电设备，也广泛应用于互感器、二次回路等电能计量装置，并取得了相当的成效。除此之外，在低压配电网建设中，如整箱计量装置，也逐渐采取红外测温、芯片测温等技术方案，作为计量装置温度监测实施方案，有效降低了电气火灾等风险，确保了用电用户的人身财产安全。

3.3.3.2 漏电保护

在日常电气设备运维过程以及低压用户用电过程中，存在电气设备漏电等现象，严重危害人身、设备、电网安全。在传统的电气设计当中，常采用漏电保护器防范此类风险发生，漏电保护器也被称为漏电开关或漏电断路器，其主要功能是在设备发生漏电故障时对有致命危险的人身触电提供保护。它不仅具备过负荷和短路保护功能，还可用于保护线路或电动机的过负荷和短路。在特殊情况下，它也可以被用作线路不频繁转换启动的设备。

漏电保护装置的设计目的是防止人身触电和漏电引发的事故。当电路或用电设备的漏电电流超过装置的设定值，或者人或动物处于触电危险中时，该装置能够迅速动作，切断事故电源，从而避免事故的进一步扩大，确保人身和设备的安全。

此外，漏电保护器在电气设备的安装和使用中起到了关键作用。其安装的目的是防止电气设备在安装过程中未达到标准或在实际使用中绝缘损坏导致出现漏电问题，这些问题可能对线路稳定性产生影响。漏电保护器作为一种重要的保障设施，主要为用户提供用电设备的保护，确保用电设备能够安全、稳定地运行。

但是，传统的漏电保护器本质上属于一种降低事故严重程度、缩小事故营销范围的被动式漏电保护，随着科学技术的不断发展，发现、监测潜在的漏电风险成为目前攻坚的主要方向之一。

漏电诊断是通过测量电气参数，对电气设备或线路中是否存在漏电现象进行监测的一个过程。与高压电网中的漏电流监测原理类似，在低压配电网中，可以通过万用表测量相线或中性线电流，若不一致，则可能存在分流或漏电现象。通过电磁感应原理，分别在进出线端搭建电流感应元件，若出现电流偏转，则说明存在漏电流。

根据上述原理，部分厂家在电能表上增加进出线电流电压比对模块，对系统运行过程中的电流分流情况进行监测，若存在超过阈值的电流差，则会提示高漏电风险，可通过通信模块将相应的报警信息上报，通过短信、公众号等网络渠道发送给用户进行提示。

除此之外，部分厂家还通过智能量测开关等实现上述功能。与电能表方案对比，两者在原理和实施上并没有显著差异，但智能量测开关兼具漏电保护装置功能，在侦测到较大的分流电流时，可自行分断电源，确保不发生漏电故障。

集成于电能计量装置的漏电保护，是降低电网运行中安全风险的一次探索，也是对电网中其他设备功能的一次集成，随着电能计量装置的自动化、智能化程度日益提高，越来越多的功能将会依托智能计量装置开展，这也是智能电网下一步发展的必经之路。

3.3.3.3　电弧监测

在电网的运行维护过程中，电弧的产生不可避免，但电弧的产生常常会带来一定的安全风险，在一定程度上，若电气回路中出现电弧，则可以说明该电气回路运行状态已极不稳定，即将发生安全风险。

如电流互感器二次回路，当二次回路中存在较高组织或接触不良时，会在缺陷点感应出高电压，产生电弧，随着电弧的产生，接触点的情况会进一步恶化，最终导致电流互感器二次回路开路，烧毁互感器，导致一次线路故障。

以计量装置为例，电弧监测是对电路中是否存在故障电弧进行检测的过程，旨在及时发现并处理电气设备隐患。常用的电弧监测方式主要有两种，一种是通过图像识别技术，识别并监测电弧现象；另一种是利用电子技术对电路中的电弧进行实时监测。

其中，基于视觉的电弧监测方法利用图像处理技术，通过模式识别对电弧进行识别与归类，变换生成电弧故障二维灰度图像。在计量装置的关键位置部署图像监测装置，对计量装置的运行情况进行监测，若检测电弧出现则立即报警处理。

基于视觉的电弧监测方案具有直观、便捷等优点，发现故障后能立即排查发现故障位置并进行处理。但是电弧的发生过程常较为隐秘，且进入一定阶段后快速发展，基于视觉的电弧监测发现故障时常已处于事故晚期，已造成一定损失，且基于视觉的电弧监测主要运用于高压领域，在二次侧以及低压配电网中因设备大小等原因成本较高，难以推广。

为解决电弧的隐秘性、快速性问题，采用电子技术对电路中的电弧进行监测，例如德州仪器公司（Texas Instruments）提供了一款名为 AFCI 电弧检测方案的芯片；此外，市面上还有一些企业提供交流及直流故障电弧检测专用芯片及算法，这些产品在光伏逆变器设备和设施的电弧监测中有着广泛应用。电弧监测芯片是一种可以检测电路中是否存在故障电弧的专用芯片。这种芯片具有高度集成化、低功耗和高可靠性等特点，能够有效地提高电路的安全性。

随着计算机科学的不断发展，针对电弧的监测技术得到了明显提升，以往的电弧监测仍对电弧的典型波形进行识别，实质上仍属于一种"事后报警"，但随着大数据等新技术的兴起，电弧监测芯片等可以实现电弧产生前期的典型波形的学习与模式识别，从本质上由"事后报警"转变为"事前预警"。除此之外，得益于芯片技术的发展，芯片的小型化、集成化程度进一步提高，以往需要大型计算机才能实现的功能，现在仅依靠一块小型芯片即可实现。以往受限于空间大小、设备大小而无法监测的二次回路或低压配电网，现在仅需一个小型设备即可实现电弧监测、物联网通信以及风险预警。

通过电弧监测芯片进行电弧监测仍存在一定缺陷，如无法准确定位故障点，目前若需要实现准确定位，则需要在同一回路安装两台以上监测设备，通过比对两者波形，计算电弧发生点与两台设备间的空间关系。另外，其在稳定性方面也存在缺陷，与视觉方案实现了完全的电气隔离相比，电弧监测装置仍处于电气回路中，虽有较高的电气防护等级，但电弧的产生仍有一定概率导致监测装置异常，稳定性相对较低。目前的主要攻关方向在于提升电弧监测芯片稳定性，丰富典型异常波形库，提升电弧监测装置可靠性。

第4章 新型计量设备运维技术

4.1 数字化计量设备运维

4.1.1 智能变电站数字化计量系统

4.1.1.1 智能变电站数字计量系统概述

智能变电站数字计量系统，一般是指智能变电站中由基于智能电网数字化技术实现电能量计量及电能量存储、传输等相关功能的系列装置及软件所组成的系统，主要由过程层的电子式互感器或合并单元、间隔层的数字化电能表、站控层的电能量采集终端装置等组成。图 4-1 所示为智能变电站数字计量系统结构图。

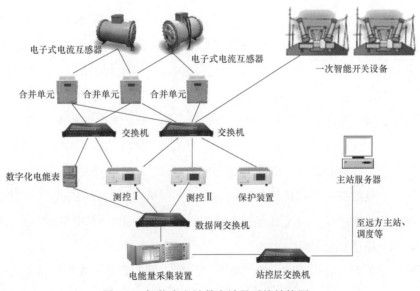

图4-1 智能变电站数字计量系统结构图

以直接应用了电子式互感器的智能变电站为例，电子式互感器及合并单元实现了电压电流信号的数值采样，及通过转换获得二次侧输出数值；数字化电能表主要进行数据处理，实现电能计量及相关任务；电能量采集装置采集电能量并通过站控层平台向外传输电能数据。电子式互感器通过光电元器件在一次侧按照一定的采样率（通常为每周波

80 点，即 4kHz 采样频率）进行电压、电流信号的采样，并将获取的采样值处理后以数字量或者低压模拟量的形式传输到合并单元，合并单元对所接收的采样信号根据标准通信协议进行解析（对低压模拟量信号则进行采样），并按照 IEC 61850-9-1/2/2LE、IEC 6044-8（FT3）等格式重新生成采样报文，通过过程层网络交换机或者以点对点光纤通信方式发送至数字化电能表、测控装置及其他保护装置等相关设备；数字化电能表将所收到的采样报文信号根据 IEC 61850 等协议规定的格式进行解析获得一次电压、电流值，然后通过其程序算法对电压、电流信号进行分析，继而实现电能计量以及相关功能；电能计量终端通过变电站的 MMS 网络或者 RS-485 串行通信线获取站内各数字化电能表的相关电能信息，并进行数据管理，同时通过站控层网络平台传输至远方主站或调度服务器，实现电能量的远方读取及智能管理。

相比传统变电站电能计量系统，智能变电站数字计量系统的采样部分使用电子式互感器及合并单元替代了电磁式互感器，解决了其互感器体积大、制造工艺复杂、造价高、绝缘困难、动态范围小、易产生铁磁谐振、二次装置通信配合等问题；数字化电能表相比传统电子式电能表而言，遵循 IEC 61850 标准，通过光纤通信采用数字采样信号进行电能计量，其基于数字信号的硬件设计及软件算法可支持更多的相关信息获取；电能量采集终端可通过 MMS 通信获取电能表等计量装置的相关信息，并进行数据的处理、存储，比传统的电能量采集装置具有更加快速、容量更大的数据获取方式，实现了更加实时、丰富的电能量相关信息。智能变电站数字计量系统根据 IEC 61850 标准使用光纤作为装置间的通信介质，比传统的电缆传输电压电流信号更加安全，也消除了电能信号在传输过程中受到电磁干扰等影响电能计量的因素，保证了整个计量系统的安全性、准确性。

由于与传统变电站的计量系统存在较大的差异，智能变电站数字计量系统的校验也发生了巨大变化。而相对成熟的传统电能校验方式已经不再适用于新的数字计量系统。数字式计量系统的指标要求比传统计量系统更加严格，智能变电站数字计量系统除了满足系统的电能计量精度、稳定性等要求外，还需要实现采样时间间隔的稳定性。

4.1.1.2　电子式互感器

互感器是电能计量系统中的测量环节，随着电网的智能化发展，传统的电磁式电流互感器（Current Transformer）、电压互感器（Potential Transformer）不再适应智能变电站的需求。基于光电新技术的电子式互感器在智能变电站中开始得到使用，根据 IEC 60044-7《电子式电压互感器标准》、IEC 60044-8《电子式电流互感器标准》的定义，电子式互感器是"一种装置，由连接到传输系统和二次转换器的一个或多个电压或电流传感器组成，用以传输正比于被测量的量，供给测量仪器、仪表和继电保护或控制装置。在数字接口的情况下，一组电子式互感器共用一台合并单元完成此功能"。

电子式互感器基于现代光学传感技术、半导体电子技术以及计算机技术等原理实现电网信号转化功能，具有很好的抗电磁干扰能力、绝缘性能及测量线性度。电子式互感器所输出的低压模拟量或者数字量信号，可供频率15～100Hz的电气测量仪器及继电保护装置使用。

电子式互感器可分为GIS结构电子式互感器、AIS结构电子式互感器和直流电子式互感器。根据传感器原理的不同，电子式互感器可分为有源型和无源型。有源型电子式互感器基于半导体电子传感技术，在高压一次侧有电子电路需提供电源进行工作；无源型电子式互感器基于光电传感技术，在高压一次侧通过光学器件进行测量，不需要提供工作电源。根据测量对象的不同，电子式互感器可分为电子式电压互感器和电子式电流互感器，如图4-2所示。有源型电子式电流互感器是在传感器部分采用罗氏（Rogowski）线圈或者低功率电磁感应式电流互感器获取被测电流信号，并将被测电流转换成与之有一定关系的电压信号，高压侧调制电路将电压信号转换成数字信号驱动发光二极管，以光脉冲的形式通过光纤传输至低压侧进行后续处理。

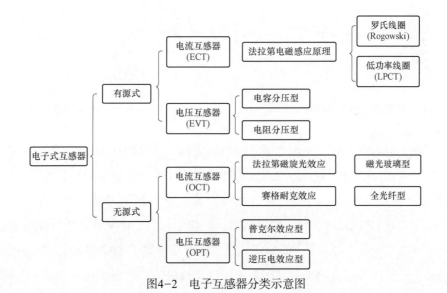

图4-2 电子互感器分类示意图

无源型电子式电流互感器，即光学电流互感器（Optical Current Transformer，OCT）则利用Faraday磁光效应，旋转角与被测电流大小成比例，通过测量偏振光的旋转角即可测得电流值。简易的示例如图4-3所示，利用磁光法拉第效应，光波在通电导体的磁场作用下，光的传播发生相位变化，检测光强的相位变化，测出对应电流大小。

有源型电子式电压互感器基于电阻、电容、电感分压原理，通过准确的元器件分压，再根据相关的算法进行数据处理，从而实现高压侧电压的测量。

无源型电子式电压互感器，即光学电子式电压互感器（Optical Potential Transformer，OPT），则是利用 Pockels 效应。一束偏振光通过有电场作用的 Pockels 晶体时，其折射率会发生变化，使得入射光产生双折射，而且从晶体中射出的两束偏振光的相位差与被测电压成正比例关系，通过间接测量方法就可以得到被测电压的大小。

图 4-4 所示为电子式互感器的通用原理框图，电子式互感器通过其传感器获取一次侧电压/电流信号，然后将传感器的输出信号转化为数字信号或者低压模拟信号，传输至合并单元，输出至二次设备。

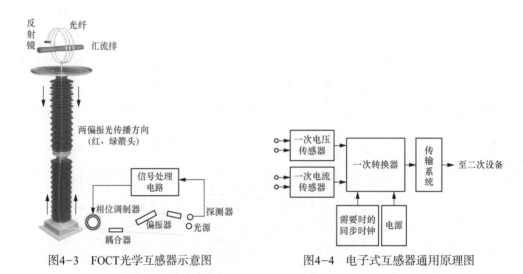

图4-3 FOCT光学互感器示意图　　　　图4-4 电子式互感器通用原理图

以工程上应用的 PSET 系列电子式互感器为例，该系列互感器可实现交直流高电压大电流的传变，并以数字信号形式通过光纤提供给保护、测量等相应装置；合并单元还具有模拟量输入接口，可以把来自其他模拟式互感器的信号量转换成数字信号，以 100BASE-FX 或 10BASE-FL 接口输出数据，简化了保护、计量等功能装置的接线。

电子式光电电流电压互感器（以下简称"光电互感器"）涵盖了电磁式互感器的所有应用场合，尤其适合交直流高压、超高压，以及对精度、暂态特性有较高要求的场合。

光电互感器是利用电磁感应原理的罗氏线圈，以及串级式电容分压器实现的混合式交流电流、电压互感器，产品系列包括电流电压互感器、电流互感器、电压互感器。

如图 4-5 所示，传感头部件包括串行感应分压器、罗氏线圈、采集器等。传感头部件与电力设备的高压部分等电位，传变后的电压和电流模拟量由采集器就地转换成数字信号。采集器与合并单元间的数字信号传输及激光电源的能量传输全部通过光纤来进行。传感头部件在使用了分流器和罗氏线圈后，光电互感器可应用于直流系统，传感头部件中的采集器以及互感器的其他部件不需另做设计，其设计寿命可达到 20 年。

光电互感器的特点决定了其具备以下优点：

（1）罗氏线圈实现的大电流传变，使得光电电流互感器具有无磁饱和、频率响应范围宽、精度高、暂态特性好等优点，有利于新型保护原理的实现及提高保护性能。电流互感器测量准确度达 0.1 级，保护优于 5TPE。光电电压互感器采用了电容分压器，测量准确度达到 0.2 级，并解决了传统电压互感器可能出现铁磁谐振的问题。

（2）采集器处于和被测量电压等电位的密闭屏蔽的传感头部件中，采集器和合并单元通过光纤相连，数字信号在光缆中传输，增强了抗电磁干扰性能，数据可靠性大大提高。

（3）光电互感器通过光纤连接互感器的高低压部分，绝缘结构大为简化。以绝缘脂替代了传统互感器的油或 SF_6，互感器性能更加稳定，同时避免了传统充油互感器渗漏油现象，也减小了 SF_6 互感器的 SF_6 气体对环境的影响。无需检压检漏，运行过程中免维护。

（4）无油设计彻底避免了充油互感器可能出现的燃烧爆炸等事故；高低压部分的光电隔离，使得电流互感器二次开路、电压互感器二次短路可能导致危及设备或人身安全等问题不复存在。

（5）光电互感器具有完备的自检功能，若出现通信故障或光电互感器故障，保护装置若收不到正确的校验码数据，也可以直接判断出互感器异常。

价格低廉的光纤光缆的应用，大大降低了光电互感器的综合使用成本。由于绝缘结构简单，在高压和超高压中，光电互感器这一优点尤其显著。电子式互感器本体总体结构如图 4-5 所示。

光电互感器由位于室外的传感头部件、信号柱、光缆以及位于控制室的合并单元构成。传感头部件及信号柱结构如图 4-6 所示。

传感头部件由电流传感器、串接式感应分压器、采集器单元（PSSU）、取能线圈、光电转换单元、屏蔽环、铝铸件等构成。对于 10～35kV 互感器，传感头部件中不包含采集器单元，模拟信号直接由合并单元完成模数转换。

信号柱由环氧筒构成支撑件，筒内填充绝缘脂，以增强绝缘并保护光缆。

电子式互感器模拟量输出标准值为 22.5、150、200、225mV（保护用）和 4V（测量用），数字量输出标准值为 2D41H（测量用）和 01CFH（保护用）。电子式互感器中测量用 ECT 的标准精度为 0.1、0.2、0.5、1、3、5 级，供特殊用途的为 0.2S 和 0.5S 级；保护用 ECT 的标准精度为 5P、10P 和 5TPE，其中 5TPE 的特性考虑短路电流中具有非周期分量的暂态情况，其稳态误差限值与 5P 级常规 ECT 相同，暂态误差限值与 TPY 级常规电流互感器相同。

根据工程实际的需求，电子式互感器可以输出低压模拟量信号以及数字量信号，经

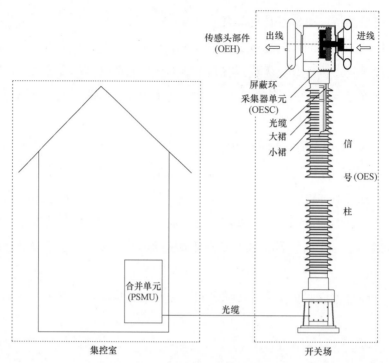

图4-5 光电互感器总体结构

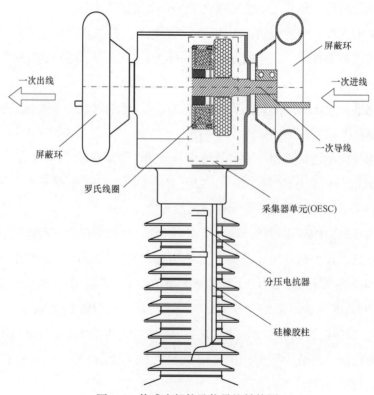

图4-6 传感头部件及信号柱结构图

过合并单元后可直接用于保护装置及相关计量设备中，而且可以进行在线监测和故障诊断，在智能变电站中有明显的优势。常见电子式互感器如图4-7所示。

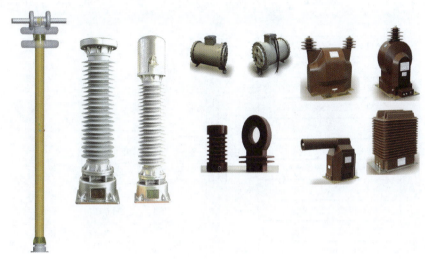

图4-7　常见电子式互感器

4.1.1.3　合并单元

根据 IEC 60044-8《电子式电流互感器标准》，合并单元（Measuring Unit，MU），是电子式互感器的数字化输出接口，用于连接电子式互感器和变电站间隔层二次设备，是过程层与间隔层串行通信的重要组成部分。合并单元的主要功能是接收电子式互感器所输出的电压电流采样数字信号，并按照一定的格式输出给二次保护控制及计量设备。

合并单元将所接收的电子式互感器所输出或者由其他合并单元转发的多路电压、电流信号（一般为 5 路电压互感器信号、7 路电流互感器信号）进行数字滤波、同步以及重采样等数据处理后，按照标准规定的帧格式处理后向变电站间隔层的保护、测控及计量等装置发送。目前主流的传输标准包括 IEC 60044-8（FT3 格式）、IEC 61850-9-1 和 IEC 61850-9-2。对于保护特别是差动保护等应用场合宜应用可靠性较高的 IEC 60044-8 标准；对于需要信息共享的应用场合，可以应用互操作性较好的 IEC 61850-9-1 等标准。主要提供以下功能：

（1）接收并处理多达 12 路采集器传来的数据。合并单元的 A/D 采样部分，可以采样交流变换模件输出的最多 6 路的模拟信号。

（2）接收站端同步信号，同步各路 A/D 采样。

（3）接收其他合并单元输出的 FT3 报文。

（4）接收隔离采集器的电源状态，根据需要调节激光电源的输出。

（5）合并处理所采集的数据后，以 3 路符合 IEEE 802.3 规定的 100BASE-FX 或 10BASE-

FL 方式对外提供数据采集信号，还可以用 FT3 格式传送 IEC60044-8 规定格式的报文。

图 4-8 所示为合并单元基本功能示意图。

合并单元的数据处理模件是合并单元的核心模件，其电气原理如图 4-9 所示。

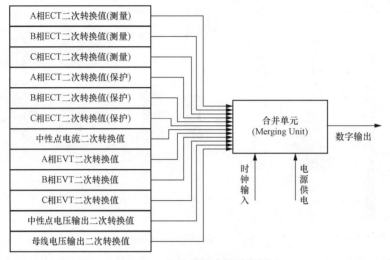

图4-8　合并单元功能示意图

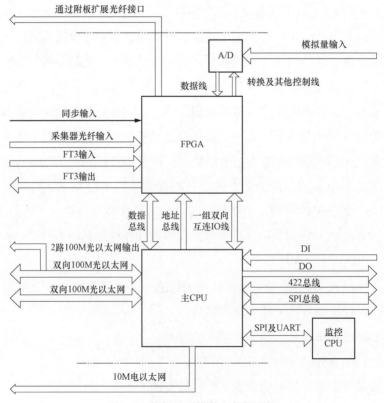

图4-9　数据处理模件电气原理图

主处理器用于读取 FPGA 提供的采集器数据，按照合并单元的配置信息组织处理数据。主处理器向外提供 4 路符合 IEEE 802.3 规定的 100BASE-FX 或 10BASE-FL 接口。

辅助处理器为 FPGA，用于控制 A/D 转换，接收多达 12 路采集器模件的数据，接收同步信号，接收和发送 FT3 报文，通过内部的双口 RAM 和主处理器交换数据。

A/D 采样部分，可以采样交流变换模件输出的 6 路模拟信号。与采集器输入信号归并后一起发出。

数据处理模拟提供装置告警信号到电源模件中，和电源告警共用一组开关量输出继电器触点。

如果一台二次设备同时接收若干个合并单元输出的数据，则这几个合并单元需要同步工作，当同步信号丢失时，合并单元将通过报文中的标志位告知二次设备。

同步信号输入采用光纤接口，图 4-10 显示了合并单元中秒变化时光信号的形状。

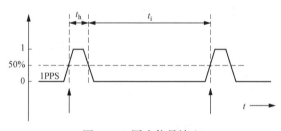

图4-10　同步信号输入

同步时刻为信号上升沿，触发光功率为最大光功率的 50%，时钟频率为 1Hz，脉冲持续时间 $t_h > 10\mu s$，脉冲间隔 $t_l > 500ms$。

4.1.1.4　数字化电能表

数字化电能表是智能变电站数字计量系统的数据处理部分，实现了数字计量系统中电能计量、电量存储、事件判定、通信等功能。不同于传统的模拟量电子式电能表，数字化电能表通过光纤获取电压、电流的采样信号，基于数字信号处理原理可以实现更精确的电能计量及更多的测量功能。数字化电能表功能框图如图 4-11 所示。

数字化电能表接收的数字化采样信号，是由合并单元根据 IEC 61850-9-1/2 标准协议所发送的采样报文；电能表将所接收的报文根据协议所规定的格式进行解析，可得到实际的一次电压、电流值。图 4-12 所示为 IEC 61850-9-1/2 标准协议所规定的采样报文帧格式。

数字化电能表基于数字量进行电能计量功能，不再根据模拟信号进行电能累积，继承模拟量计算电能的基础。进行数字化电能计量的原理如下。

式（4-1）为电能累积公式，式中 U、I 均为电能向量。

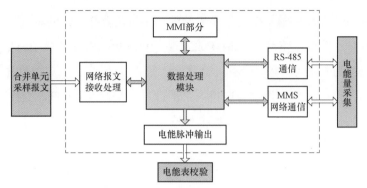

图4-11　数字化电能表功能框图

$$E = \int UI\mathrm{d}t \qquad (4-1)$$

而实际的电能量计算是在有限的时间间隔内进行，如式（4-2）所示。

$$E = \int_{t1}^{t2} U_\mathrm{m} \cos(\omega t) I_\mathrm{m} \cos(\omega t + \varphi)\mathrm{d}t \qquad (4-2)$$

式（4-3）为电压、电流的数字化采样信号，i 为电网信号采样序号，N 为一个采样周期内的采样点数，ω 为电网运行角频率，U_m、I_m 分别为电压、电流信号幅值。

$$U_i = U_\mathrm{m} \cos(\omega \cdot i / N)$$

$$I_i = I_\mathrm{m} \cos(\omega \cdot i / N + \varphi) \qquad (4-3)$$

数字信号的电能计量公式如式（4-4）所示，其中 T 为固定的电子式互感器采样的时间间隔（常见采样率包括每周波 80 点即 4kHz、每周波 200 点即 10kHz 的采样率）。

$$E = T \sum_{i=0}^{N} U_i I_i \qquad (4-4)$$

对所得到的电压电流数字采样信号，可根据数字信号处理方法中常用的 FFT、DFT、小波变换、Z 变换、拉式变换等信号处理方法，实现电网频率、相位、幅值、功率因数、谐波等参数的测量及计算。

数字化电能表的信号输出目前主要有两种形式，即传统的 RS-485 线路通信，遵循 DL/T 645—2007《多功能电能表通信协议》；另一种方式是基于 IEC 61850 MMS 网络，根据 IEC 61850 定义的数据模型进行通信。RS-485 通信方式基于串行通信线网实现，属于半双工通信，通信速度相对较慢，在电能量采集系统已经得到了广泛应用；基于 IEC 61850 MMS 网络平台的通信方式，通过以太网进行数据传输，极大地增加了通信速度及容量，可以更加快速地实现实时电量的读取、采集，但目前 MMS 所定义的电能量相关信息不如 DL/T 645 协议中的内容丰富；根据目前电能计量系统的使用习惯及需求，MMS

中的电能量相关信息定义还有待进一步完善。

　　根据数字化电能表的运行流程及功能分析，数字化电能表需要完成大量的数据处理任务，因此数字化电能表一般都采用 DSP、ARM、PowerPC 等工作频率高、运算能力强大的芯片作为处理器。由于使用数字信号进行采样通信，数字化电能表须配置辅助电源（通常采用变电站内 DC 220V 作为工作电源）维持整个系统的运行，而无法参照电子式多功能电能表直接从电压信号端取电进行工作，同时还应具有光纤以太网接口用于接收采样通信报文。图 4-12 所示为数字化电能表的基本结构组成。

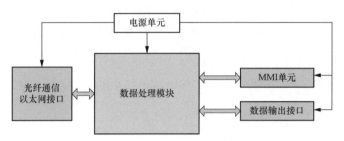

图4-12　数字化电能表基本结构组成图

　　根据图 4-12 中数字计量系统的误差分析比较以及对数字化电能表的功能分析，数字化电能表对数字采样信号的计量精度误差几乎为 0。检定过程中引入的 A/D 转化，以及实际的数字化电能表本身存在的缺陷及不足易造成计量精度误差等，在实际工程应用中，常见的数字化电能表精度等级包括有功 0.2S、0.5S，无功 1.0、2.0 等。

　　数字化电能表的电量采集通信方式，通常都采用 RS-485 通信接口，少部分产品能够实现 MMS 以太网通信。采样通信接口主要是 IEC 61850 通信光纤接口形式，应用较多的有 ST、LC 型的光纤接口，所选用的数字化电能表光纤接口必须与现场所铺设光纤接口相匹配，对现场后期表计的更换也会有一定的限制。

　　随着智能电网新技术的发展，已经出现了由测控装置替代数字化电能表的工程应用，即通过更改测控装置的软、硬件实现电能计量的功能，优化了智能变电站内的装置配置，有效利用了变电站内的网络及装置资源。但当测控装置因检修或者其他原因须停机时，会影响其计量线路的电能量，继而对电能计量系统的计费产生影响，加之计量法规及数据安全性等因素限制，该种实现方案并未进行大面积的工程应用。

4.1.1.5　电能采集终端和站控层平台

　　电能采集终端，也称电能量远方终端（Remote Terminal Unit of Integrated Totals，ERTU），是电能量计量系统中用于与远方通信的终端设备。根据 DL/T 743—2001《电能量远方终端》的定义，电能量远方终端是具有对电能量（电能累计量）采集、数据处理、分时存储、长时间保存、远方传输等功能的设备。

电能采集终端与电能量计费主站一并构成了电能量计费系统，运用于各级调度结算中心对远方电量信息的采集和处理。除了可以采集多种类型电能表的电量数据外，还可以对数据进行必要的加工处理，具有存储、本地显示输出等功能，并可将电量数据以被动或主动的方式传送到主站系统。支持同时与多个主站进行通信，每个主站系统都可以依据其登录权限进行完全独立的操作。

在电能计量系统中，电能采集终端通过采集通信网络（RS-485 或者 IEC 61850 MMS）与电能表、测控装置等计量装置进行通信，读取相关的电能量信息；电能采集终端内部通过软、硬件对采集的数据进行管理、存储；通过对上通信网络（站控层网络平台，同时也可通过 MODEM 电话线缆、GPRS 无线方式等），电能量采集装置将电能量信息上传至远方主站，实现电能量信息的远方管理；根据变电站内部需求，电能采集装置还可通过装置的 MMI 系统以及打印机等装置实现电能量信息的输出。图 4-13 所示为电能采集装置的功能示意图。

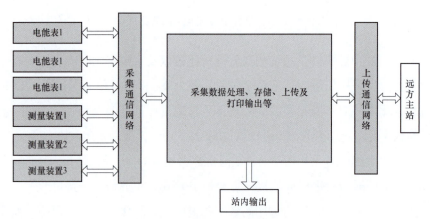

图4-13　电能采集装置功能示意图

电能采集终端根据外形尺寸的不同，可分为机架式（通常为 19″工业标准机箱）、壁挂式（尺寸大小约为 300mm×210mm×100mm）。在一般的应用中，机架式电能采集终端的功能比壁挂式更加丰富，所通信的计量装置数目也更多。终端外形如图 4-14 所示。

图4-14　常见机架式电能采集终端与壁挂式电能采集装置外形图

作为电能计量系统中的电能采集及通信装置，电能采集终端须保证工作的稳定、可靠性，因此在设计使用中，电能采集终端在电源、通信等方面都要求进行冗余设计。通常在变电站设计中，电能采集终端须同时接入交直流双路电源（通常是 AC 220V，DC 220V），以增加装置的工作稳定性能，减小了因电源故障而造成装置无法工作的影响。而对与电能表等计量装置的通信线路（一般称为对下通信）一般要求双路通信，在使用 RS-485 通信时通过双线路进行通信，而对于 MMS 通信，则建立双网络交换机进行通信。在与主站调度等远方通信端（一般称为对上通信）中，首先通过多种通信方式实现，以太网 102 规约通信、GPRS 无线通信、MODEM 电话线路通信等方式，同时通过冗余设计增加对上通信的可靠性。如此通过装置的电源及通信网络的冗余设计增强装置的通信稳定性能。

出于对电能量数据安全性的考虑，通常电能采集终端还应具备数据安全性的功能。首先，通过设置不同权限的用户及密码，保证对装置及数据通过本地或者远程进行操作的安全性，确保只有具备相应权限的人员能够进行相应的操作。其次，通过软、硬件的规范保证装置不因外界干扰因素（如电磁干扰、静电干扰、工作电压冲击及波动）而影响到电能数据的存储、传输等。

根据装置的功能及稳定性能要求，电能采集终端应具有交流电源转换模块、直流电源转换模块实现装置的工作电源供电，多路 RS-485 接口或者 MMS 通信以太网接口进行电能表等计量装置的通信，多路 102 规约以太网接口、GPRS 无线通信模块、MODEM 电话通信接口等进行远方服务器通信，具有 MMI 显示及操控设施实现电能采集终端的本地数据读取及相关操作，对于有 GPS 对时需求的装置还应具有 GPS 天线接口。图 4-15 所示为电能采集终端的基本结构组成图。

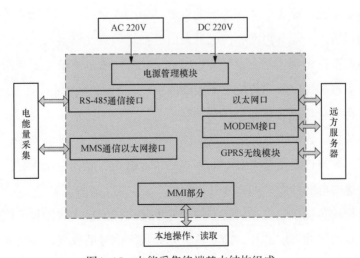

图4-15　电能采集终端基本结构组成

站控层平台，也称为站控层系统，主要任务是采集全站的数据并进行相关的数据库存储以及数据管理，再通过相应的软件实现实时监测、远程控制、数据汇总查询统计、报表查询打印等功能，是监控系统与工作人员的人机接口。在数字电能计量系统中，站控层平台通过站控层网络实现了电能采集终端与远方服务器之间的通信。图 4-16 所示为站控层平台组成示意图。

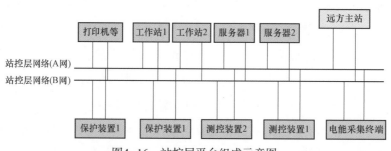

图4-16　站控层平台组成示意图

为了防止站控层网络中大量通信数据造成网络风暴而影响到整个变电站站控层系统，通常站控层网络采用了 100M 网络进行通信，保证了网络通信正常运行。

4.1.2　数字化电能表技术原理

4.1.2.1　数字化电能表概述

数字化电能表是用于以 IEC 61850 标准作为传输协议的变电站中，进行电能计量的多功能电能表，在数据生成和传输方面，智能变电站与传统变电站有着根本性的区别。智能变电站中，合并单元将电子式互感器或电磁式互感器采集的电压、电流信号，转换为符合 IEC 61850 9-1/9-2 协议的数字采样报文，通过光纤以太网传输到间隔层交换机，然后再传输入数字化电能表中。作为智能变电站中的计量设备，必须支持光纤以太网接口的数字量信号输入，而不再需要传统的表内模拟量转换互感器及 AD 采样电路，因此传统的电能表就不再适用，需要设计专门的数字化电能表。本节主要介绍数字化电能表架构、功能、关键部件以及与传统电能表的区别。

4.1.2.2　数字化电能表基本架构与功能

（1）基本架构。数字化电能表由数据接口模块、数据处理模块、CPU 管理模块、电源模块等组成，数据传输支持 IEC 61850 规约，能够与智能变电站无缝连接，实现变电站内精确、可靠的电能计量，如图 4-17 所示。

数据接口模块负责接收交换机转发的合并单元采样值报文数据包，该模块包括光纤以太网接口以及网络物理层芯片，前者负责光纤数字信号的收发，而后者则负责建立基本的 LINK 信息以及处理网络报文物理层信息；数据处理模块一般由 FPGA 或 DSP 等高

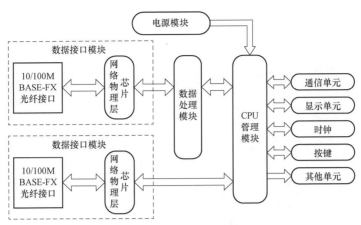

图4-17　数字化电能表基本构架

速数字信号处理器构成，该模块负责快速解析电网电压、电流采样值等信息，并利用解析出的采样值信息进行电能参数计算、网络丢帧处理、脉冲发送以及表计校验接口数据处理等工作；CPU 管理模块则负责整个电能表的管理工作，根据需要统计、显示、存储各项数据，并通过 RS-485 或以太网进行通信传输，完成运行参数的监测和上传。

采用这种电流电压数字采样值传输模式，基本避免了因二次电流电压模拟信号传输损耗引起的计量系统附加误差，以提高电能表的计量准确度。

数字采样值信号处理流程如图 4-18 所示，从图中可以看出，通过合并单元发送来的数字采样值信号，经过交换机组网的光纤以太网传入电能表中，电能表的光纤接口接收后，将信号接入物理层芯片中，物理层芯片对该信号进行基本的预处理，过滤掉一些以太网物理层标识，使得该报文更加简洁，便于数据处理模块进行高速处理。"剪辑"后的信息接入数据处理模块的 FPGA 中，后者根据 IEC 61850 9-1/9-2 标准进行解码工作，并将解码后的电压和电流基本采样值数据传入 DSP 模块中完成所有电量数据的计算；也有部分厂家的数字化电能表将 IEC 61850 9-1/9-2 标准解码工作与电量计算工作全部在 DSP 模块中完成，以达到降低功耗的目的。

DSP 完成各电量参数计算后，将计算结果上传到 CPU 管理模块中，此处实现的功能与传统表计相近，图 4-18 展示了数字化电能表中各模块对数字电压、电流采样信号的软件处理过程，阐述了数字电压、电流采样值是如何处理成电能计量所需的各类型数据结果。

（2）基本功能。数字化电能表是由测量单元、数据处理单元、通信单元等组成，具有电能量计量、信息存储及处理、实时监测、自动控制、信息交互等功能的智能电能表。

数字采样值信号处理流程如图 4-18 所示，软件处理过程如图 4-19 所示。

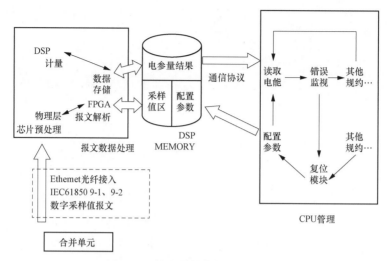

图4-18 数字采样值信号处理流程

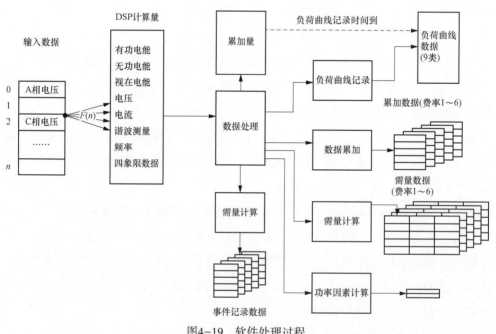

图4-19 软件处理过程

电能表作为计量计费器件，最重要的功能为电能计量功能，传统电能表和数字化电能表都具备以下计量功能：

1）具有正向、反向有功电能量和四象限无功电能量计量功能，并可以据此设置组合有功和组合无功电能量。

2）四象限无功电能除能分别记录、显示外，还可通过软件编程，实现组合无功1和组合无功2的计算、记录、显示。

3）具有分时计量功能；有功、无功电能量应对尖、峰、平、谷等各时段电能量及总电能量分别进行累计、存储；不应采用各费率或各时段电能量算术加的方式计算总电能量。

4）具有计量分相有功电能量功能；不应采用各分相电能量算术加的方式计算总电能量。

数字化电能表除具有普通电能表的事件记录功能之外，还具备记录与数字化通信相关的异常事件：

1）记录采样数据输入序列不连续事件。

2）记录采样数据输入报文存在无效通道事件。

3）记录采样数据输入报文源地址无效事件。

4）记录采样数据输入报文数据无效事件。

5）记录采样数据输入报文为检修状态的事件。

6）记录同步失效事件。

除上述功能外，数字化电能表还具备独立于传统电能表的通信功能，包括与过程层设备以及站控层设备的光纤以太网数据通信。数字化电能表至少具有一个红外通信接口、两个 RS-485 通信接口以及两组光纤以太网接口，通信信道物理层独立。

1）上行通信接口。上行通信方式有 RS-485 方式和以太网方式；RS-485 接口有电气隔离，波特率可设置，其范围为 1200～9600bit/s，缺省值为 2400bit/s；以太网可选择采用光口或 RJ-45 电口的方式，支持 IEC 61850-8-1 MMS 报文数据交互。

2）下行通信接口。电能表与合并单元或交换机之间通过光纤通信，光接口—ST（光波长 1300nm，100M），电能表可支持 IEC 61850 9-1 和 IEC 61850 9-2 数字采样值报文通信。（注：该通信是合并单元对电表的单方向通信）。

3）维护通信接口。维护工作采用红外通信方式，该接口可以抄表和参数设置，波特率缺省值为 1200bit/s，通信有效距离不超过 5m。

数字化电能表的特殊功能主要为通过光纤以太网进行数据通信，实现数字化电能表的正常通信，除了传统表的基本部件之外还需要有特殊部件，如光纤接口、物理层芯片、专用处理芯片等。

4.1.2.3　数字化电能表的关键部件

（1）光纤接口。光纤接口是一种用来连接光纤线缆的物理接口，如图 4-20 所示，该接口是数字化电能表最关键的，也是与传统电能表区别最大的部件，数字化电能表通过光纤接口接入合并单元或交换机的数字采样值信号。因此，若光纤接口参数不匹配或出现故障，都会引起信号接收异常或采样值丢帧等现象。

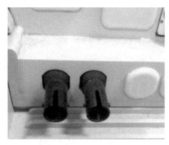

图4-20　光纤接口

光纤接口的原理是利用光从光密介质进入光疏介质从而发生全反射。通常有 SC、ST、FC 等几种类型。FC 是 Ferrule Connector 的缩写，其外部加强方式是采用金属套，紧固方式为螺丝扣。ST 接口通常用于 10Base-F（基于曼彻斯特信号编码传输 10Mbit/s 以太网系统），SC 接口通常用于 100Base-FX（100Mbit/s 光纤以太网系统）。图 4-21 给出了几种不同的光纤触头，这几种触头分别需要相应类型的光纤接口，而目前智能变电站中设备应用较多的还是 SC 或 ST 接口。

除了光纤接口类型需要匹配外，对应的光纤种类也是一个重要因素。光纤依据内部可传导光波的不同，分为单模（传导长波长的激光）和多模（传导短波长的激光）两种。单模光缆的连接距离可达 20km，多模光缆的连接距离要短得多，小于 2.5km，单模光纤适合的光波长为 1310nm 和 1550nm，这种波长的激光传输时损耗较小，而多模光纤适合的光波长为 850nm 和 1300nm。单模光纤的优势是适用于信号远距离传输，在前 3000ft 的距离下，多模光纤可能损失其 IED 光信号强度的 50%，而单模在同样距离下只损失其激光信号的 6.25%。但在通信距离只有 1、2km 的情况下，多模光纤将是首选，因为在短距离传输中，多模光纤的成本将会低很多，所以在目前的智能变电站应用中，一般采用光波长为 1300nm 的多模光纤，通信速度为 100Mbit/s。

（2）物理层芯片。在如图 4-22 所示的 OSI 互联网模型中，物理层是第一层，它虽然处于最底层，却是整个开放系统的基础。物理层为设备之间的数据通信提供传输媒体及互联设备，为数据传输提供可靠的环境。在智能变电站中，为保证采样实时性，合并单元与数字化电能表之间的以太网通信只限于链路层以下（OSI 的倒数第二层）的交互，因此物理层芯片在整个数字交采数据的接收中起到至关重要的作用。

该物理层芯片必须完成以下工作：

1）数据端设备提供传送数据的通路，数据通路可以是一个物理媒体，也可以是多个物理媒体连接而成。一次完整的数据传输，包括激活物理连接、传送数据、终止物理连接。所谓激活，就是不管有多少物理媒体参与，都要在通信的两个数据终端设备间连接起来，形成一条通路。

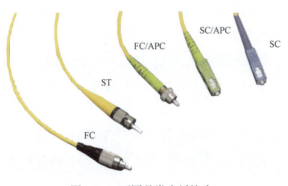

7	应用层
6	表示层
5	会话层
4	传输层
3	网络层
2	数据链路层
1	物理层

图4-21　不同种类光纤接头　　　　图4-22　OSI互联网模型

2）物理层要形成适合数据传输需要的实体，为数据传送服务。一是要保证数据能在其上正确通过，二是要提供足够的带宽［带宽是指每秒钟内能通过的比特（bit）数］，以减少信道上的拥塞。传输数据的方式能满足点到点、一点到多点、串行或并行、半双工或全双工、同步或异步传输的需要。

（3）DSP数字信号处理器。信号处理器主要用于电压电流等数据解析、电量参数计算、参数校准、丢帧补偿等计量算法的实现，是数字化电能计量过程中的"核心加工厂"。DSP也称数字信号处理器，如图4-23所示，是一种特别适合于进行数字信号处理运算的微处理器，在数字化电能表中广泛应用。

图4-23　微处理器

根据数字信号处理的要求，DSP芯片一般具有以下主要特点：

1）在一个指令周期内可完成一次乘法和一次加法。

2）程序和数据空间分开，可以同时访问指令和数据。

3）片内具有快速RAM，通常可通过独立的数据总线在两块中同时访问。

4）具有低开销或无开销循环及跳转的硬件支持。

5）快速的中断处理和硬件I/O支持。

6）具有在单周期内操作的多个硬件地址产生器。

7）可以并行执行多个操作。

8）支持流水线操作，使取指、译码和执行等操作可以重叠执行。

由上可以看出DSP拥有极强的数字计算能力，非常适用于完成各类复杂的计量算法以及高速的数据解码工作。如IEC 61850 9-1、9-2报文的解码，合并单元传过来的数字采样值信号都以这两种报文格式存在，由于合并单元每秒钟会发送 4000 个数字采样值报文，所以 DSP 需要在微秒级别的时间内解析光纤接口收到的 IEC 61850 9-1、9-2 报文，从中提取正确的三相电压、电流采样值，完成电量数据计算。为应对网络风暴的影响，新一代的数字化电能表也采用 FPGA 等可编程门阵列来对报文进行预处理，完成解析工作，并将提取的电压、电流信号传入 DSP 完成计算。

（4）管理 CPU 模块。DSP 芯片虽然在计算功能上比较卓越，但与通用微处理器相比，DSP 芯片的其他通用功能相对较弱些。因此，要完成电能表繁重的应用任务和管理功能，还需要另外一块通用微处理器来管理 CPU，完成电能表所有基本应用功能。除此之外，该微处理器还必须完成数字化电能表与站控层设备的 IEC 61850-8 系列标准所规定的 MMS 通信交互，该部分的通信方式会在之后的章节中介绍，但这些综合的应用功能都对管理 CPU 的性能提出了更高的要求。

因此，目前数字化电能表常采用 ARM 或 POWERPC 系列等高速微处理器来担任管理 CPU 的职责。如英国 ARM 公司设计的主流嵌入式处理器 ARM9 系列 32 位微处理器，可提供百兆级以上的运行速度，支持 Linux、Windows CE 和其他许多嵌入式操作系统，采用 5 级流水线，增加的流水线设计提高了时钟频率和并行处理能力。该处理器可以很好地完成电能表要求的各项基本应用功能，支持传统电能表的 Rs-485 电量上传，支持丰富点阵液晶界面显示，同时还可连接独立的光纤以太网接口与物理层芯片，完成与站控层的以太网数据交互工作。更值得一提的是，这种类型的微处理器，可以以非常低的功耗提供优异的性能，完成上述各项复杂的功能。

4.1.2.4　数字化电能表与传统电能表的区别

（1）信号接入方式不同。鉴于智能变电站在建站原理上与传统变电站的巨大差异，用于智能变电站的数字化电能表与传统电能表尽管计量功能相近，但结构和原理都存在本质上的区别。其中，最重要的区别就是信号接入方式不同，这种差异直接导致整个计量原理以及溯源体系的变化。

众所周知，传统电能表输入的电压电流来自电磁式电压互感器与电流互感器的二次侧，二次侧电压、电流（如二次侧电压 57.7V，电流 5A）通过电缆接入电能表内部，电能表内部再次通过互感器将二次侧电压、电流转换为毫伏级别的小信号，接入到计量芯片中，完成所有的计量工作，如图 4-24 所示。

而在智能变电站中，电磁式电压、电流互感器被电子式互感器取代，电子式互感器自带模数转换电路，直接将一次侧电压、电流模拟量转换为数字量，并将这些数字交采值通过光纤传往合并单元及数字化电能表，因此数字化电能表将不再接入电缆，取而代之的是光纤的接入，如图 4-25 所示。

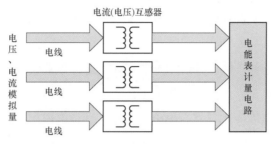

图4-24　传统电能表工作方式

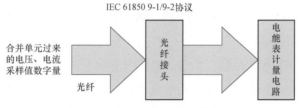

图4-25　数字化电能表工作方式

信号接入方式的不同，也导致了数字化电能表在前端接线方式上与传统的电能表电缆接线有着本质区别，图4-26所示为目前数字化电能表的端子与现场接线图，从图中可看出，数字化电能表的接线变得非常简洁，不再需要电缆，而仅需要两根光纤输入，以及两路供电电源接线。

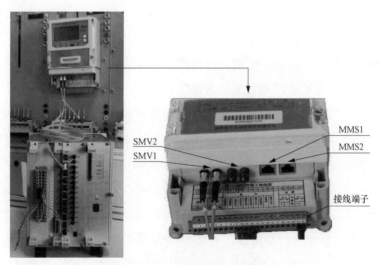

图4-26　数字化电能表接线图

（2）电能表计量系统误差不同。传统电能表 TV 误差为 0.2%，TA 误差为 0.2%，电缆叠加误差为 0.1%，表计计量误差为 0.2%，总体系统计量误差为 0.2%+0.2%+0.1%+0.2%=0.7%。数字化电能表 EVT 误差为 0.2%，ECT 误差为 0.2%，不存在模数转换误差，也没有计量过程误差，总体计量误差为 0.2%+0.2%=0.4%，因此数字化电能表计量系统误差优于传统表的系统误差。

（3）电能表输入特性不同。传统电能表工作电源一般取自计量回路的电压互感器，正常工作电压为 0.9～1.1U_N，极限工作电压范围为 0.7～1.1U_N，平均功耗不大于 6W；而数字化电能表工作电源使用双冗余供电，独立于计量电压回路，消除了表计功耗对计量准确性的影响，电源供电有直流 24V 或交流 110V 与 220V 可选，平均功耗不大于 3W，最大功率不大于 5W。

同样因为信号输入与供电方式的区别，数字化电能表无需再进行二次压降、二次负荷测量等测量精度修正试验。

数字输入电能表输入的是数字信号，电能表本身不采样，电能表计量准确性与负载的大小无关，因此没有标定电流和最大电流概念，没有过载限制，也无需根据电流大小划分不同的规格。传统电能表输入的是与一次电流大小成正比的二次电流，由于结构原因其误差特性为非线性，在电流特别大时，误差呈几何放大，因此有负载大小的限制，一般最大允许电流为额定工作流的 4 倍，如 1.5（6）A 与 5（20）A。

传统电能表采样频率可达到 4000 点/s 以上，其采样精度直接决定电能表的准确度。

数字输入电能表自身不采样，采样在电子式互感器内完成，采样频率范围一般为4000～1280 点/s，能保证计量采样准确度。

（4）电能表输出特性不同。

1）启动和潜动。所谓潜动是指电能表加上一定电压以后，在负荷电流等于零时，电能表仍在走字的现象。所谓启动电流是指电能表在额定功率因数等于 1 时，加上额定电压以后，能使电能表连续不停地计量的最小负载电流。电能表潜动的大小和启动电流的大小是衡量其计量性能的重要指标，它们是否满足要求，是关系到电度表能否正确计量电能的关键。若潜动过大，电能表不能正常启动，导致电能表误差偏大，对用户不利；如启动电流过大，电能表灵敏度偏小（偏低），误差偏小，对国家不利，直接影响了电费回收。对于传统需要采样的电能表，潜动启动的实现有重要意义。而数字输入电能表自身不采样，不存在最小启动电流的概念。由于自身不采样，同样也不存在潜动问题。

2）电能量和电能单位。经电磁式互感器接入的电能表需要外接电压互感器、电流互感器。一次侧电能就是互感器输入端的电能，也就是互感器的一次侧。二次侧电能就是互感器输出端的电能，也就是互感器的二次侧。在使用电能表的时候，电压电流通常为互感器输出，即二次侧电压电流，电能表计量为二次侧电能。需将表的电能乘以电压电流变比，才是实际的一次侧电能。而数字化电能表输入的即为一次侧电压电流，输出的是一次电能。

3）电能表通信。随着微电子技术的不断进步，许多通信方式被应用到电能表通信中。其中比较常用的有以下几种：

a. 红外通信。红外通信包括近红外通信、远红外通信。近红外通信指光学接口为接触式的红外通信方式。远红外通信指光学接口采用非接触方式的红外通信方式，由于容易受到外界光源的干扰，所以一般采用红外光调制/解调来提高抗干扰度。红外通信的主要特点是没有电气连接、通信距离短，所以主要用于电能表现场的抄录、设置。

b. 有线通信。有线通信主要包括 RS-232 接口通信、RS-422 接口通信、RS-485 接口通信等。由于有线通信具有传输速率高、可靠性好的特点，被广泛采用。

c. 无线通信。无线通信包括无线数传电台通信、GPRS、GSM 通信等。随着信息传递技术的飞速发展，无线通信技术在通信领域发挥着越来越重要的作用。使用无线数传电台可以在几百米到几千米的范围内建立无线连接，具有传输速率高、可靠性较好、不需要布线等优点。使用 GPRS 或 GSM 网络通信，还可以充分地利用无线移动网络广阔的覆盖范围，建立安全、可靠的通信网络。

d. 电力载波通信。电力载波通信是通过 220V 电力线进行数据传输的一种通信方式。在载波电能表内部，除了有精确的电能计量电路以外，还需有载波通信电路。它的功能是将通信数据调制到电力线上。常见的调制方式有 FSK、ASK 和 PSK。处于同一线路上的数据集中器则进行载波信号的解调，将接收到的数据保存到存储器中。由此构成载波通信网络。电力载波通信的特点是不需要进行额外的布线、便于安装；但是由于电力网络上存在着各种电器，具有噪声大、衰减大的特点，限制了通信传输的距离和速率。

数字输入电能表采用光纤通信和 RS-485 通信两种通信方式。

光纤通信，就是利用光纤来传输携带信息的光波以达到通信之目的。要使光波成为携带信息的载体，必须对之进行调制，再在接收端把信息从光波中检测出来。

（5）电能表管理规定及要求。

1）安全认证。电能表作为电能结算的法定计量器具，如何防止人为非法修改电能表数据以达到窃电目的，是一个重要的课题。数字输入电能表目前还没有设置安全认证功能，这也是今后数字输入电能表需要改进的重要环节。

2）标准规范。数字输入电能表由于计量原理完全不同，不适用于这些传统的标准与规范，需要国家重新制定国家标准和规范。

3）检定方法。数字化电能表的计量过程有合并单元及电子式互感器的共同参与，而不像传统电能表自身便可完成所有的计量环节，因此尽管目前有多种数字化电能表的检定方法，但其溯源的问题仍然存在争议。传统电能表经过检定后，即可作为合格的计量器具使用，而数字化电能表自身计量精度检定后，其整体计量精度仍然依赖于合并单元与电子式互感器的精度等级评定，这也是未来数字化计量需要解决的一个争议性问题。

综上所述，与传统电能表相比，数字化电能表具有以下优势：

首先，数字化电能表通过光纤接入，没有相线区别，克服了传统电能表错接线的问题，省去了铜导线，节约了资源。

其次，使用光纤后，避免了二次回路损耗带来的误差，电子式互感器避免了二次电压回路短路、电流回路开路引起的安全问题。

再次，理论上无计量误差，电源外接，电能表功耗不影响计量准确性。

最后，无启动、潜动概念，在小电流或无电流状态下不影响电能计量，也没有负荷过载限制。数字输入电能表解决了传统电能表很多固有的缺陷，在数据准确性和可靠性方面显示出优越性。

但也存在一些新的问题，比如依赖外接工作电源，一旦失电，停止计量；由于输入的是数字信号，信号线通信稳定性、交换机和接口质量、通信丢包等问题不可忽视。在电能计量专业方面，厂家需要在计量程序算法、安全认证、检定方法和通道监测上多加以研究，以保证数字输入电能表满足电力系统计量要求。

4.1.2.5 采样值获取及数据解析

数字化电能表内部不设置电压、电流的模数转换部分，用来计算电能的原始数据均来自前端的合并单元，这些数据均为数字量，按照 IEC 61850 规约，以数据报文的形式传送到数字电能表的光纤接口模块，经物理层芯片到数据解析模块。本节将重点介绍数据接收模块的原理、结构组成及数据报文的解析过程。

（1）采样值获取。合并单元与数字化电能表之间的采样值传输主要是通过 SampIED Values 通信服务来完成，数字化电能表的数据接收模块包括用于数据传输的光纤接口和符合 IEC 61850 规约标准的物理层芯片，两者共同组成数字化电能表的数字量交采模块。数字信号通过光纤接口将光信号转换成电信号，输入协议物理层芯片，通过协议物理层芯片与对方网卡建立连接（link），并将网络数据解包，过滤掉一些报文头信息，将信息文本通过 MII 接口传给 DSP 数字信号处理器进行处理。

1）光纤接口模块。光纤接口的作用是将要发送的电信号转换成光信号并发送出去；同时，能将接收到的光信号转换成电信号，输入处理器的接收端。图 4-27 和图 4-28 分别给出了 SC 光纤接口和 ST 光纤接口的结构图，两种接口在接口槽上的结构存在差异，但都通过接口内部的两路驱动芯片来完成光电信号的转换，达到光纤数据交互的作用。

2）协议解析单元。光纤接口将接收到的数字采样值光信号转换为电信号后，接入物理层芯片中，完成物理层的编码与解码工作。拿一种典型的物理层芯片 RTL8201BL 举例，它在智能变电站设备中有着广泛的应用。该芯片是一个单端口的物理层收发器，

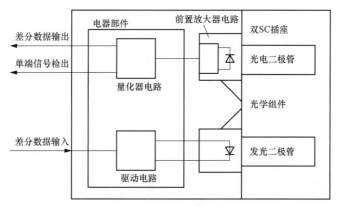

图4-27　SC光纤接口结构图

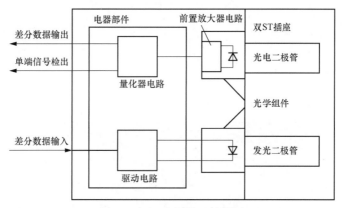

图4-28　ST光纤接口结构图

它只有一个MII/SNI（媒体独立接口/串行网络接口）接口，却实现了全部的10/100M以太网物理层功能，包括物理层编码子层（PCS）、物理层介质连接设备（PMA）、双绞线物理媒介相关子层（TP-PMD）、10Base-Tx编解码和双绞线媒介访问单元（TPMAU）。PECL接口支持连接一个外部的100Base-FX光纤收发器，其管脚结构如图4-29所示。光纤接口接收的数据，都通过该芯片RXD系列管脚接入芯片中，并通过MII接口（图中25、26管脚）将编码后的数据传入DSP或FPGA中；同样，DSP或FPGA通过MII接口将要发送的数据传入物理层芯片中，通过图中TXD系列管脚发送到光纤接口模块中，形成双向交互机制。该芯片37~48管脚负责配置物理层通信的各项参数，如通信速度、接口模式等。

（2）数据报文解析。智能变电站包括过程层、间隔层、站控层，过程层与间隔层通过IEC 61850-9-1点到点模式实现采样值数字化传输，或者采用IEC 61850-9-2标准采样值网络传输。采样测量值（SampIED Measured Value，SMV）是一种用于实时传输数字采样信息的通信服务。

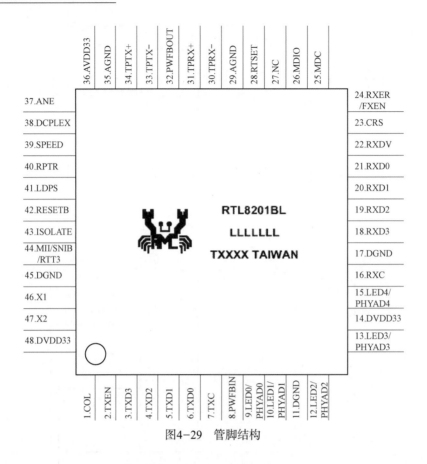

图4-29 管脚结构

1）采样测量值（SMV）通信协议简介。智能变电站内通信协议分类如图4-30所示。

由图4-30可以看出，合并单元与数字化电能表之间的采样值传输主要通过SampIED Values 通信服务来完成，而数字化电能表将计量的电量上传到站控层系统中则主要通过 MMS 报文协议来完成，这也构成了基于 IEC 61850 数字化电能表的主要通信协议。本节 重点介绍与前端采样值传输息息相关的 SampIED Values 通信。SampIED Values 又称为 SampIED Measured Value 采样测量值，简称 SMV，是一种用于实时传输数字采样信息的 通信服务。从发展历史来说，SMV 传输协议的发展先后经历了 IEC 60044-8、IEC 61850-9-1、IEC 61850-9-2、IEC 61850-9-2LE 等几个阶段，目前主要采用 IEC 61850-9-2，IEC 60044-8 用来传输 SMV 报文。

IEC 61850-9-1 是变电站通信网络和系统第 9-1 部分：特定通信服务映射（SCSM）通 过单向多路点对点串行通信链路的采样值。IEC 61850-9-1 采用标准以太网作为链路，可满 足互操作要求。IEC 61850-9-1 与 IEC 60044-8 类似，可以将后者的数据封装看作以太网数据 包，并通过以太网传输，其实现相对比较容易，在早期的合并单元、控制保护等设备中有一 定的应用。但 IEC 61850-9-1 由于灵活性、可扩展性方面的限制，已不再为 IEC 所推荐使用。

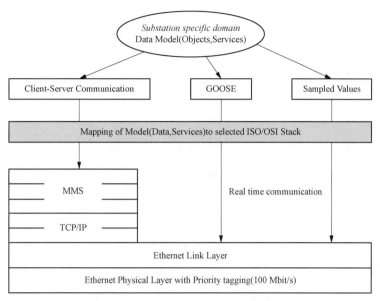

图4-30 智能变电站内通信协议分类

  IEC 61850-9-2 是国际电工委员会标准 IEC 61850-9-2《特定通信服务映射（SCSM）》中所定义的一种采样值传输方式，网络数据接口同样由以太网进行数据传输，但支持基于模型的灵活数据映射。与 IEC 61850-9-1 相比，IEC 61850-9-2 的传送数据内容和数目均可配置，更加灵活，数据共享更方便，能灵活满足各种变电站的需求，是目前技术发展的趋势。目前设备采样数据传输多采用 IEC 61850-9-2，并采用点对点的同步时钟系统或 IEEE 1588 网络时钟同步协议来实现同步采样。

  IEC 61850-9-2LE 是 UCA 推出的，由 ABB、SIMENS、AREVA、OMICRON、美国 GE、日本 TMT&D、东芝（欧洲）、加拿大公司和实验室的国际知名专家联合起草的，IEC 61850-9-2 的工程实现指南，事实上是 IEC 61850-9-2 的更为明确定义的配套规范/标准。

  IEC 61850-9-2LE 主要实现了采样值的网络化，可以与 GOOSE 共网，节省了大量光纤，实现了数据网络化接口、以太网和光纤传输；体现了以太网地址、优先标志/虚拟局域网及以太网类等网络优化功能；它支持可变数据集、MSVCB 类服务（多播），并支持固定数据集/不支持多播/点对点等方式进行数据传输；支持 IEEE 1588 网络对时，并进一步简化了网络。

  2）ISO/IEC 8802-3 以太网帧结构。SMV 报文在链路层传输都是基于 ISO/IEC 8802-3 的以太网帧结构。不论是 IEC 61850-9-1、9-2 还是 IEC 61850-9-2LE，都是采用的该结构，只是在 APDU 的数据结构中存在不同。

  ISO/IEC 8802-3 帧结构定义包括前导字段、帧起始分隔符字段、以太网 MAC 地址报头、优先级标记、以太网类型 PDU、应用协议数据单元 APDU、帧校验序列。

前导字段：7 字节。Preamble 字段中 1 和 0 交互使用，接收站通过该字段知道导入帧，并且该字段提供了同步化接收物理层帧接收部分和导入比特流的方法。

帧起始分隔符字段：1 字节。字段中 1 和 0 交互使用。

以太网 MAC 地址报头：包括目的地址（6 个字节）和源地址（6 个字节）。目的地址可以是广播或者多播以太网地址，源地址应使用唯一的以太网地址。IEC 61850-9-2 多点传送采样值，建议目的地址为 01-0C-CD-04-00-00 到 01-0C-CD-04-01-FF。

优先级标记（Priority tagged）：为了区分与保护应用相关的强实时高优先级的总线负载和低优先级的总线负载，采用了符合 IEEE 802.1Q 的优先级标记。

以太网类型 Ethertype：由 IEEE 著作权注册机构进行注册，该类型可以用来区分目前是采用 IEC 61850-9-1 还是 IEC 61850-9-2 报文来传输的 SMV 数据。

APPID：应用标识，建议在同一系统中采用唯一标识，面向数据源的标识。为采样值保留的 APPID 值范围是 0x4000-0x7fff。可以根据报文中的 APPID 来确定唯一的采样值控制块。

长度 Length：从 APPID 开始的字节数，保留 4 个字节。

应用协议数据单元 APDU：APDU 格式与采用哪种 IEC 61850-9 系列协议有关。

帧校验序列：4 个字节。该序列包括 32 位的循环冗余校验（CRC）值，由发送 MAC 方生成，通过接收 MAC 方进行计算得出，以校验被破坏的帧。

3）IEC 61850-9-2 采样值报文帧格式。IEC 61850-9-2 的特殊性主要体现在 ISO/IEC 8802-3 的以太网帧结构的 APDU 部分，在 IEC 61850-9-2 协议中，一个 APDU 可以由多个 ASDU 链接而成。

采用与基本编码规则（BER）相关的 ASN.1 语法对通过 ISO/IEC 8802-3 传输的采样值信息进行编码。

基本编码规则的转换语法具有 T-L-V（类型–长度–值 Type-Length-Value 或者是标记–长度–值 Tag-Length-Value）三个一组的格式。所有域（T、L 或 V）都是一系列的 8 位位组。值 V 可以构造为 T-L-V 组合本身。

IEC 61850-9-2 采样值报文 APDU 结构如图 4-31 所示。

IEC 61850-9-2 采样值报文 ASDU 结构如图 4-31 所示：

内容	说明
savPdu tag	APDU 标记（=0×60）
savPdu length	APDU 长度
noASDU tag	ASDU 数目 标记（=0×80）
noASDU length	ASDU 数目 长度
noASDU value	ASDU 数目 值（=1） 类型 INT16U 编码为 asn.1 整型编码
Sequence of ASDU tag	ASDU 序列 标记（=0×A2）
Sequence of ASDU length	Sequence of ASDU 长度
ASDU	ASDU 内容

图4-31　IEC 61850-9-2采样值报文APDU结构

图 4-32 中采样序列值（Sequence of Data Value）即为详细的电压、电流采样值数据，图 4-33 给出了一种 IEC 61850-9-2 采样值报文采样值序列结构。

内容	说明
ASDU tag	ASDU 标记(=0×30)
ASDU length	ASDU 长度
svID tag	采样值控制块 ID 标记(=0×80)
svID length	采样值控制块 ID 长度
svID value	采样值控制块 ID 值 类型：VISBLE STRING 编码为 asn.1 VISBLE STRING 编码
smpCnt tag	采样计数器 标记(=0×82)
smpCnt length	采样计数器 长度
smpCnt value	采样计数器 值 类型 INT16U 编码为 16 Bit Big Endian
confRev tag	配置版本号 标记(=0×83)
confRev length	配置版本号 长度
confRev value	配置版本号 值 类型 INT32U 编码为 32 Bit Big Endian
smpSynch tag	采样同步 标记(=0×85)
smpSynch length	采样同步 长度
smpSynch value	采样同步 值 类型 BOOLEAN 编码为 asn.1 BOOLEAN编码
Sequence of data tag	采样值序列 标记(=0×87)
Sequence of data length	采样值序列 长度
Sequence of data value	采样值序列 值

图4-32　IEC 61850-9-2采样值报文ASDU结构

内容	说明
保护A相电流	类型 INT32 编码为 32 Bit Big Endian
保护A相电流品质	类型为 quality，8-1 中映射为 BITSTRING 编码为 32 Bit Big Endian
保护B相电流	
保护B相电流品质	
保护C相电流	
保护C相电流品质	
中线电流	
中线电流品质	
测量A相电流	
测量A相电流品质	
测量B相电流	
测量B相电流品质	
测量C相电流	
测量C相电流品质	
A相电压	
A相电压品质	
B相电压	
B相电压品质	
C相电压	
C相电压品质	
零序电压	
零序电压品质	
母线电压	
母线电压品质	

图4-33　IEC 61850-9-2采样值报文采样值序列结构

其中，品质因数为一个双字节数据，具体格式如图 4-34 所示。

8	7	6	5	4	3	2	1
			OpB	Test	Source	DetailQual	
DetailQual						Validity	

图4-34　品质因数

这 16 个位中，有 13 位用于标识 SMV 数据的状态，但目前常采用的为 Validity，用于标识该数据是否有效，而 Test 用于标识当前是否处于测试模式。

（3）数据报文解析实例。图 4−35 所示为从某个现场合并单元截获的 IEC 61850-9-2LE 报文，以此为例介绍过程层 SMV 采样值报文格式。

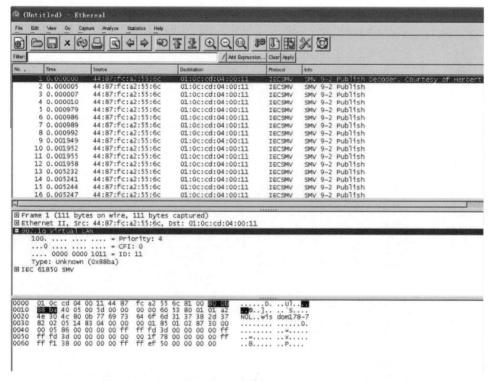

图4−35　某个现场合并单元截获的IEC 61850-9-2LE报文

根据图 4-35 中给出的数据，按照上两节中对 ISO/IEC 8802-3 帧结构以及 IEC 61850-9-2LE APDU 结构的介绍，可将报文内容解析如下：

前导字节帧由物理层芯片过滤掉，起始分隔符字段由解析软件过滤掉。MAC 报头：前 6 个字节为目的地址 01 0c cd 04 00 11，随后 6 个字节为源地址 44 87 fc a2 55 6c；优先级标记：TPID 为 81 00，TCI 为 80 0b；以太网类型 Ethertype：88 ba，以太网类型 PDU：APPID 40 05，长度 Length 为 00 5d，保留 1 reserved1 为 00 00，保留 1 reserved1 为 00 00。

4.1.2.6　数字计量电能运算

数字化电能表的计量算法与传统电能表计量算法差别不大，只是采样值已经经过电子互感器和合并单元的滤波环节，不再需要那么多滤波环节；但在传统计量算法基础上，还增加了丢帧补偿插值等网络采样值处理算法。本节将重点介绍数字化电能表的电参量计量算法、谐波分析算法、丢帧补偿算法等计量算法。

相比于传统电能表，数字化电能表不再引入表计内部 TV、TA，线路的损耗，以及 AD 转化带来的采样误差，因此数字化电能表整体的计量精度要高于传统电能表的计量精度。

（1）瞬时量的计算。下面介绍的是数字化电能表瞬时量的计算方法，包括电压、电流有效值，有功、无功功率，这些也是一个电能表计量精度的关键性决定因素。

电压、电流有效值一般采用设定时间窗长度内的采样值均方根来计算，详细电压有效值计算公式如式（4-5）所示。

$$U_{irms} = \sqrt{\frac{1}{M}\sum_{s=0}^{M-1}(U_{is})^2} \tag{4-5}$$

电流有效值的计算公式如式（4-6）所示。

$$I_{irms} = \sqrt{\frac{1}{M}\sum_{s=0}^{M-1}(I_{is})^2} \tag{4-6}$$

其中，M 为时间窗大小，而有功功率的计算，也是取 M 的时间段内所有瞬时功率值的平均，具体计算公式如式（4-7）所示。

$$p_i = \frac{1}{M}\sum_{s=0}^{M-1}(U_{is}\times I_{is}) \tag{4-7}$$

其中，U_{is}、I_{is} 分别为 s 时刻的电压采样值与电流采样值。

基于电能的物理现象，功率和电能可以转换为热功和热能，也可以通过量测热能或机械能的方式对其进行测量。因此，在以电压和电流为周期信号的情况下，上述有功功率的计算公式是没有争议的。然而，对于视在功率和无功功率，则不是一个好定义的物理现象，而是在一个基于正弦或近似正弦交流信号情况下，按惯例定义的量。它们在电压、电流都为正弦或近似正弦的情况下非常有用。此时无功功率定义为

$$Q = UI\sin\varphi = \sqrt{S^2 - P^2} \tag{4-8}$$

视在功率定义为

$$S^2 = P^2 + Q^2 \tag{4-9}$$

对于电压、电流为非正弦情形，最普遍认可的视在功率定义为

$$S = UI \tag{4-10}$$

其中，U、I 分别为电压、电流的均方根值。对于周期的非正弦电压、电流信号，视在功率定义等价于

$$S = \sqrt{\sum_n U_n^2 \sum_n I_n^2} \tag{4-11}$$

对于无功功率，在电压、电流都为周期性非正弦情况下（如含有大量谐波），则有许

多关于如何扩展的建议，其中最流行并得到 ANSI/IEEE（1967）认可的定义为

$$Q = \sum_n U_n I_n \sin \varphi_n \tag{4-12}$$

该定义是由罗马尼亚科学家 Budeanu 给出的，故通常用 Q_B 表示。按此定义，功率三角就不再成立。为了描述与视在、有功、无功功率的关系，需要追加定义一个量 D，称之为畸变功率，此时

$$D^2 = S^2 - P^2 - Q^2 \tag{4-13}$$

然而，在实际应用中，畸变功率并没有实际用途。而且，如前所述，无功功率是一个人为定义的量。

（2）电能和功率因数的计算。电能计量是所有单元中最关键的计量单元。有功能量，即负荷实际所耗电能实际上是由每秒之内得到的有功功率叠加起来，经过一定处理之后得到最后的总有功。换个角度说，电能事实上是由每秒或者更短的时间间隔得到的功率累计起来的，这里暂时取时间间隔为 1s，即有功能量每隔 1s 就累加上一次前面计算得到的有功功率的值，一直这么累加下去，再除以一定系数就能折算到最终要求显示的电能单位。具体公式如下。

$$W = \sum P_{\Delta t} \times \Delta t \tag{4-14}$$

无功能量的计量方法与上面的有功能量计量类似，不同的就是将式（4-14）中的有功功率 P 替换成无功功率 Q。而功率因数的计算相对简单，根据功率因数的定义，其为有功功率与视在功率之比，用于描述电能有效做功的程度。具体公式如下。

$$PF = \left| \frac{P}{S} \right| \tag{4-15}$$

（3）参数校准算法。由于计量过程中不免会存在系统误差，因此需要设计不同的校准算法来修正计量结果存在的偏差，它们在传统电能表中应用较多，但由于数字化电能表中的系统误差较少，只有在合并单元或电子式互感器环节存在误差时，才进行相应的误差修正。下面详细介绍目前数字化电能表可能用到的误差校准算法，其中，失调校准是为了保证在 0 输入时，输出也为 0。进行增益校正的目的是在计算值和实际值之间建立起一个比例对应关系。相位校准是为了保证数据采集的同步性。

1）电压增益校准。电压增益校准根据式（4-16）来完成。

$$U_n = U_r(1 + U_{RMSGAIN}/4096) \tag{4-16}$$

其中，U_n 为标准源的三相电压设定值，置 $U_{RMSGAIN}=0$，分别读取三相电压有效值测量值 U_r，根据式（4-16）计算各相的电压增益，将结果分别置入各相的 $U_{RMSGAIN}$ 寄存器。$U_{RMSGAIN}$ 的改变将直接影响电压有效值的大小及视在电能大小。

2）电流增益校准。电流增益校准根据式（4-17）来完成。

$$I_n = I_r(1+I_{GAIN}/4096) \tag{4-17}$$

其中，I_n 为标准源的三相电流设定值，分别读取三相电流有效值 I_r，按式（4-17）计算各相的电流增益，将结果分别置入各相的 I_{GAIN} 寄存器。I_{GAIN} 的改变对有功无功视在电能都有影响。

3）电流失调校准。电流失调可根据式（4-18）来完成。

$$I_{RMS} = \sqrt{I_{RMS0}^2 - 16384 \times I_{RMSOS}} \tag{4-18}$$

电流失调可调整 I_{RMSOS} 寄存器实现。这一步是开完根号以后进行的调整过程。I_{RMS} 必须在电压过零点读取，否则数值会有波动。去除三相电流，置 I_{RMOS}=0，分别读取三相电流有效值 I_{r0}，按式（4-19）计算各相的电流失调值。

$$I_{RMSOS} = I_{r0} \times I_{r0}/16384 \tag{4-19}$$

将结果分别置入各相的 I_{RMSOS} 寄存器。

4）电压失调校准。电压失调可根据式（4-20）来完成。

$$U_{RMS} = U_{RMS_0} + U_{RMSOS} \times 64 \tag{4-20}$$

电压失调可调整 U_{RMSOS} 寄存器实现；由于电压的一次采样值比电流大很多，为保证补偿精度，U_{RMSOS} 所乘的系数因子（64）要比电流 I_{RMSOS} 所乘的因子（16384）小很多。去除三相电压。置 $U_{RMOS} = 0$。分别读取三相电压有效值 U_{r0}。按式（4-21）计算各相的电压失调值。

$$U_{RMSOS} = -U_{r0}/64 \tag{4-21}$$

将结果分别置入各相的 U_{RMSOS} 寄存器。

5）有功增益校准。有功功率增益校准公式为

$$power = power_0 \times \left(1 + \frac{AWG}{2^{12}}\right) \tag{4-22}$$

加 A 相电压 U_n，电流 I_n，功率因数置 1，读取电能误差 E_r，则有式（4-23）。

$$WG = (1/E_r - 1) \times 4096 \tag{4-23}$$

计算有功增益补偿系数，置入 AWG 寄存器，B、C 相有功增益校准同 A 相。其中，$power_0$ 是未校正的数据。实际上采用的是校正后的 $power$。

6）无功增益校准。无功功率增益校准公式为

$$power = power_0 \times \left(1 + \frac{AVARG}{2^{12}}\right) \tag{4-24}$$

加 A 相电压 U_n，电流 I_n，功率因数置 0，读取电能误差 E_r，则有式（4-25）。

$$VARG = (1/E_r - 1) \times 4096 \qquad (4-25)$$

计算无功增益补偿系数，置入 AVARG 寄存器，B、C 相无功增益校准同 A 相。

7）相位校准。加 A 相电压 U_n，电流 I_n，功率因数置 0.5，读取电能误差 E_r，按式（4-26）计算相位补偿值置入 APHCAL 寄存器。

$$APHCAL = \arcsin(E_r/1.732) \times 4 \times 2083/360 \qquad (4-26)$$

8）无功/有功失调校准。去除三相电流，置 $WATTOS=0$，$VAROS=0$，分别读取三相有功功率及无功功率值，分别调整各相的 WATTOS 及 VAROS 寄存器，使相应有功或无功功率值读数为 0。对于有功而言，1 个 $WATTOS$ 的值要对应于最小的有功输出值的 1/16，无功的失调校准过程也与其是类似的。

9）去直流分量的校正。对 n 个连续电流采样数据进行求平均计算，即得到直流分量的补偿系数，即

$$I_{去直} = \frac{1}{n}\sum I_n \qquad (4-27)$$

（4）丢帧补偿算法。智能变电站中，当网络繁忙或合并单元出现异常时，容易发生通信丢帧现象，这样就会造成 SMV 采样值报文不连续，影响电能计量精度。因此，数字化电能表必须能够识别是否发生丢帧现象，以及对丢帧的数据点进行插值补偿，以减少丢帧异常对电能计量的影响。目前数字化电能表常根据接收到的 SMV 报文中采样序号值的变化来判断是否发生丢帧异常，以及确定丢失的采样点数。

当丢失的采样点数确定后，就需要开始采用插值算法来补偿丢失的数据点。插值是离散函数逼近的重要方法，利用它可通过函数在有限个点处的取值状况，估算出函数在其他点处的近似值，插值分外插和内插，外插是已知过去时刻的数据点，要预测未来时刻的数据点值，内插则是已知过去几个时刻和当前时刻的数据点，要估算过去与当前之间某个未测量时刻的数据点值，显然，内插精度要优于外插的精度，因此数字化电能表的丢帧补偿中，采用内插法最为合适。

基本的插值算法包括拉格朗日插值法、牛顿插值法、埃尔米特插值法、分段多项式插值、样条插值等类型，插值精度和计算复杂度依次增加，此处介绍一种比较简单且精度较高的三点均差牛顿插值算法。如下所示，以电压补偿为例，丢帧点前两个时刻为 k_0、k_1，丢帧后一时刻为 k_2，此时的插值函数为

$$u(x) = u(k_0) + u[k_0, k_1](x - k_0) + u[k_0, k_1, k_2](x - k_0)(x - k_1) \qquad (4-28)$$

其中，$u[k_0, k_1]$、$u[k_0, k_1, k_2]$ 分别为一阶均差和二阶均差，并有

$$u[k_0, k_1] = \frac{u(k_1) - u(k_0)}{k_1 - k_0} \qquad (4-29)$$

$$u\left[k_0, k_1, k_2\right] = \frac{u\left[k_1, k_2\right] - u\left[k_0, k_1\right]}{k_2 - k_0}$$

（4-30）

根据式（4-28）~式（4-30）可知，计算丢帧时刻为 k 的电压值，可将 $x=k$ 代入上述 $u(x)$ 的函数式中，计算出补偿后电压 $u(k)$ 的值。

4.1.2.7　计量数据 MMS 通信

前文主要介绍数字化电能表如何接收合并单元传过来的 SMV 报文、解析电压、电流数字采样值数据，以及完成各电参量的计算，这部分都属于与过程层设备——合并单元 IEC 61850 通信的内容，而本节将介绍数字化电能表另外一个重要的通信内容——与站控层设备基于 IEC 61850 的数据交互，相关的站控层设备一般包括智能电量采集终端、站控层一体化后台等。

与过程层的 SMV 报文交互不同，数字化电能表与站控层设备的交互一般都基于以太网 MMS 协议，交互的数据类型主要包括电表计量的电量数据、各瞬时量及其他表计重要的参数等。IEC 61850-7 系列与 IEC 61850-8-1 标准中规定了这些数据模型的定义、MMS 通信方法以及相应的交互流程。在实际应用中，数字化电能表与站控层数据交互的具体流程：首先是建模过程，即将电能表中各数据的格式、排列结构定义，按照 IEC 61850-7 系列标准中的内容做成一个 ICD 文件，这个 ICD 文件提供了对电能表中所有数据的描述，抄表设备下载这个 ICD 文件后，有专门的解析程序，能够得到电能表整个数据集的格式信息。电能表一般提供两种数据上报服务，一种是数据发生变化时，将变化的数据上报；还有一种是定时将整个数据集的数据上报，无论哪种条件满足，都会按照 ICD 文件中数据集的格式，调用上报函数，这个函数就将这些上报的数据通过 MMS 协议传输到抄表设备或系统中，这个上报函数是集成在 IEC 61850 程序包中的，MMS 报文传输的过程与 TCP/IP 协议一样，是直接集成好的程序包。本节首先介绍 MMS 报文，然后对电量建模以及各种服务进行介绍。

（1）MMS 协议。制造报文规范（Manufacturing Message Specification，MMS），ISO/IEC 9506 标准所定义的一套用于工业控制系统的通信协议。MMS 规范了工业领域具有通信能力的智能传感器、智能电子设备（IED）、智能控制设备的通信行为，使出自不同制造商的设备之间具有互操作性。

在 MMS 协议体系中，服务规范和协议规范是整个协议体系的核心。其中，服务规范定义了虚拟制造设备（Virtual Manufacturing Device，VMD），网络上节点间的信息交换以及 VMD 相关的属性及参数。协议规范则定义了通信规则，包括消息格式、通过网络传递的消息顺序以及 MMS 层与 ISO/OSI 七层模型中其他层的交互方式。

MMS 采用抽象语法标记（ASN.1）及其基本编码规则（BER）作为其数据结构定义

描述工具与传输语法。ASN.1 是一种标准的抽象语法定义描述语言，与平台和编程语言无关，提供了丰富的数据类型，MMS 主要使用序列类型、同类序列类型和选择类型构造相关数据类型。BER 是一种传输语法，它可以把复杂的用抽象语法描述的数据结构表示成简单的数据流，从而便于在通信线路上传送，采用八位位组作为基本传送单位，对数据值的编码由三部分组成，即标识符（又称标签）、长度和内容，一般称为 ASN.1 编码的 TLV 结构。

SCL 是基于 XML 用于描述和配置变电站设备的语言。主要用于描述变电站 IED 设备、变电站系统和变电站网络通信结构的配置。最终目的是在不同制造厂商的设备配置工具以及系统配置工具间交换系统的配置信息，实现互操作。可扩展标识语言 XML 包含一种用以定义 XML 文档类型所允许词汇的方法，即文档类型定义（DTD）。

SCL 采用 XML 作为标准语法定义，遵循 IEC 61850 语义规范，通过自定义标签和多层元素节点嵌套的方式，创建可相互转换的结构化文本文档和数据文档。文档结构清晰，配置过程灵活多变，符合 IEC 61850 标准提出的对象模型。通过 Schema 模式定义了具体的 SCL 语法，主要包括头（Header）、变电站描述（Substation）、IED 描述、通信系统描述（Communication）和逻辑节点数据类型模版（Data Type Templates）5 个部分。其中，Header 部分描述了 SCL 配置、版本以及名字同信号之间的映射信息；Substation 部分描述了变电站的功能结构，包括一次设备及电气连接信息；IED 描述部分，通过描述访问点、LD 和 LN 等 IED 信息定义通信服务能力；Communication 通过逻辑总线和 IED 访问点描述了 LN 之间通信连接；Data Type Templates 部分描述逻辑节点的 DO 具体样本。

（2）ACSI 到 MMS 映射。IEC 61850 是 IEC TC57 制定的关于变电站自动化系统通信的国际标准，代表了变电站自动化技术的发展方向，适应了技术的发展要求。IEC 61850 在技术上的一个显著特点就是采用了制造报文规范 MMS。MMS 规范了不同厂商设备间的通信，实现了信息互通和资源共享，从根本上保证了变电站内各类设备互操作的实现。因此，MMS 作为实现的关键技术，受到极大关注。在 IEC 61850 标准中，整个变电站自动化通信体系被划分为三层：变电站层、间隔层和过程层。其中，变电站层和间隔层间采用抽象通信服务接口（Abstract Communication Service Interface，ACSI）映射到 MMS 的方式进行通信。ACSI 独立于具体的网络协议，并被映射到特定的通信协议栈以适应网络技术的发展。引入 ACSI 后，一旦底层网络技术发生变化，只需改变特定的通信服务映射（SCSM）即可适应各类网络技术的发展。相应地，如何实现协议中规范的 ACSI 到 MMS 的映射无疑成为实现技术的关键。

在应用 IEC 61850 解决变电站自动化系统的应用问题时，需要将 IEC 61850 定义的模型和服务映射为特定的应用层对应的模型。映射大致可以分为数据类型映射、模型映射和服务映射三部分。

1）数据类型映射。IEC 61850 标准与 MMS 标准各自定义了一套用于构成对象类的基本数据类型，由于最终 IEC 61850 数据模型需要映射到具体的通信协议 MMS 上，所以其规定的基本数据类型也必然需要与 MMS 规定的基本数据类型相对应，其对应关系见表 4-1。

表 4-1　　　　　　　　　　ACSI 到 MMS 的数据类型映射

IEC 61850 数据类型	MMS 数据类型	取值范围
BOOLEAN	Boolean	
INT8	Integer	$-128\sim127$
INT16	Integer	$-32768\sim32767$
INT32	Integer	$-2147483648\sim2147483647$
INT8U	Unsigned	$0\sim255$
INT16U	Unsigned	$0\sim65535$
INT32U	Unsigned	$0\sim4294967295$
FLOAT32	Floating Point	IEEE 754 单精度浮点数
FLOAT64	Floating Point	IEEE 754 双精度浮点数
ENUMERATED	Integer	可能取值的有序集合，具体应用时定义
CODED ENUM	BitString	可能取值的有序集合，具体应用时定义
OCTET STRING	OctetString	使用时指定位组串的最大长度
VISIBLE STRING	VisibleString	使用时指定位组串的最大长度
UNICODE STRING	MMSString	使用时指定位组串的最大长度

在实际应用中，IEC 61850 标准基本数据类型主要体现在实际装置的配置文件中，比如 CID 文件，在 CID 文件的 datatypetmplates 部分，每一个数据属性 DA 都规定有符合 IEC 61850 标准的基本数据类型。装置运行时，读取 CID 文件，将 IEC 61850 数据映射到 MMS 数据。这个映射过程包含了基本数据类型的映射，比如 CID 文件中的延时过流保护逻辑节点数据 PTOCOPGENERAL，它是一个布尔型值，用以控制跳闸与否，其最终映射到 MMS 中的一个布尔数据。

2）模型映射。ACSI 到 MMS 的映射分为信息模型对象的映射和服务映射。信息模型的映射是指服务器、逻辑设备、逻辑节点、数据、关联和文件等模型分别与 MMS 的虚拟制造设备、域、有名变量、应用关联和文件之间的映射。服务映射是指从 ACSI 各个模型的抽象服务到 MMS 模型相关服务的对应关联关系。ACSI 到 MMS 的模型与服务映射见表 4-2。

表 4-2   ACSI 到 MMS 的模型与服务映射

ACSI 对象	ACSI 服务	MMS 服务	MMS 对象
Server	GetServerDirectory	GetNameList	VMD
LogicalDevice	GetLogicalDeviceDirectory	GetNameList	Domain
LogicalNode	GetLogicalNodeDirectory	GetNameList	Named Variable
Data	GetData Values SetData Values	Read Writ	Named Variable
Association	Associate Abort Release	Initiate Abory Conclude	Application Association
Fille	GetFile SetFile DclcteFile GetFileAttributeValues	FileOpen+ FileRead+ FileClose ObtainFile FileDelete FileDirectory	File
Log	GetLogControlValue SetLogControlValue GetLogStatusValue QueryLogByTime QueryLogAfter	Read Write Read ReadJoumal Write JouMal	Named Variable Named Variable Named Variable Joumal Joumal

在 MMS 的数据模型中，虚拟制造设备 VMD 中包含域对象、变量对象、变量列表对象等。变量对象和变量列表对象可以具有域特定范围属性或者 VMD 特定范围属性。在 MMS 的数据模型中最多只能表示对象的三层隶属关系。在 IEC 61850 模型中，服务器中包含逻辑设备，逻辑设备中包含逻辑节点，逻辑节点中包含数据，数据中包含数据属性，数据属性也可能包含其他数据属性，对象的隶属层次很多。由于隶属层次的差别，MMS 模型和 IEC 61850 模型之间无法直接建立映射关系。IEC 61850 通过在变量或者变量列表的名称中分出层次关系来解决这一问题，逻辑设备和逻辑节点之间加入"/"符号，不同层次的变量名称之间加入"$"符号，这样通过对象的名称，就可以区分数据模型中对象的层次关系。

（3）电量建模以及各种服务。在 IEC 61850 标准中，逻辑设备（LD）由 LN 和附加 Service 组成。基于 ERTU 的特性，一个 ERTU 设备可监控多个电能表，从而完成对多条线路电能量信息的采集。根据电能表划分 LD，结构清晰且符合 IEC 61850 标准的层次结构。在 LD 内部，除了按功能划分的 LN 外，还应提供关于物理设备或者由其控制的外部设备的相关信息。LLN0 代表 LD 的公共数据（例如铭牌、设备运行情况信息），LPDH 代表拥有该 LN 的逻辑节点物理设备的铭牌、设备运行状况等信息；MMTR 代表计量单元 MMTR，可以向主站提供电能表的测量数据来计算电能，用于计费；MMXU 测量单元，通过测量电压、电流和功率等基本量计算出电压和电流的有效值以及功率。

智能变电站的电能量数据与智能变电站其他数据存在较大的差异，主要因为：① 电能量数据用于交易计费，因此其采集的精度、准确度、稳定度、可靠性要求特别高；② 电能量数据具有准实时性，即数据并不是用于实时应用，而主要是周期性记录。由于数据用于交易计费结算，其作用和地位至关重要，因此一般均建有独立的电能量采集系统，在智能变电站采用数字化电能表，并配置专门的电能量采集终端（ERTU），在调度侧建立专门的电能量采集与监视系统。

要实现数字化电能表基于 IEC 61850 标准数据交换，首先需要对电能表的功能和相关数据进行抽象，功能分解，即电量建模以及各种服务实现的过程。

图 4-36 所示为一个使用 IEDSout 连接 IEC 61850 服务器的实例。

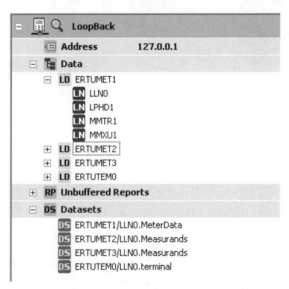

图4-36　使用IEDSout连接IEC 61850服务器的实例

要理解并实现 IEC 61850 的面向对象建模，必须理解并掌握如下三点。

1）功能、逻辑节点、逻辑设备和数据传输。IEC 61850 提供了一整套面向对象的建模方法，将实际的物理设备功能抽象为对应的数据模型，以便于数字化处理与信息共享。为了使物理设备各项功能可以自由分布和分配，所有功能被分解成逻辑节点（Logical Node，LN），这些节点可分布在一个或多个物理装置上。这里 LN 被定义为用来交换数据的功能的最小单元，表示一个物理设备内的某个具体功能（如保护、测量或者控制）或者是作为一次设备（断路器或互感器）的代理。如图 4-37 所示，右侧变电站中各断路器的隔离开关控制功能被抽象为独立的 LN，每个 LN 包含隔离开关控制命令、隔离开关位置等对象参数，从而形成一个虚拟化的数据模型，并可以通过该模型获取或配置断路器的各种参数，在各智能化设备中实现信息共享。

有一些通信数据不涉及任何一个功能，仅仅与物理装置本身有关，如铭牌信息、装置自检结果等，需要一个特殊的逻辑节点"装置"，为此引入 LLN0 逻辑节点。逻辑节点

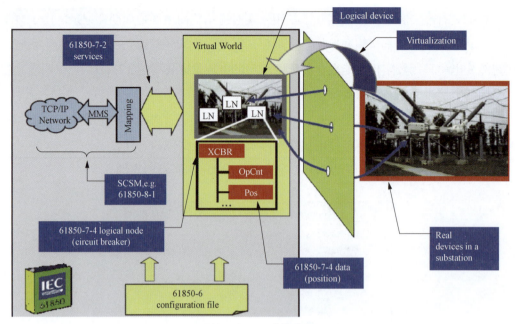

图4-37　LN建模实例

间通过逻辑连接（LC）相连，专用于逻辑节点之间数据交换。数据交换的格式采用了PICOM（Piece of Information for COMmunication）格式，其突出的优势在于做到了信息的传递与通信应答方式无关，即与所用的规约无关。为了满足互操作性要求，逻辑节点必须能够解释并处理接收的数据（语法和语义）和采用的通信服务，即要求逻辑节点内的数据标准化。

功能、逻辑节点和物理设备关系示意图如图4-38所示，逻辑节点分配给功能（F）和物理装置（PD）。逻辑节点通过逻辑连接互连，物理装置则通过物理连接实现互连。逻辑节点是物理装置的一部分，逻辑连接则是物理连接的一部分，该图形象的表述了"功能高于装置"的思想。

2）功能划分以及IED的对象建模。对于功能可以分为两类：位于不同物理设备的两个或者多个逻辑节点所完成的功能，称之为分布功能，如图4-38中的功能F1；反之称之为集中功能，如图4-38中的F2。

由于IED集成到了变电站自动化系统（SAS）中，功能具备分布特性，并且是基于通信的。为了对这种分布式的功能进行建模，通常将一些复杂的设备分解成基本的功能，如电能质量监控功能、计量控制功能、保护功能等。

需要指出的是，对于变电站中任意功能的建模都是基于对问题域的理解，且模型只考虑IED的通信可见特性，并不涉及IED内部软硬件的设计。图4-39形象地展示了实际的物理设备到抽象的逻辑设备、逻辑节点及各属性点直接的包含关系。

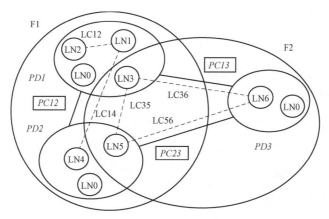

图4-38　功能、逻辑节点和物理设备关系示意图

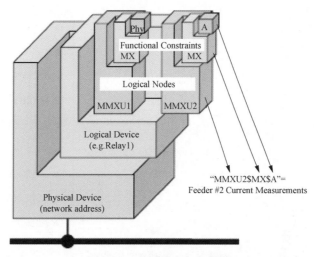

图4-39　各属性点包含关系

3）对实际的电能量 IED 进行对象建模。IEC 61850 规范了若干个逻辑节点组，包括保护功能逻辑节点组、计量和测量逻辑节点组等。但是该标准规范的计量和测量逻辑节点组与我们实际要求 IED 功能还有一定的欠缺，由于标准的开放性，可以通过扩展逻辑节点来解决建模问题。下面先就标准中所规范的计量和测量逻辑节点组进行讨论。

所有的 IED 中最常见的是用来对三相系统中多个测量量建模的逻辑节点 MMXU，该逻辑节点用于计算三相系统中电流、电压、功率和阻抗。主要用途是供运行使用。MMXU 中所包含的各种可选测量值的属性名和类型见表 4-7。从表中可以看出，MMXU 中的数据属性大多是 WYE 类型的，如三相的相电压、相电流以及相阻抗。

电能量 IED 不仅应该包括逻辑节点 MMXU、MMTR 和 MSTA，而且应该包含时间段内的峰、平、谷电量，以及可能出现的异常情况记录例如失压、断流记录等。现在尚未在 IEC 61850 中定义，但根据一个提议，可以按照和保护功能建模类似的法则来定义相应的逻辑节点,这些节点将被组成新的电能量事件相关逻辑节点组 MMJE,而峰、平、谷电量和失压、断流记录等逻辑节点都将包含在该逻辑节点组中。

图 4-40 所示为一个数字化电能表的计量逻辑节点(MMTR)示例,从图中可以看出,该逻辑设备 ERTUMET 为数字化电能表的抽象形式,该逻辑设备包含一个 MMTR 逻辑节点,站控层平台通过该模型即可获知该数字化电能表具备 MMTR 定义的各项逻辑功能,从而根据 MMTR 的定义通过 MMS 协议获取各数据对象的具体数值以及对应的数据服务,如图中总有功电能 TotWh 的数值大小、冻结时间、品质因数等,具体参考 IEDSout 使用相关资料,此处不再赘述。

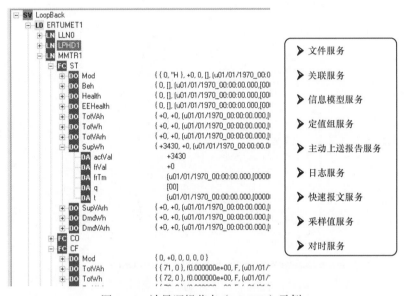

图4-40 计量逻辑节点(MMTR)示例

4.1.2.8 数字化电能表计量安全设计

数字化电能表是智能变电站的关键组成部分,它向电力公司和消费者提供用电量和用电时间的相关信息,提供强有力的测量、控制方面的数据支撑,帮助协调用电设备的运行并调整能耗。数字化电能表计量安全关系到电网和用户的切身利益,关系到电网的正常运行和控制,因此,数字化电能表计量安全设计具有非常重要的意义。但不像传统变电站的电能表都拥有独立的计量互感器,智能变电站数字化电能表将与其他测控设备共用电子式互感器及合并单元,如何抵御复杂的网络环境中的干扰与冲击,将是数字化电能表面临的巨大挑战,从这一点来说,数字化电能表将比传统电能表在计量安全设计方面存在更高的难度。本节从硬件设计、数据存储、通信等几个方面讲述数字化电能表的安全设计。

对于表计来说，首要考虑的是硬件安全性设计，尤其在一些关口类的变电站中，一旦电能表硬件出现故障，停止计量或计量出错，就意味着每天有上百万元结算电费被蒸发掉，其损失是不可估量的。硬件安全性设计主要从架构可靠性设计、壳体及热设计、电路的可靠性设计以及整表的可靠性试验等几个方面入手。

（1）架构可靠性设计。电能表总体架构的选择对产品的可靠性起着关键性的作用。一台全新的电能表的长期可靠性及稳定性很难在短时间内通过设计及实验得到完全验证。可行的方案是充分利用现有的成熟产品，并充分理解国家电网标准的新需求，然后集中精力将变动部分做细、做好。

对于数字化电能表来说，由于应用的特殊性，其对电能表性能要求很高，甚至要求接近终端类产品的平台性能。这就对数字化电能表架构的设计提出了更高的要求，有些厂家为了提高数字化电能表的性能，采用了终端类产品的平台。但平台性能越高，可靠性设计就越难，电能表的可靠性要求与终端类产品的可靠性要求是不同的，有些电能表要求做的电磁兼容试验（如辐射骚扰试验）终端类产品是不做的，而且电能表对功耗、复位及启动时间都有更加严苛的要求。

因此，在架构设计方面，数字化电能表不能仅仅考虑平台的性能，还应该从多方面去优化设计。首先要考虑的就是表计的电源设计，比较好的方案是采用基于高性能半导体功率器件的开关电源。此设计需充分考虑宽电压范围、脉冲负载，以及电网的各种干扰。这种方案对设计提出了很高要求，也给产品成本带来了更大压力，但长期可靠而高效率的运行所带来的益处却是其他方案所无法比拟的。其次需要考虑的是系统的电磁兼容，这包括电路板的布局及板与板之间的强电、弱电的连接。例如板与板采用星形连接以避免地线回路。同时电源电路、数字电路及模拟采样电路的布局尤其是地线的连接也非常关键，既要使三部分有效隔离，又要避免造成人为的电势差，从而避免使得共模电势差转为差模干扰信号。电磁兼容设计的优化不但可增强产品的可靠性，也可确保电能表的计量精度。

（2）壳体及热设计。数字化电能表主要应用在智能变电站中，室内的应用对数字化电能表壳体的要求相对没有传统电能表那么高，但从长期运行可靠性角度来看，至少要符合 IP51 的要求。

由于电能表几乎被密封在塑料壳内，其热设计便显得十分重要。在这方面，数字化电能表比传统电能表要求更高。一是因为数字化电能表一般采用多个高速的 32 位处理器及高速的内存芯片，芯片发热程度比传统电能表更高；二是数字化电能表功耗比传统电能表高，因此其电源部分发热比较明显；三是数字化电能表不止采用一个光纤接口模块，而这些光纤接口模块为了保证高速的数据传输，都带有大功率驱动芯片，因此这部分经常成为整个表计最热的部分，若此处功耗过大，持续发热，长期运行时将有可能导致丢帧或数据出错，不利于数字化电能表的长期运行稳定性。

因此，在热设计中，除了注意器件的额定值选择，器件的安装和热循环也很有用。例如利用电路板的地铜箔可使功率 MOS 管壳体温度降低 5～10℃。在设计验证阶段，利用红外测温仪可观测到表内热点，如图 4-41 所示，从而做出针对性的改进。如采用红外测温仪发现光纤接口处过热，则可考虑调整电阻参数，降低光纤接口的功耗，来减少发热量。

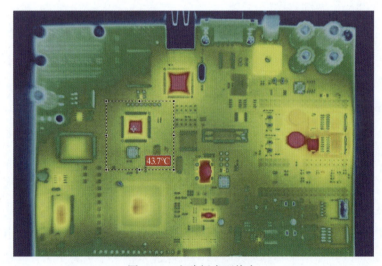

图4-41　电路板表面热点

（3）电路的可靠性设计。电路的可靠性设计是产品可靠运行的核心，而数字化电能表由于采用了更加复杂的高速处理平台，一切计量工作都由自主编程的 CPU 代替计量芯片，因此电路可靠性设计要求比传统电能表高很多。这一方面包括电路的合理设计，另一方面包括器件的合理选型。

电路设计方面。目前还未曾见到可靠性仿真软件能有效地覆盖到功能可靠性上，故电路的可靠设计还需设计者的细心考虑。

（4）器件上下级间的电平匹配。开关电源电路因其易受到浪涌干扰的影响，加上模拟电路的复杂性，设计的难度也最大。建议采用如 PSPICE 类的仿真软件，对其在各种工作模式下的电压、电流波形进行全面仿真计算。按照最坏情况来选择器件的额定工作电压、电流及功率。电源电路器件一般应至少降额至 75% 使用，而关键器件（如整流二极管）降额至 50% 使用。

4.1.2.9　数据存储安全性设计

不论是考核用的电能表还是结算用的电能表，储存在电能表中的电量数据始终都是电网部门进行效益计算的依据，因此在电能表设计时，保障数据存储的安全性至关重要。该安全性设计包括数据存储器的可靠性、冗余度和数据可恢复性等三个方面。在这一点上，数字化电能表与传统电能表有着相同的要求。

（1）数据存储器的可靠性设计。如果电能表在产生、存储数据时，存储器本身存在着不安全因素，容易受现场运行环境的影响而导致数据不可靠，那么后续信息数据的读取、修改的安全性也都失去了根基。因此，原始数据保护是整个信息安全防护的基础，数字化电能表设计时，必须选用工业甚至更高等级的电子元器件，设计合理的电路以及进行严格的 EMC 测试，确保电能表数据的物理安全性。

目前数字化电能表的数据一般使用非易失性存储器来进行存储，如 EEPROM、FLASH、SD 卡等，其中，EEPROM 因为具有存储速度快、可靠性高的特点，较多地用来存储重要的电量数据，因此，在该器件选型时，要选择经过大量现场验证的芯片品牌，同时芯片的极限访问速度受通信管脚的上拉电阻和滤波电容的影响，若芯片数据的读写速度接近该极限速度，因温度变化对电阻及电容的影响，可能会使得当前的读写速度超过芯片允许的极限，从而发生数据读写错误。所以还需要提前测定 EEPROM 的极限访问速度，将实际访问速度控制在该极限速度的 50%左右是最安全的。

同样，在存储器的读写驱动上，也需要进行可靠性设计，这里主要建议采取以下三个措施：

1）写方式控制。程序中只要有写数据的要求，便存在数据被破坏的可能。为防止误写数据，程序设计中应设置写请求口令变量，程序欲执行一个存储器写流程时，需先置位一个写请求口令变量，才可以调用写数据子程序。而在写数据子程序中，只有写请求口令变量值与该操作流程相符，方可进行写操作。写操作完成后，自动复位写请求口令变量。对不正确的写请求口令变量值，写子程序将不予理会并对其复位。

2）回读写数据校验。对写入串行 EEPROM 中的数据，为防止在写数据过程中受到干扰造成误写，写完成后，需要再将刚写入的数据读出来，与要写的数据相比较，看两者是否一致。如一致，则说明数据已正确写入存储器中；如不一致，则启动重写操作，直到数据写入正确为准。

3）写入次数限制。串行 EEPROM 每个单元都有写入次数限制，要保证在仪表的使用期限内写入次数不超过厂家推荐的值，保证数据可靠性。

（2）存储冗余度设计。由于电量数据的重要性，仅仅存储一份电量是不可靠的，当存储的电量出错时，我们无法甄别当前电量是否正确。此时，电量存储的冗余度设计就显得非常重要，因为即使其中一个备份的电量出现问题，正确的电量还可以从其他备份里恢复，同时可以通过比较来甄别异常的电量，毕竟在这种多个电量备份下，所有电量数据同时出错的概率是非常低的。

1）存储区域的冗余。在数字化电能表的硬件设计中，一般选用两种独立的存储器如两片独立的 EEPROM，实现备份数据的物理隔离。在同一片 EEPROM 中，一般采用三重备份方案，即隔离出 3 个不同的存储区域来备份电量数据，这样，同一时刻数据在两种存储器中有 6 个备份。采用不同的存储器，并同时对采集数据进行多个备份，可以大大提高数据的抗干扰性能。

2）备份数据的表决。存于存储器中的 6 份数据，CPU 定期对其进行数据有效性检验，以观察是否受到干扰。一般通过表决的方式，认为其中有 3 份以上的数据相同，便认为相同的数据为有效数据，同时用其覆盖掉不相同的数据备份，以保证数据的有效性和完整性。

尽管上述的冗余机制会小幅增加电能表的生产成本，但这种多份电量冗余机制，可以严苛保证电能表的计量安全性，因此电能计量部门在选购电能表时，对于售价很低的低成本电能表要提高警惕，在存储器冗余方面减少成本会很大地增加计量安全风险。尤其对于数字化电能表来说，其主要存储一次侧的电量，庞大的数据量导致出错的风险更高，冗余度高的数据存储方案是必不可少的。

（3）数据可恢复性设计。在数字化电能表设计时，必须要考虑在电量数据受扰出错的时候，如何自动恢复正确的电量数据。一般情况下，通过备份数据表决可解决大部分的数据受扰问题，但在有些情况下，也会出现数据表决失败的情况。为此，还需对每一块备份数据进行校验，并将校验值存储于校验数据存储区中。

在备份数据表决失败时，从校验数据存储区读取各备份数据的校验值，同时对每一块备份数据再次进行校验计算，比较计算出的校验值是否与从校验数据存储区读出的校验值一致。若一致，则认为该备份数据有效，若不一致，则认为该备份数据已遭到破坏。校验算法可采用和校验、CRC 校验等。对校验数据值亦可采用备份存储的方法，以进一步提高数据存放的可靠性。

通过这一系列的比较，甄别出正确的电量数据，并将该数据重新恢复到 6 个备份区中。

4.1.2.10　数字化通信安全性设计

对于数字化电能表来说，通信安全性设计要比传统电能表严格很多，这主要是因为数字化电能表一般应用于智能变电站，在这些变电站中，数字化电能表不再拥有独立的计量互感器和通信信道，而是接入了与测控终端共用的电子式互感器，以及上下行通信端口都接入了变电站中共用的光纤以太网交换机。这种智能变电站信息高度共享的方式是把双刃剑，在带来信息交互便利的同时，也带来了更多潜在的网络冲击及电量数据泄露或被篡改的风险。通过过程层 SMV 报文通信安全性设计和站控层 MMS 报文通信安全性设计，来确保数字化电能表的安全。

（1）过程层 SMV 报文通信安全性设计。数字化电能表通过接入过程层网络来接收 SMV 报文数据，有部分变电站中，数字化电能表通过合并单元点对点的方式接入，但大多数还是以区域组网的方式接入到光纤以太网交换机中。此时可能会有大量非必需的报文发送到数字化电能表中，其中大部分 MAC 地址不匹配的报文在网络芯片底层就被过滤掉了，但对于一些广播地址信息以及出错的 SMV 报文信息，还是有可能被数字化电能表成功响应，影响数字化电能表的计量结果，因此，在数字化电能表设计时需要做以下过程层通信安全性设计。

1）数字化电能表在成功接收到 SMV 报文后，要对报文中每一个重要的标记进行识别，确认报文格式是否正确，是否为所需要的采样值报文数据。

2）SMV 报文解析完毕后，要进一步判断解析出来的交流采样值是否正确，对于一些明显超出变电站电子式互感器采样范围的数据，要加以剔除。

3）数字化电能表应及时识别数据丢帧现象，对于丢失的数据点数，要进行补偿处理。同时对多种网络异常现象，如上节中提到的源地址无效、断网、无效通道等，要加以甄别，并停止计量，产生事件报警。

4）数字化电能表必须具备抗网络风暴冲击的能力，即大量广播报文或出错 SMV 报文的冲击，这些频繁的非必要报文冲击会给数字化电能表带来巨大的计算负担，占用CPU 的计算资源，而 CPU 导致没有足够的资源来处理正确的报文。因此在设计数字化电能表时，要为过程层数据处理模块预留出充足的计算资源，采用分布式计算方法，来优化抗网络风暴冲击的能力。

（2）站控层 MMS 报文通信安全性设计。IEC 61850 是一个开放式的国际标准，遵循 IEC 61850 的变电站系统有着传统变电站系统不可替代的优势。IEC 61850 旨在解决不同厂商设备的互操作性问题，它明文规范了变电站的网络通信协议，但没有对变电站网络系统提供相关的安全规范。这对于开放式变电站信息系统的安全性和可靠性而言，显然是不容忽视的问题。变电站来自外部的网络安全威胁有非法截获、中断、篡改、伪造、恶意程序、权限管理不当、Internet 的安全漏洞等；而来自内部人员的威胁也越来越受到关注，有研究表明变电站网络系统的安全威胁相当一部分来自内部人员威胁。内部人员是那些具有合法授权的用户，这些用户滥用他们的合法权限破坏信息系统，从而造成不可估量的损失。

对于数字化电能表而言，IEC 61850 通信的易受攻击性主要体现与站控层设备的 MMS 报文交互环节上。通过前面章节的内容可知，数字化电能表的电量数据一般通过

MMS报文上传到站控层，对于一些关口站，这些电量数据都涉及成百上千万元的电费交易，若在电量数据上传的过程中，信息发生了篡改，或通过站控层篡改了电能表的参数，则会导致大量费用的损失。因此，数字化电能表必须进行站控层MMS报文通信安全性设计，主要涉及以下几个方面：

1）机密性的安全策略。在数字化电能表数据信息与站控层的交互过程中，为避免在未经授权时被第三方窃听、截听等各类攻击而失去机密性，可以采用加密算法来对智能电能表的数据信息进行加密。常用的加密算法如三重DEs加密算法、RsA算法或两者的混合算法，可以屏蔽数据信息，并对所有进入系统的用户进行身份鉴别；同时，对用户端自己发送给电力企业的报文数据信息进行数字签名，以防范伪造连接初始化攻击。

2）可用性的安全策略。可用性的安全策略是在第三方非法访问智能电能表的数据时进行的访问控制策略，访问控制也称为存取控制或接入控制。通过访问控制用户终端首先可以通过口令等身份识别方式来拒绝非法侵入用户，然后通过三向鉴别验证通信双方用户的正确性，对原明文采用常用算法进行加密。

3）表计编程保护。对于一些可能影响计量结果的重要电能表参数，不能随意地被编程和修改，因此数字化电能表须具备编程保护功能，如增加编程按键，通过具有法律效应的铅封保护在端子盖下，站控层设备若需要修改这些重要参数，都必须人工打开铅封，按下编程按键，通过铅封的法律效应为追责提供依据。

4.2 直流计量设备运维

随着智能电网建设进度的不断加快，涌现出一大批新型电能计量需求。特别目前采取的特高压直流输电技术，能有效压降电力输送过程中的线损，对直流输电过程中以直流计量这一需求为例，按电压等级由高至低分别有特高压直流计量、新能源发电上网直流计量以及直流用电计量等需求，相关直流计量设备运维技术需要进一步发展。

4.2.1 直流计量设备原理特征

直流计量装置的工作原理与交流计量装置类似，都是通过对电流和电压的采样，然后进行计算得出电能和其他电参数的值。例如，典型的直流测量电路会将采样的电压通过电阻分压，然后将分压后的电压输入到计量芯片中进行处理。此外，部分高精度的直流计量设备还能测量交流电的多个电参量，包括电压、电流、功率、功率因数、频率以及电能等。

以下分别以互感器与电能表为例，介绍直流计量设备的原理特征以及与交流电能计量装置的差异。

　　高压直流计量涉及高压分压以及直流电流分流，计量交流高压电能时，在电力线路或相关设备一次侧并联电压互感器，通过电磁感应将一次侧的高电压感应成低压，再进入电能表做电压采样。在电力线路或相关设备一次侧串联电流互感器，通过电磁感应将一次侧的大电流感应成小电流（一般为额定 1A 或 5A），再进入电能表做电流采样。电能表对采样到的电压、电流进行向量乘法计算，再对时间进行积分，最终达到计量电能的作用。高压直流计量与交流计量在整体技术方案上并无本质区别，都是将高压大电流转化成低压小电流进行计量，但由于直流电的电气特性，一般不采用电磁感应作为降压原理。

　　直流高压计量是指对高压直流电流、电压等参数进行测量和计量的技术。在直流高压计量中，需要使用到分压器、分流器等设备。

　　直流分压器、分流器是一种用于将高压电流、电压转换为低电压、电流的设备，其工作原理与交流高压互感器类似。在直流高压计量中，常用的传感器有霍尔效应传感器、磁电阻传感器等。这些传感器可以将高压电流、电压转换为低电压、电流信号，然后通过测量电路对这些信号进行放大、滤波等处理，最终得到准确的测量结果。

　　除了传感器的选择外，直流高压计量的准确性和可靠性还受到其他因素的影响，如温度、电磁干扰等。因此，在实际应用中，需要对这些因素进行控制和补偿，以保证测量的准确性。

　　总之，直流高压计量是电力系统监测和控制中的重要技术之一，其准确性和可靠性直接影响到电力系统的稳定性和安全性。因此，需要加强直流高压计量技术的研究和应用，以提高电力系统的监测和控制水平。

　　直流电能表的技术原理与交流电能表的技术原理基本一致，直流电能表最早诞生于1880 年，爱迪生利用电解原理制作成功世界上第一块直流电能表，称安培计。随着时代的发展、科技的进步，逐渐开始使用电子电路替代电解质、机械结构等电能计量机构。

　　直流电能表主要是通过测量电路中的电流来计量电量消耗，其基于安培计的工作原理，通过测量电流在电阻上的电压降来计算功率，再对功率进行时间积分，达到计量电能量的作用。具体来说，直流电能表内部通常包含一个或多个电流传感器，这些传感器将线路中的直流电流转换成相应的电信号，然后对该电信号进行放大和处理，最后将处理后的信号转换成电量读数。

　　此外，直流电能表通常还具有分流器或分流电阻的功能，以减小线路中的电流和电压，从而减小对电路的影响。在某些情况下，直流电能表还可以通过测量线路中的电阻或电感来间接测量电流和电压。

4.2.2 直流计量设备结构组成

直流计量设备根据适用电压的区别，分为高压直流计量设备与低压直流计量设备。在直流电能计量系统中，误差来源一是来源于电能计量表计内部元器件，二是来源于分压、分流过程中产生的误差。接下来将分别对高压直流计量设备与低压直流计量设备的组成、结构等内容进行阐述。

首先，要弄清楚一个概念，即什么是直流电能表。直流电能表是指有直流电流（或代表直流电流的电压）和直流电压作用于对应元件而产生与被测电能成正比的输出的仪表。高压直流计量设备常包括一个或多个被接入被测直流计量点的变换装置，变换装置常为直流变送器、分压器或分流器中的一种，也可以是其组合应用，将高压侧的信号经变化后接入间接接入式直流电能表。间接接入式直流电能表按照经变换装置后的电气参量，一般分为电流型或电压型。除此之外，电能表还分为 A 类或 B 类，A 类代表由独立电源供电的电能表，B 类代表由电压测量线路供电的电能表，在高压计量中，一般会采用 A 类电能表。

直流电能表的主要结构包括电压采样、电流采样、处理器、乘法器、P/F 变换器、分频器、计数显示输出和直流稳压电源，间接接入式直流电能表还包括变换装置。

电压采样和电流采样的主要用途是将被测电路的电压、电流转化为一个数字量，在这里一般是采用 ADC 模数转换芯片，某些特殊场景如在数字计量系统中，则是将这两者功能整合至合并单元中完成。电压、电流采样后，将表征对应电气参量的数字量传输给乘法器。

乘法器在电子式电能表中起着关键的作用，它是电能表计量误差的最主要来源。电能表完成电压和电流的实时采样后，在处理器的控制下对采样电压和电流信号进行处理，输出功率或能量信号，乘法器可以由更基本的加法器组成，并通过使用一系列计算机算术技术来实现。在硬件设计中，乘法器是由与、或、非等基本逻辑组合而成的。根据其结构和工作方式，乘法器可以分为阵列乘法器、改进的 booth 编码乘法器和 Wallace tree 压缩结构等类型。每种类型的乘法器具有不同的优缺点，例如，阵列乘法器的运算速度较快，但其面积较大；而 Wallace tree 压缩结构的面积较小，但运算速度较慢。因此，在选择电能表的乘法器类型时，需要根据实际需求进行权衡。

乘法器将电压、电流信号进行转换，成为功率或电能信号，传输至 P/F 变换器，P/F 变换器将功率、电能信号转换为频率相关的脉冲，用以计量电能或功率。

因经变换器后的频率常常较高，则需要通过分频器等电子元件实现降频，降低 DSP 的运算负担，最终电能信号通过计数显示输出单元进行输出。

以电流变送器为例，通过分流或霍尔效应等技术原理，将高电流转化为能直接输入电能表的低电压或电流信号，用以计算电能。在这个过程中，由于变送器的最小分辨力、准确度等级等因素，会导致电流误差。

事实上，目前的直流计量应用范围仍不算广，以特高压直流输电为例，为了确保计量装置准确可靠、贸易结算公平公正，在大多数情况下，未直接计量直流侧的电能量、电能质量等电气参数，而是仍采用在交流侧进行贸易结算计量。这么做的原因除目前未建立完善直流电能计量体系外，还与目前电网仍大范围采用交流有关，尽管目前存在大量直流计量点，但主网的潮流计算、电能分析的主要关注点仍在交流侧。

但这并不意味着需要舍弃直流计量，相反，直流计量技术是计量高新技术的下一个发展方向，在可以预见的未来，直流计量因直流电不会产生无功损耗等优势，应用范围将会进一步扩大，届时直流计量将在一定程度上脱离交流计量体系，综合直流计量与交流计量的电能计量性能分析方式将成为新能源发电上网、直流电输送以及低压充电桩等直流计量领域的重要分析方式，针对直流电能的电能质量、计量装置性能分析将摆脱目前交流分析手段，形成一套完全适用于直流系统的方案。

4.2.3　直流计量设备运维技术要点

目前针对直流计量设备的运维，主要采取周期检验与监测方式实现计量性能的监控与运维。与交流电能表类似，直流电能表内也可通过内置的故障分析模块等对直流电气波形进行监控，并通过采集网络上报相应故障代码。电网对直流计量装置采集到的各项电气指标进行分析，最终得出电能计量装置目前的运行状态，实现直流电能计量装置的性能分析与监测。

除此之外，对直流电能产生、输送过程中的监测也必不可少。以逆变器为例，随着电力技术的发展，交流电（Alternating Current，AC）和直流电（Direct Current，DC）已被应用到越来越多的电力系统之中，电力系统中多使用交流电和直流电的电力转换装置进行交流电与直流电间的转换。此处，交流电和直流电的电力转换装置是一种将电能从一种形式转换为另一种形式的设备。因为电力系统中的现代电子设备通常需要特定类型的电力才能正常运行，所以这种电能转换对现代电子设备至关重要。其中，直流电到交流电的转换过程是电力转换的重要部分。当前，直流电到交流电的转换多基于逆变器实现，逆变器被广泛应用于离网太阳能系统、电动汽车、应急电源系统等领域。

其中，逆变器的转换效率是逆变器的一个重要性能指标，而现有的技术方案无法预估逆变器的转换效率；此处，若无法提前预估逆变器的转换效率，则无法对当前逆变器的工作情况进行监测，进而无法得知当前电力系统的运行状态，容易酿成电力系统的运行事故。

有鉴于此，目前大多数厂家或电网企业选择将监测不再局限于电能计量装置的本体计量性能，而是向外进行延伸，对直流电产生、输送过程中的各个环节进行监测，进一步评判直流系统的运行状态。如目前采用的一种逆变器的运行监测技术方案，解决无法提前预估电力系统中逆变器的转换效率、逆变器整体运行风险无法掌握等技术问题。

针对光伏发电等直流计量相关技术应用场景，该方案提供了一种逆变器的运行监测装置，应用于带有逆变器的电力系统，该装置包括电气指标检测模块、温度监测模块以及控制模块。电气指标检测模块用于通过万用表采集所述逆变器的输入电压测量值，所述万用表检测模块还用于测量所述电压仪表、电流仪表的分辨率以及误差参考指数等；温度监测模块用于采集所述逆变器的内部温度，以及所述逆变器所在环境的环境温度，并计算所述逆变器内部温度与所述环境温度的温差值；控制模块分别与所述万用表检测模块以及所述温度监测模块连接，用于获取所述输入电压测量值、所述分辨率、所述误差参考指数以及所述温差值，控制模块还用于获取所述逆变器的电学参数，并基于所述电学参数、所述输入电压测量值、所述分辨率、所述误差参考指数以及所述温差值，计算所述逆变器的转换效率。

通过转换效率与预设的转换效率阈值进行比较，判断所述转换效率是否小于所述转换效率阈值；若所述转换效率小于所述转换效率阈值，则生成报警提示信息。将所述报警提示信息发送到所述通信模块，以使报警提示信息发送到远端的上位机。

同时，针对本体测量装置的准确率，可通过对误差与分辨率进行比对，实现一定程度上的预警，在误差参考指数大于分辨率与预设系数的乘积时，发出万用表测量读数波动过大报警信息。

通过实时采集逆变器电压输入端的输入电压测量值，以及逆变器设备内部的温度值与逆变器所在环境的环境温度的温度差，并连同预设的逆变器的电学参数，以及电气仪表的分辨率、误差参考指数，能够准确地对逆变器的转换效率进行预估。其中，电学参数包括逆变器的内阻值、逆变器的负载电阻值、逆变器内的开关在导通时的能量损耗值、逆变器的开关在闭合时的能量损耗值、逆变器的开关频率、逆变器负载的额定功率、逆变器负载的额定电流值和逆变器的热阻值。该针对逆变器的运行监测方案解决了传统的转换系统无法提前预估逆变器转换效率的问题，能够根据转换情况通过控制模块计算得到逆变器的转换效率，以通过逆变器的转换效率清晰地确定出逆变器的运行情况，对当前逆变器的工作情况进行监测，进而得知当前电力系统的运行状态，避免酿成电力系统的运行事故。

针对涉及直流电能计量系统的部分，采取上述方式对直流设备的运行状态进行监测，建立了针对设备的直流计量运行环境评价体系，接下来则是针对交流与直流计量性能的相关性开展研究。如特高压直流输电，因特有的交直流转换以及直流输电方式，导致其电气设备性能与普通的交流高压设备存在较大差异，因此，针对特高压直流输电的计量性能评估分析无法直接沿用高压交流计量装置的模拟仿真模型。随着新型电力系统建设进程的不断加快，特高压直流输电工程数量日益增长，对特高压直流输电计量装置的性能评估、运行状态仿真已成为目前限制特高压计量发展的重要因素。

通过融合特高压输电系统中各类设备导致的非线性因素，搭建元器件级的电能计量装置电气参数模型，形成多维度参数自适应调整的电能计量装置性能模拟仿真系统，结合试验数据与理论模型，实现针对电能计量装置的定性、定量评价，可用于开展特高压输电系统计量器具性能监测与验证测试，有效提升特高压输电计量装置运行维护质量，确保特高压输电线路稳定可靠运行。

电能计量是电力市场公平公正的关键，也是电网企业线损精益化管理的必要条件，确保电能计量器具稳定可靠运行是电力营销专业的重中之重，同时电能计量装置获得参数也直接反映电网运行状态，用于电网运行状态监测。因此，及时准确掌握电能计量器具性能状态是确保电网运行稳定可靠的关键。

为了保障计量设备运行状态良好，电网企业对计量设备运行状态开展风险排查和问题诊断。为达到这一目标，目前常用的管控模式是通过召测电能计量装置电量、电压、电流等信息，对比两侧运行数据差异，实现状态监测，根据监测结果开展现场检验等工作。以上模式属于对电能计量装置运行状态的经验总结，并无试验及理论支撑，主要用于交流电能计量装置，且模型简陋，无法适应不同运行状态下的参数变化，在特高压输电中存在的交直流转换、直流输电方面未进行深入探索的情况，无法满足特高压直流输电计量性能分析需求。目前针对特高压直流输电方面的监测主要采取精确建模、大数据训练、预测分析来开展。具体步骤如下：

首先根据关注程度和重要性，抓取对应计量点的电压、电流、电量等信息，通过计算电压、电流等计算积分电量，将积分电量与电能表召测电量进行比对，计算其误差大小。

然后将抓取到的电压、电流、电量等信息进行整理，形成日-周-月-年等数据库，对同时段或曲线相似的数据进行比对，根据实际运行过程中的现场检验指标等进行修正，通过经验拟合获得运行状态与电气指标的对应关系。

最后形成运行状态与电气指标对应关系知识库后，持续召测电能计量装置的电压、电流、电量等曲线数据，调用知识库与目前曲线数据进行比对，反推运行状态。

目前，针对特高压交直流相关系统的监测与分析尚处于一个较为初期的阶段，国内外各大电网企业均处于探索阶段。但随着电能计量相关高新技术的不断发展，针对直流电能计量装置的性能分析将进一步脱离交流模型的桎梏，更为直观、准确、便捷。

4.3 智能物联表运维技术

4.3.1 智能物联表发展起源

智能物联电能表的发展可以追溯至 20 世纪末至 21 世纪初，随着全球能源与信息化浪潮的推进，传统的电力系统开始向智能化、数字化方向转型。

在智能物联表出现之前，电能表主要用于简单地记录用户消耗的电量，功能单一，缺乏远程读取和控制能力，随着技术的进步和市场的需求，电能表开始集成更多的电子技术和通信模块，逐步形成了早期的智能电表。在 21 世纪初，随着物联网概念的提出和通信技术的飞速发展，智能电能表开始融合更为先进的信息技术，如 GPRS、3G/4G、NB-IoT 等无线通信技术，以及更复杂的数据处理和分析功能。这些进步使得智能电表不仅能实时监控用电状况，还能进行用电管理、故障预警、优化能源分配等高级功能，成为智能电网不可或缺的组成部分。

当前，智能物联电能表已广泛应用于住宅、商业、工业等多个领域。在住宅领域，消费者可以通过智能电能表实时监测家中的用电情况，更加便捷地管理电费支出。在商业和工业领域，智能电能表帮助企业优化能源使用，提高生产效率，并减少浪费。此外，公共事业单位利用智能电能表实现了高效的电网运行和维护，提升了供电可靠性和服务水平。

4.3.2 智能物联电能表原理特征

智能物联电能表的原理是通过集成的模组实现电能计量、数据处理、实时监测等多功能，并利用 NB-IoT 技术进行数据传输和管理。

智能物联电能表的结构原理相较于传统电能表具有明显差异。从结构上说，它是由计量模组、管理模组、扩展模组组成的设备，这些模组让电能表具备了电能计量、数据处理、实时监测、自动控制等一系列智能化功能。从功能上说，智能电能表可以看作电网的"感知器官"，它不仅负责基本的电量计量工作，还能对用电情况进行实时监控，并且支持远程读取和控制。从性能上说，智能电能表的精确度得益于微处理器快速执行指令及 A/D 转换，以及数字滤波技术的应用，这些技术可以减少干扰因素，提高测量精度。

智能物联电能表的特征包括高精度测量、间接测量能力、自动校准与修复、多功能通信模式、安全性与可靠性。具体内容包括：

（1）**高精度测量**。微处理器的应用使得智能电能表可以多次测量取平均值，减少误差，确保了测量结果的准确性。

（2）**间接测量能力**。能够通过测量一些容易得到的参数来间接计算出难以直接测量的参数。

（3）**自动校准与修复**。在测量过程中能自动校准，提高精度；出现故障时，自检装置可协助诊断问题所在。

（4）**多功能通信模式**。标配低功耗蓝牙和 HPLC 通信，同时支持 RS-485、LoRa、M-Bus、NB-IoT、CAN 等多种通信方式，满足不同业务的需要。

（5）**安全性与可靠性**。智能电能表在设计时就考虑到了安全性和可靠性，能够保护关键数据并长期存储分钟级电量数据，支撑电力市场的需求。

4.3.3　智能物联表运维技术要点

智能物联电能表由于模块化的硬件设计与多样化的功能定位，其运维技术要求和发生异常后可能造成的潜在后果相比于传统计量设备有了更高的要求，主要包括以下几个方面，进而在运维上也需要面向需要保障的各方面功能给予关注。

（1）远程监控与管理方面。需要确保电能表具备远程监控功能，能够通过网络实时收集和传输数据，为此需要定期更新通信协议、参数配置并确认采集状态，以满足远程抄表、参数配置、状态监测和故障诊断等方面的需求。

（2）固件和软件管理方面。智能物联电能表搭载的功能模块和多样化的应用软件是其实现各项功能的先决条件。为此，运维人员必须定期检查和更新智能电能表的固件和软件，以修复已知漏洞并增加新功能，并在进行升级时采用安全的远程升级机制，确保升级过程不影响正常用电和数据安全。

（3）故障检测与诊断方面。智能物联电能表具备的本地分析能力使其可以进行自我诊断，从而及时发现和报告潜在的问题。此外，智能物联电能表也具备将运行数据上传录入采集系统的能力，因此运维人员也同样可以通过分析历史数据和趋势，预测可能的故障，并进行预防性维护。

（4）网络安全与数据保护方面。智能物联电能表具备对供用电双方设备的监测和一定的调控能力，其获取和处理的数据对于用户用电行为、运营状态、电网运行等方面均具有重要价值。为此，必须强化网络安全措施，防止未授权访问和数据泄露，目前常用的方式包括实施多层次的数据加密和身份认证，确保通信的安全性和完整性。

（5）规模运营与可扩展性方面。目前智能物联电能表的应用场景仍在不断拓展和丰富，为了确保系统平台能够支持大规模的智能电能表网络，同时保持高效稳定，需要智能物联电能表的研发、制造、使用、管理人员考虑未来技术进步和业务发展，预留扩展接口和模块化设计，以便升级和扩充。

第5章 智慧营销计量技术应用

随着经济社会发展，中国的产业机构和用电需求正在产生潜移默化的变革，清洁绿色高效的电能在能源体系中占据的比重逐年上升。反映在新型电力系统中，突出的特征就是高智能、高集约、高利用率的智慧营销新兴业务场景，现阶段尤以港口岸电、分布式发电和电动汽车三个产业最具代表性。此外，基于新型电力系统数字信息密集、采集分析能力优越的特征，针对公共建筑、大中型用户的综合能效服务也得到社会各界的关注和认可。

5.1 港口岸电场景

5.1.1 基本概述

港口岸电系统，就是将岸上电力供到靠港船舶上使用的整体设备，主要替代船上的燃油辅助发电机，满足船上生产作业、生活设施等用电需求。以往模式下，轮船靠岸后为了保证基本运行和货物装卸，轮船引擎并不会熄灭，随着辅助柴油机的运转，大量一氧化碳、硫氧化物和氮氧化合物被排入空气，造成严重污染。据统计，船舶停靠期间的碳排量可占到港口总碳排放量的一半以上。此外，远洋船主要采用含硫量极高的燃料油，一艘大中型集装箱船一天排放的 PM2.5 可相当于 50 万辆国Ⅳ标准的货车排放量。

为了解决船舶靠港期间用电问题，尽可能减少船载柴油辅助发电机的使用时长，港口岸电设施应运而生。港口岸电设施包括变电站、岸基供电系统、船岸连接系统和船载受电系统等组成部分。运作时，变电站负责供出高压电能，岸基供电系统完成电能转换、变频和变压，船岸连接系统根据泊位设置完成电能分配，并在这一位置进行电能计量和运行监测，最后由船载受电系统根据设备需求完成电能的传递使用与存储。

典型港口岸电设施的组成部分和连接关系如图 5-1 所示。

5.1.2 典型设计

港口岸电系统的计量装置设置在系统输出侧。采用组合方式时，输出侧计量应分船设置。港口岸电电能计量系统包含岸电计量装置、电能量远方终端、信息通道等单元。

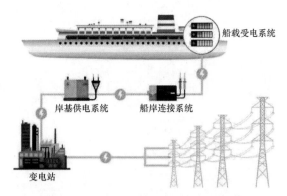

图5-1 典型港口岸电设施结构示意图

根据港口岸电系统输出一次侧额定频率不同，港口岸电电能计量系统分为 50Hz 计量和 60Hz 计量两种结构。根据场景需要，港口岸电电能计量技术的主要特征主要体现在要在变频供电和混合供电的情况下实现电能的精准计量。

图 5-2 所示即为低压小容量工频岸电电源计量系统结构示意图，设置在船岸连接系统触点的电能表对通过的电能量进行计量，并将相关信息通过远方终端送入信息通道，最终传达至港口岸电综合管理系统。

图5-2 低压小容量工频岸电电源计量系统结构示意图

在低压小容量工频岸电电源计量系统的基础上，可以通过增设计量用电流和/或电压互感器，来适应高电压大容量，实现高压、低压大容量岸电电源电能计量，也可以增设变频装置，将工频交流电转换为 60Hz 交流电能，满足特殊船载设备用能需求，大容量工频岸电电源计量系统结构示意图如图 5-3 所示，60Hz 岸电电源计量系统结构示意图如图 5-4 所示。

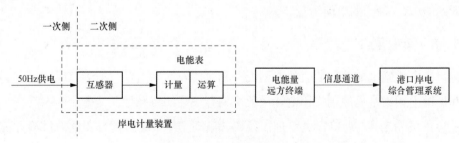

图5-3 大容量工频岸电电源计量系统结构示意图

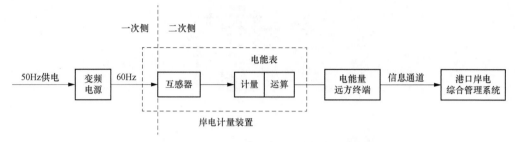

图5-4　60Hz岸电电源计量系统结构示意图

为了减少岸基供电系统建设运营成本，提升设备应用效率，工程实际中也经常通过对变频电源的配置设定，使其同时供出工频和变频电能，此时电能计量装置也需要根据供出电源的回路数量进行分别设计配置，这样就形成了工频/变频混合供电的岸电电源计量系统，结构示意图如图5-5所示。

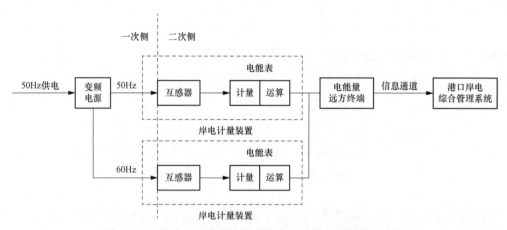

图5-5　工频/变频混合供电的岸电电源计量系统结构示意图

港口岸电设施的电能计量配置要求与常规电能计量装置基本相同，最显著的差异在于变频供电的场合下，宜同时在系统的输入侧和输出侧配置准确度相同的电能计量装置，并且变频电能计量点不能使用常规的电能计量装置，而应使用配置额定频率 60Hz 或同时配置 50Hz 和 60Hz 的电能计量装置。

5.1.3　运维要点

港口岸电设施电能计量装置的典型配置相对比较简单，但它的运行环境却更为复杂，因而在运维上相比常见的用户用电计量装置具有一定的特异性。

从应用场景来说，港口岸电设施涉及码头管理方、船舶运营方和电力供给方等多方结算，且每次前来充电和结算的主体可能都不一样，因而在进行计量监测时，需要更多关注设备性能、数据精确性和系统稳定性，使用高精度的电能表和传感器来确保电量的准确计量，包括有功/无功功率、电压、电流、频率等参数的实时监测，并通过先进的数据处理技术进行分析，以便于发现设备的运行趋势、异常模式及预测潜在故障。此外，岸电设施应配备稳定的通信网络，支持远程监控和数据传输，通常采用 IEC 61850 等通信协议标准。

从运行环境来说，港口岸电设施多处于江河海边，一方面都属于低洼潮湿地带，需要具备在高湿度、高盐分条件下长期运行的能力；另一方面，考虑到潜在的洪涝灾害等因素，港口岸电设施的计量采集设备需要考虑防灾抗灾与灾备功能，如配备稳定的通信网络，支持远程监控和数据传输，通常采用 IEC 61850 等通信协议标准，并且在进行设备设计、配置、安装和运行维护时，需要充分考虑防潮、防汛等方面的需要。

从安全防护角度来说，考虑到港口岸电设施更容易因潮湿导致绝缘性能下降，过载保护、短路保护和接地故障保护等安全措施是必需的，以确保在发生异常时能够快速断开电源，保证人员和设备的安全，并且关键组件应设计有备份方案，比如使用双电源供电、冗余通信路径等，以提高系统的鲁棒性。

5.1.4　小结与展望

港口岸电设施是推动能源结构清洁化的重要探索，凭借港口岸电的建设和发展，大量船舶可以有效减少柴油、煤油等化石燃料的使用量，转而使用清洁高效的电能，这对于江河湖海等水体生态系统和港口城市生态环境的保护和改善是具有里程碑意义的举措。

港口岸电场景中，计量技术的未来发展将是多方面的，涉及精度、智能化、集成、响应能力、环保和标准化等关键领域。这些技术进步将为港口运营商带来更高的能源效率、更低的运营成本和更小的环境影响，同时促进全球航运业的绿色发展。

（1）计量性能方面：使用具有谐波分析功能的高精度多功能电能表，可以准确测量基波及各次谐波的有功/无功功率，为港口能耗提供准确的数据支持。此外，高精度计量技术支持了更细致的成本分配和能效管理，有助于降低运营成本并满足监管要求。

（2）监控管理方面：通过整合物联网技术和人工智能算法，岸电设施能够实现实时监控、预测性维护和优化操作，实现设备状态的连续监测，及时发现潜在问题并进行远程故障排除。人工智能还能够根据历史数据和现场情况，自动调整电力供应，以匹配实际需求，从而减少浪费。

（3）集成交互方面：为了提高港口作业的整体效率，岸电系统需要与货物管理、船舶调度和其他港口信息系统无缝集成。采用统一的通信标准（如 OPC UA）和开放的接口（如 REST API），可以确保不同系统之间的数据流畅交换。这种集成不仅提高了数据的透明度，还加强了操作的协同性，从而提高整个港口的运营效率。

（4）负荷调控方面：在电网负荷高峰时段或电价较高时，需求响应技术允许岸电设施降低电力消耗或切换至备用电源，从而降低能源成本并减轻对电网的压力。通过安装智能电网管理系统，岸电设施可以根据实时电价和需求自动调节能源使用，实现经济和环境双重效益。

（5）绿色低碳方面：岸电设施的设计和运营越来越注重最小化对环境的影响。采用清洁能源（如太阳能、风能）供电的岸电系统正在被越来越多地采纳，以减少温室气体排放。此外，通过采用能量回收系统和高效的能量转换技术，可以进一步提高能源利用率。

（6）标准化方面：国际标准的制定和采纳保障了岸电设施的全球兼容性，使得不同制造商的设备可以无缝对接。遵循 IEC 61850 等国际通信标准，确保了系统的互操作性和可扩展性。这些标准的应用降低了系统集成的复杂性，并促进了全球港口的协同工作。

（7）供电技术方面：无线电能传输技术的引入有望彻底改变岸电的供给方式。这项技术允许船只在靠泊过程中通过电磁场进行充电，无需物理连接。虽然这项技术目前还未广泛实现，但它预示着未来港口供电的便利性和安全性将得到极大提升。

5.2 新能源发电场景

新能源是未来能源发展的重要方向。然而，由于其具有随机性和间歇性等特点，给电网的接入和管理带来了一定的挑战。智能电网能够有效解决这些问题，成为风能、太阳能等新能源接入电网的重要支撑。

目前新能源种类主要包括太阳能、风能、生物质能、地热能、水能和海洋能，以及由可再生能源衍生出来的生物燃料和氢所产生的能量。这些能源都是可再生的，相对于传统的化石燃料，它们对环境的影响较小，且储量丰富。

同时，以可再生能源发电、分布式电源、微电网、储能、电动汽车为代表的能源生产消费技术正在加速传统电力行业向新能源电力系统的演变。国家电网也在加快构建新型电力系统，以让更多的绿电供应得更好。

5.2.1 常见新能源发电原理与特征

目前常见的新能源发电主要包括以下几种形式：

（1）太阳能。太阳能是太阳内部连续不断的核聚变反应过程产生的能量，太阳能目前主要有两种发电方式，一种是通过太阳能对水进行加热，产生水蒸气推动发电机运行，本质上应当属于热能；另一种则是通过硅板的光电原理，直接将光子转化为电子进行发电，它利用半导体界面的光生伏特效应将太阳光能直接转变为电能，这种技术的主要元件是太阳能电池，经过封装保护后可形成大面积的太阳电池组件，再配合功率控制器等部件就形成了光伏发电装置。

无论是独立使用还是并网发电，光伏发电系统主要由太阳电池板（组件）、控制器和逆变器三大部分组成，这些主要部件由电子元器件构成，不涉及机械部件，因此设备精炼、可靠稳定、寿命长且安装维护简便。理论上讲，光伏发电技术可以用于任何需要电源的场合，上至航天器，下至家用电源，大到兆瓦级电站，小到玩具，光伏电源的应用非常广泛。

但光伏的使用仍具有相当的局限性，首先电能在目前的科技水平下，是较难实现大规模储存的，光伏发电仅能在白天实现，受气候因素影响，光照强度会直接影响发电效率。因此，太阳能基本不具备电网调峰能力，同时出力大小也具备较高的不确定性。

（2）风能。风能资源是空气流动所产生的动能，具有分布广、能量密度低的特性，适合就地开发、就近利用。风能目前的利用方式基本均为直接将风的机械能通过电磁感应直接转化为电能。目前风电的主要发电结构大多采用扇叶式风机，主要由叶片、轮毂、主轴、控制器、齿轮箱、刹车装置、发电机、冷却系统、风速仪、风向标和偏航系统等组成。叶片是吸收风能的单元，用于将空气的动能转换为叶轮转动的机械能。而机舱、塔筒和基础等也是风电机组的重要组成部分，用于提升风机高度，获取更大的风力。但扇叶式风机具有一定的局限性，在风向发生改变时，难以随时调整方向，与最大风力风向保持一致，不能对风力实现最大化应用。

为解决上述问题，目前提出了一种全向风力发电机，这是一种创新的风力发电设备，它采用马格努斯效应，即使风轮可以在任何风向下自由旋转，进而提高风能的利用率。不同于传统的水平轴型和垂直轴型风机，全向风力发电机没有固定的方向，因此可以更有效地捕捉各种风向的风能。

然而，全向风力发电机的研发和实用化仍面临一些挑战。马格努斯式的垂直轴风力发电机尚未实现商业化应用。此外，由于结构和控制的复杂性，全向风力发电机的成本相对较高。尽管如此，随着技术的不断进步和优化，全向风力发电机有望在未来发挥更大的作用。

（3）地热能。地热发电是利用地下热水和蒸汽为动力源的一种新型发电技术。一般情况下，90℃以上的地热能可用作清洁发电，温度越高，发电效益越高，经济性越好。其基本原理实际上就是把地下的热能转变为机械能，然后再将机械能转变为电能的能量转变过程。由于地热能与采用煤、天然气作为原料的火力发电相比，温度更低，容量一般更小，因此地热能发电一般仅作为相关地热产业的附属产物，并不作为主要目的。

此外，不同于火力发电需要消耗燃料以及装备庞大的锅炉，地热发电所使用的能源就是地热能。这种方式不仅减少了对环境的污染，而且具有可持续性和高效性的优点。

（4）海洋能。海洋能指依附在海水中的可再生能源，海洋通过各种物理过程或化学过程接收、储存和散发能量，这些能量以波浪、海流、潮汐、温差、盐差等形式存在于海洋之中。目前相对比较成熟的海洋能主要是潮汐能。潮汐能是一种可再生能源，其来源于海洋中的潮汐作用。这种作用产生的动能和势能可以被转化为电能。根据不同的转化方式，潮汐能可以分为潮汐流、弹幕和潮汐潟湖三种类型。

具体来说，潮汐能发电主要依靠潮差和潮流量、利用潮汐涨落形成的水位差等方式来获取能量。这种方式的优点是不消耗燃料、无污染，且不会受到洪水或枯水的影响，因此被视为一种可持续且高效的能源。

值得一提的是，中国在潮汐能的开发和利用方面起步较早，早在20世纪50年代就开始了对这种能源的探索和利用。目前，我国正在运行发电的潮汐电站共有8座，分布在浙江乐清湾的江厦潮汐试验电站、海山潮汐电站、沙山潮汐电站，山东乳山县的白沙口潮汐电站，浙江象山县岳浦潮汐电站，江苏太仓县浏河潮汐电站，广西饮州湾果子山潮汐电站以及福建平潭县幸福洋潮汐电站。

（5）生物质能。生物质能泛指可以利用废弃的植物、在微生物作用下产生的能量。例如，沼气燃烧可以驱动燃机或汽机，废弃的秸秆、枯枝败叶等也可以用于烧锅炉。

据估计，生物质储存的能量比世界能源消费总量大2倍。在人类历史上，最早使用的能源就是生物质能，直到19世纪后半期以前，人们主要的能源来源仍是薪柴。然而，尽管生物质能具有环境友好、成本低廉和碳中性等优点，但也面临着资源、技术、政策等方面的挑战。

近年来，由于环保低碳的压力以及国家对生物质上网补贴的实行，生物质能的应用得到了一定的推广。但由于具有运输成本高、燃料收集困难等问题，生物质电站运营仍面临一定困扰。总体而言，生物质能发电大多作为解决城市垃圾处理的副产物存在，是对城市运营管理过程中产生废物的深度利用。

（6）水能。水能是一种由水流或水位高低差产生的能源。水力发电站就是利用这种能源进行发电的，传统的水能严格来说并不属于新能源而是应该归类于清洁能源。在这里要提的，是抽水蓄能这一种调峰方式，对水能的一次创新运用，一定程度上解决了调峰问题，避免了电能浪费。

抽水蓄能电站，也被称为蓄能式水电站，是一种储能技术。它利用电力负荷低谷时的电能抽水至上水库，在电力负荷高峰期再放水至下水库发电。此外，抽水蓄能电站还可以提高系统中火电站和核电站的效率，稳定电力系统和消纳能力，适于调频、调相，稳定电力系统的周波和电压，并且可以作为事故备用。

（7）核能。核能指的是原子核裂变或聚变时释放出来的能量，也叫原子能。核电技术是利用原子核的变化过程来释放能量，进而产生电力的技术。原子核的变化主要有两种形式：裂变和聚变。轻原子核的融合和重原子核的分裂都能放出巨大的能量，分别被称为核聚变能和核裂变能。

目前，大部分核电站都是利用裂变能进行发电。以压水堆核电站为例，其工作原理为：核燃料在反应堆中通过核裂变产生大量热量；这些热量被用来产生高温高压的水蒸气；然后，这些高温高压的水蒸气驱动蒸汽轮机，将蒸气能转化为机械能；涡轮机的旋转进一步带动交流发电机，最终将机械能转化为电能。截至 2023 年，全球核电发电量约占全球清洁电力的 1/4，仅次于水力发电，成为全球第二大清洁能源。

5.2.2　新能源发电体系结构与计量设备配置

对前文所述的几种新能源发电方式进行分析，不难发现新能源发电体系存在的问题。

首先，发电出力的不可控性。新能源发电出力不可控的主要原因在于其易受气候环境影响，例如"极热无风、极寒少光"等特点明显。这导致新能源发电的出力不稳定，需要汇集各类资源参与调节，以增强系统灵活性和适应性。此外，随着新能源发电占比的持续提升，电力系统的电源出力的不确定性也在加剧，尤其在极端天气条件下，这将给电力系统的电力电量平衡和安全稳定运行带来较大挑战。以太阳能为例，如西北大部全年光照水平在一个较为稳定的范围，但局部区域可能受极端天气影响，为确保整体电力输出在一个较为平稳的区间范围，则可通过增大系统建设面积来降低局部区域影响，使电力供应总体在一个较为平稳的范围之内。受日出日落影响，太阳能在晚上并不能发电，此时则通过其他能源进行补充。如新疆部分地区，同时兼具建设太阳能发电与风力发电的条件，且夜晚风力相对更大，就利用太阳能与风能作为互补，互相填补另一方发电量低谷，达到平衡总体发电能力的效果。

其次，发电出力范围普遍较大。新能源普遍存在周期性发电、气候影响作用强的特点，如太阳能、风能以及潮汐能等，与地球的自然现象具有强相关性。因此，在发电出力的过程中常会存在较大波动，如无风期风力发电长期处于低负荷运行，风期的电力负载则会直线上升，发电出力长期处于一个上下限比例极大的变动范围里。

再次，部分发电原理如风力发电存在直流计量、低频计量需求。目前电能计量主要针对的是 50Hz 的交流电，在直流、低频计量方面，仍存在一定的技术薄弱环节。针对上述问题，目前提出了几种经证实有效的解决方案。

针对负荷波动过大这一问题，目前采用宽量程电能计量装置，如宽量程互感器，这种互感器的特点是其测量范围比较宽，可以适应电流、电压等参数的大范围变化。

国家电网有限公司于 2020 年首次提出宽量程电流互感器概念。相较于当前广泛使用的互感器,宽量程电流互感器在体积没有增加的情况下,量程范围由"1%~120%倍额定电流"变为"0.1%~200%倍额定电流",量程下限拓宽 10 倍,上限拓宽近 1.7 倍。这意味着当用户用电负荷出现较大范围的波动时,宽量程低压电流互感器可以更敏感地捕捉到这一变化,准确测量到相关数据,其计量结果更精准,误差范围更小。

此外,针对电流互感器一次工作电流大范围变化,导致电能计量系统准确度下降的问题,也有研究者提出了基于有源补偿原理的双级电流互感器方案,使上述问题得以圆满解决。

针对低频计量部分,目前大量电能表厂家等,也对原有交流电能表进行了优化完善,使其具备低频计量功能。针对直流电能计量部分,在本册直流电能计量装置部分有详细描述,在此不做赘述。

5.2.3　新能源发电计量监测与运维技术

与传统的发电类型相比,新能源普遍具备小、零、散的特点,如低压光伏并网,每一个用电用户均可实现光伏发电余电上网。但作为电网中的一部分,发电上网电能的质量以及交易结算等,常难以得到有效保证。

以居民低压光伏发电上网为例,居民采用的光伏发电相关设备如逆变器、光伏板的质量常难以保证,光伏由于是直流转化交流,不可避免地为电网引入了较多非线性分量,导致一定范围内电能质量降低;同时,由于个人发电量常常较低,所发电能常在小范围区域内即完成消纳,发电上网电量的计量需进一步深入到个人端,对计量数量以及采集质量提出了较高要求。

以国家电网的居民光伏并网为实例,以往的居民电能计量常采用单向计量,仅计量居民用户的下网电量,随着光伏板等发电设备的引入,居民用户的计量需求仅计量下网用电量发生转变,需要同时计量下网用电量与上网发电量,得益于目前电能表的高度集成化,这方面要求很容易实现。相对较难的部分是针对发电上网电量的电能质量,这部分需要对电压、电流进行高精度、高频次的采集,并需计算无功电能。以往居民采集频次较低,无法满足相应要求,随着技术的发展,目前新一代电能表虽已能基本满足对应需求,但监测数据维度较低,监测分析能力较弱。

除此以外,新能源发电还普遍存在交、直流电能联合分析以及不同电压等级综合监控的需求,如光伏发电,光伏板直接输出的直流电,进入逆变器后形成交流电,再通过升压站,电能最终输入电网当中。在这个过程中,存在直流—交流分界面,不同电压等级分界面,需要对各分界面之间电气参数进行监测,分析新能源发电上网质量,保障各节点计量装置运行状态良好，确保电能计量准确可靠，交易结算公平公正。

各电压等级间的分界面的电能质量分析以及计量性能分析目前已有一套成熟的体系，针对交流电能的电能质量分析、各环节间的功率损害等内容均较为齐备。针对新能源的监测分析，主要薄弱环节包括交直流电能质量综合分析、整流及逆变运行参数分析与调整、小零散设备监测与维护保养三个方面。

在交直流电能质量分析方面，交流电能质量分析对高次谐波、闪变等交直流转换过程中的非线性分量均有涉及，但仍存在一定问题，相较于其他非线性因素，新能源中直流分量比例更高，对直流分量的分析与监测要求更为严苛，但交流侧并未深入考虑电能计量装置本体的一些元器件参数性能，原交流系统中的近似计算方式不再完全适用于新能源发电上网等包含大量直流分量的电能计量场景，需进一步提升其监测分析能力。

随着交直流电能质量分析需求的提出，经过长时间的研究分析，发现对新能源发电上网的运行情况监测，不能仅关注计量部分，系统中的大量直流分量不仅会使电能质量下降，还会对计量性能有一定影响，若采用传统的近似分析或经验模型进行分析，将会从根源上导致交直流电能质量分析失准。为确保新能源发电系统中各项参数分析准确可靠，需要对整流及逆变过程中相关元器件的运行参数进行分析，如整流器的正向电压、反向电压、导通电流等参数，均会对交直流分析造成影响。如逆变器，若采用冲击脉冲实现等效交流电，脉冲频率、脉宽等参数也会影响计量装置的准确性，因目前表计或计量装置多采用电子式，采样频率有其上限，当电网中的非线性分量频率大于其采样频率上限时，计量装置即无法实现对应波形获取，无法实现运行状态的准确把控。因此若要实现新能源发电上网系统运行情况的准确可靠感知，必须做到各环节变量的准确测量。

最后是针对小零散设备监测与维护保养，这部分与低压配网目前的发展方向比较类似，主要侧重于各设备间的互联互通、综合性能评价分析，通过采集网络实现发电机、汇集站、整流及逆变设备、升压站等新能源发电上网网络节点之间的全电气参数感知。这一部分目前的技术方案大多是采用加装对应节点电能计量装置实现，如在逆变器两侧分别加装交流、直流计量装置，对比电能转换前后的能耗、电能质量等。但小零散场景下采用此类方式会大幅度提升电能计量设备成本，因此，逐渐有设备厂家将对应的量测功能集成至设备自身，通过通用接口接入通信网络，实现信息的交互传输，有效压降了设备成本，提升了新能源发电上网的进一步拓展部署。

5.2.4 新能源发电计量技术方向与前瞻

随着新能源发电的不断推广应用，国家和社会对新能源的关注点不再仅仅局限于发电量等内容，如环境保护、碳排放等逐渐成为近年来新能源相关计量的重点。

如国家注重的碳达峰、碳中和，2021年中央全面深化改革委员会第十八次会议提出要建立健全绿色低碳循环发展的经济体系，统筹制定2030年前碳达峰行动方案，使发展建立在高效利用资源、严格保护生态环境、有效控制温室气体排放的基础上，推动绿色发展迈上新台阶。要尽快出台2030年前碳达峰行动方案，坚持全国一盘棋，纠正运动式"减碳"，坚决遏制"两高"项目盲目发展。

国家的一系列措施明确了面对环境、发展之间矛盾的解决方案，通过大力发展绿色清洁能源，实现节能减排，促进环境恢复与绿色和谐社会发展。为确保碳达峰、碳中和稳步实现，国家和社会亟需对生产、生活中的碳排放实现智能感知，对电碳关系、碳利用率等实现全量感知与实时监测。对电网企业或电能计量而言，电能计量领域得以进一步延伸，碳计量概念因而产生。

狭义的碳计量是指对企业或个人的碳排放量进行测量、监测和报告的过程。碳计量的目的是更好地了解和管理碳排放，从而实现碳中和或减少碳排放。但单独针对碳的计量在对生产关系或生产过程的优化方面并无显著的指导意义，需要对碳的转化率、利用率等进行进一步的深入分析。

以电碳计量为例，电碳计量是一种融合了电能计量和碳排放计量功能的设备，通常表现为电碳表。这种设备可以实时精准地测量电力生产、传输和消费全环节的碳排放量，使碳排放的记录像电能一样方便。在实现碳中和的大目标下，准确的碳排放计算是评估绿色低碳转型真实效果的关键，因此电碳计量技术作为底层驱动对我国实现"双碳"目标至关重要。

电碳计量的深入研究离不开对电碳关系的分析探索。电碳关系主要体现在电力市场和碳市场的交互影响中。电力市场和碳市场形成根源不同，市场运作相对独立，两者有各自的政策、管理和交易等体系。电力市场属于需求驱动性市场，交易标的主要是电能量；而碳市场则属于政策驱动性市场，交易标的主要是碳配额及衍生品。

然而，这两个市场并非完全独立，而是存在一定的关联性。明确绿电对应的碳减排量全额纳入碳市场配额核减，促进市场主体积极参与电力市场绿电交易、加大绿色电力消费，通过电力市场中的绿电交易建立"电—碳"市场相互促进的纽带关系。目前，绿色发展理念深入人心，越来越多的市场主体尤其是国际贸易主体在订购产品时会对产品生产、制造、运输过程中产生的碳排放进行分析与评估，一系列用于评估产品附加碳排放量（也称作间接碳排放量）的计算方法和模型得到研究与应用，这些模型的推出，有助于更准确地理解和掌握"双碳"目标下碳市场与电力市场之间的经济关系。

下一步新能源相关计量的重点发展方向，大概率会是基于电碳计量的现货交易市场这一层面。

电碳计量现货交易市场是电力市场和碳市场的交集,主要涉及电力和碳排放的交易。电力市场以电能量为交易标的,开展年度、月度、日前、实时等周期的连续交易;而碳市场则以碳配额及衍生品为主,具有金融属性,可以不连续交易。

在这个市场中,电碳计量技术起着关键的作用,它能够将企业的生产经营用电、用气、用煤、用油等能耗数据转换成碳排放量,进行精准统计、分析和赋码,得出"电碳指数"数值。这有助于更准确地理解和掌握"双碳"目标下碳市场与电力市场之间的经济关系,实现国家政策驱动与市场营销驱动的融合,大幅度促进"双碳"目标的实现与清洁能源的不断发展。

上海碳市场是一个很好的例子,这个市场自 2013 年以来始终保持高效平稳运行,至 2023 年累计成交量已达 2.34 亿 t。此外,全国碳排放权交易市场也在稳步推进,首批参与的发电行业重点排放单位已经进行了交易。

总的来说,电碳计量现货交易市场的形成和发展,不仅有助于推动电力市场的绿色转型,也为碳市场的建设和发展提供了重要的技术支持。在接下来一段时间内,将必定会成为发展的重点方向。

5.3 电动汽车充换电场景

5.3.1 基本概述

电动汽车业务电能计量的关键在于充电桩,充电桩可以根据不同电压等级为电动汽车充电,它的输入端与交流电网连接,输出端设有充电插头。从充电形势来看,充电桩服务方式包括常规充电和快速充电,人们可以用充电卡、手机 App、刷脸等多种多样的身份认证方式获取服务,当然私人充电桩也正越来越多地出现。截至 2020 年,全国各类充电桩保有量已经达到 130 多万台,数量位居全球首位。

从电能形式来看,电动汽车充电桩可以分为交流充电桩和直流充电桩两个大类。交流充电桩,平时又称为慢充,直接采用交流电网提供的电能为电动汽车车载充电机进行供电,在充电过程中只提供电力输出,并不直接与车载电池建立联系,相当于只作为控制电源使用。与此相对,直流充电桩,也就是俗称的快充,是与交流电网相连,为非车载电动汽车动力电池提供直流电源的供电装置,输入电源通常采用三相四线的 380V 工频交流电,输出为可调节的直流电,它在充电过程中直接作用于车载动力电池。

5.3.2 典型设计

电动汽车充电桩的计量装置设计配置也是根据电能形式决定的,采用交流充电桩时,应使用交流电能表，电能表安装在充电桩交流进线侧；采用非车载充电机对电动汽车充电时，可按需选用交流电能表或直流电能表，使用交流计量时，电能表装在非车载充电机交流进线端；使用直流计量时，电能表安装在非车载充电机直流输出端和电动汽车接口之间。

交流充电桩的典型计量装置设计配置方案如图5-6所示，计量点设置在电源进线侧和每个交流充电桩的输入端，计量范围包括电动汽车充电电能，电能表规格参照已有技术标准，根据实际负荷需求确定。

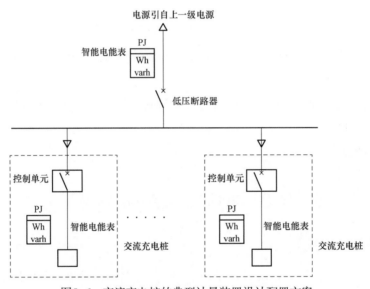

图5-6　交流充电桩的典型计量装置设计配置方案

对于直流充电桩，可以根据需要选用交流计量和直流计量方式，当采用交流计量方式时，计量点设置在电源进线侧和每个非车载充电机交流输入端，此时电能计量范围实际包括电动汽车充电电能、整流单元电能转换损耗和电流线路损耗三部分，如图5-7所示。

当采用直流计量方式时，在电源进线侧设置交流计量点，在每个非车载充电机直流输入端设置直流计量点，此时计量范围不再包括交直流转换损耗能量，而仅包括电动汽车充电电能和电流线路损耗两个部分，如图5-8所示。

5.3.3　运维要点

除此之外，为了保障电动汽车充电桩的运行质量，还需要结合其特征做好状态监测和针对性运维工作，充换电设施监测与运维技术随之出现并得到应用，电动汽车充换电设施的监测与运维技术主要涉及对充电设施的实时监控、故障诊断、维护管理等方面。这些技术的应用可以确保充电设施稳定运行，提高设备的使用效率，降低运营成本，为

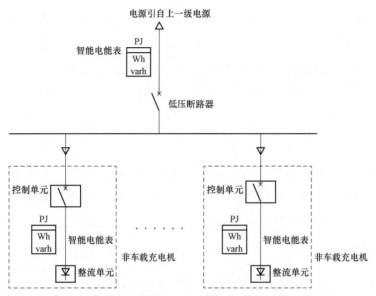

图5-7 直流充电桩的交流典型计量装置设计配置方案

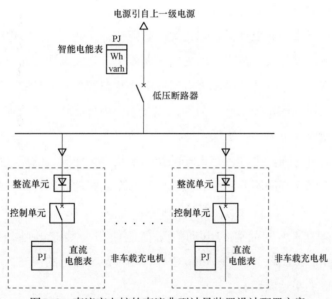

图5-8 直流充电桩的直流典型计量装置设计配置方案

用户提供更好的充电服务。

　　状态监测技术是电动汽车充换电设施运维的基础。通过对充电设施的实时监控，可以实时了解设备的工作状态，包括充电电流、电压、温度等参数，以及设备的运行状态，如是否在充电、是否空闲等。这些信息可以通过物联网技术实时传输到云端，通过大数据分析，可以预测设备的故障，提前进行维护，避免设备突然停机，影响用户的使用。例如，特斯拉的超级充电站就采用了先进的监测技术，可以实时监控每个充电桩的工作状态，一旦发现异常，可以立即进行处理，确保充电设施的稳定运行。

运维检修技术是电动汽车充换电设施运维的关键。通过对设备的定期检查、故障诊断、维修保养等，可以延长设备的使用寿命，降低设备的故障率。这些工作通常由专业的运维团队来完成，他们会根据设备的实际使用情况，制订出合理的运维计划，确保设备的正常运行。例如，中国的比亚迪公司就有专门的运维团队，负责对其充电设施进行定期的检查和维护，确保设备稳定运行。

设备优化升级方面，随着技术的发展，新的充电技术、新的充电设备不断出现，如何将这些新的技术和设备应用到现有的充电设施中，提高设备的充电效率，降低设备的运营成本，也是电动汽车充换电设施运维的重要任务。

5.3.4　发展方向

电动汽车充电计量技术作为新能源汽车产业链中的一个重要环节，目前无论从设备本体研发、智能应用生态、运维管理体系还是用户多元化服务各方向均呈现出蓬勃发展的态势，其可预见的前景是非常乐观的。

智能化方面：未来的充电计量技术将更加智能化，能够实时监控电池的状态和充电过程，通过高级算法优化充电策略，以提高充电效率，延长电池寿命。具体研究内容包括自适应充电技术，根据电池的温度、电压和电流状态调整充电参数，以及预测电池的维护需求。以特斯拉的 Supercharger 为例，该技术使用智能软件来管理充电过程，根据电池的实时状态调整充电速率，确保快速而安全地充电。

标准化和兼容性方面：电动汽车市场的快速增长将全球统一的充电标准提升到了全新的高度，这将有助于提高不同品牌和型号电动汽车之间的兼容性，同时也简化了充电计量技术的推广和应用。虽然目前，遵循国际电工委员会（IEC）等组织制定的充电标准可以确保不同地区和不同品牌的电动汽车都能使用公共充电基础设施，但 CCS（Combined Charging System）和 CHAdeMO 作为两种最为流行的快充标准，已经得到更多不同汽车制造商的采纳应用。

高效能源管理：充电计量技术的发展将支持更高效的能源管理。例如，通过车联网技术，电动汽车可以在非高峰时段进行充电，有助于电网的负荷平衡。此外，与可再生能源（如太阳能、风能）结合的充电站将能够提供更加环保和经济的充电服务。

无线充电技术：无线充电技术的发展将为电动汽车充电带来便利性。这种技术允许电动汽车在停车时自动充电，无需插线操作。随着技术的成熟和成本的降低，无线充电有可能成为未来电动汽车充电的主流方式。WiTricity 公司开发的无线充电系统利用磁共振原理实现电能的无线传输，使充电过程更加便捷和自动化。它可以安装在停车位上，当电动汽车停放在正确位置时自动开始充电。

安全性方面：充电安全是电动汽车充电计量技术的重要组成部分。未来的技术将更加注重充电过程中的安全性，包括防止过充、过热和电气故障等安全问题，尤其是对公用的大中型充电站来说，防范因大电流大功率充电引发的过热和火灾隐患已经成为关注焦点。为了实现这一目标，一些充电站配备了过热保护装置，如果在充电过程中检测到异常温度，系统会自动切断电源以防止火灾。此外，充电设备自身的监测功能也在不断发展，集成了多种传感器的智能充电设备能够监测电压、电流和温度等关键参数，及时发现和处理故障。

集成化服务方面：充电计量技术可能会与其他服务集成，如支付系统、用户身份验证、充电预约等，提供一站式的充电解决方案，增强用户体验。ChargePoint 的充电网络提供了基于云的服务，允许用户通过手机应用远程监控充电进度，进行支付和预约充电，这种集成服务提高了用户体验，使得电动汽车的充电和管理变得更加方便和高效。

5.4　综合能效场景

随着智能电网建设的不断深入，建立在高效、双向通信网络基础上，通过先进的量测体系获取的电网设备运行分析数据日益增长，与现有电网相比，智能电网体现出电力流、信息流和业务流高度融合的显著特点，其先进性和优势主要表现在信息技术、传感器技术、自动控制技术与电网基础设施有机融合，可获取电网的全景信息，及时发现、预见可能发生的故障；通信、信息和现代管理技术的综合运用，将大大提高电力设备使用效率，降低电能损耗，使电网运行更加经济和高效。

在电网运行过程中，存在大量能准确反映电网运行情况或用户用能情况的电气数据，如功率因数、无功损耗等，在一般情况下功率因数越高、无功损耗越低，说明用户在电能的使用上效率更高，将能实现更低成本、更低排放。或对用户的电能使用情况进行监测、分析，对用能习惯等进行评估，提供能效评估、用能优化、能源托管等服务，以提高用户用电效率和降低用户用电成本。如国家电网有限公司基于营销业务应用及用电信息采集系统数据，将供电服务与用户用能场景充分结合，组织研发了低压（住宅、店铺）和高压用户的电能能效账单，并已在网上国网 App 上线发布，每月向低压用户推送能效账单超过 1 亿户次，该功能可以高效辅助用户对用能情况进行快速掌握，对高能耗设备、高峰用电时段等进行辅助分析，指导用户进行能效使用优化。

除了对总体用能情况进行统计、分析外，随着物联网技术的快速发展，针对低压用户的用能分析具备了再进一步深入分析的基础，如智能家居领域，智能家居用能分析主要是指通过智能化的方式，对家庭内的能源使用情况进行管理和优化。随着 5G、人工智能、大数据、算法、云存储等技术的快速提升，智能家居也进入发展的新阶段，市场规模不断壮大。

智能家居系统可以涵盖智能家电控制、智能灯光控制、智能安防、智能影音等方面。例如，该系统可以通过感应器检测室内温度、湿度和光照强度等信息，然后根据用户的需求和设定自动控制空调、加湿器、窗帘等设备的开关和运行模式，实现舒适、便利、艺术性，并实现环保节能的居住环境。

此外，智能家居还可以应用在能源管理上，通过对家庭内各种电器的用电情况进行监测和管理，实现用电的节约和高效。例如，通过实时监测家庭内的电器用电情况，分析出高耗能设备，并提供相应的节能建议；或者根据用户的生活习惯和天气情况，自动调整电器的工作状态，以达到节能的目的。

与单纯的用能分析相比，通过物联网、人工智能等技术实现的智能家居将其他相关的环境变量引入综合能效服务场景当中，降低能效不再是综合能效服务的唯一目的，取而代之的是对整体居住环境的智能化调控，起到了优化提升居住环境的作用。

与智能家居类似，目前电网的发电侧、高压用电侧等个体也开始探索类似智能家居的综合能效服务场景，并取得了一系列成果。接下来，将分别从综合能效服务的基本架构、技术方案、分析监测模型以及新技术方向，对综合能效服务进行详细阐述。

5.4.1 综合能效原理、组成结构与计量设备配置

要理解综合能效服务的工作机理，首先需要明确综合能效的基础架构。在智能家居场景中，常常通过智能开关实现各个电器与电能的关联，智能开关常与对应连接的电器实现信息交互，如智能开关可以实现空调的温度调节、窗帘的闭合与打开、电视的开关等功能，同时智能开关可以实现对应电器实施信息交互期间的电能的感知与统计，简而言之，实现了电器的功能与期间用能的逻辑关系对应。在这一过程中，智能开关一共实现了四个综合能效服务所必须的动作，分别是量测感知、信息交互、逻辑关系建立以及调节与控制。实际上，在智能家居中一般还存在一个"网关"，对信息进行汇集与控制信号传输，但前面所述及的个体已能体现综合能效基础应用场景，"网关"主要是作为信息交互控制以及实现云端计算，调用 AI 算法等功能。

与智能家居的结构类似，针对电厂、高压用电用户的智能综合能效分析也常由量测感知元件、信息交互渠道、逻辑关系库、调节与控制中枢几部分构成。接下来将以炼钢厂的用能分析为例，详细描述综合能效分析的构成与各部分的作用机理。

综合能效分析的基础是对电能使用过程中各个环节的智能量测信息感知。以涡流炼

钢厂等高压用电过程为例，涡流炼钢是一种特殊的冶金过程，它主要利用电磁感应在金属导体内产生涡流加热炉料进行熔炼。具体来说，将金属炉料放入置于线圈中的坩埚内，当线圈接通交流电源时，就会在金属内部产生感应电流，进而产生涡流，以实现对炉料的加热。电弧炉也是电炉炼钢的一种形式，其利用电弧产生的高温进行熔炼。在这个过程当中，炼钢厂需要对锅炉的电气参数、物理参数、入料口原料参数、出料口钢水品质、排废口的废气排放指标等进行测量。以锅炉电气参数为例，在这一步需要测量电压、电流、功率因素、频率、时间等多项电气指标，基于历史运行大数据、人工智能等技术手段，对锅炉的相关电气参数进行训练、开展分析，形成典型的运行状态数据库，用以后面形成各运行状态间的逻辑对应关系。

综合能效分析准确可靠需要建立准确的逻辑对应关系，以锅炉的物理参数与电气参数关系为例，如锅炉的温度、浮渣数量、吹灰力度大小等，都需要在时域或频域同时对锅炉的物理运行状态数据库与电气运行状态数据库进行分析。一般来说，首先通过电热学原理，建立温度与电压、电流、频率以及时间等电气参量的对应关系，但理论模型一般无法直接应用于生产。此时，需要根据实际生产数据，对理论模型进行修正完善。这时，就需要对前期建立形成的数据库进行最小拟合，最终找到不同参数之间的对应逻辑关系。这一步一般可以采用聚类分析或多元回归等方式实现，最终建立起囊括炼钢厂的锅炉温度、钢水质量、废气排放以及各设备电气参数对应关系的分析模型。但与智能家居不同，在工业生产过程中的参数常较为复杂，各设备间常需要共同分析，这时则需要解决各智能量测设备间的信息交互问题。

与智能家居不同，工业生产过程中的信息交互对时效性、稳定性要求常远高于其他非工业领域的应用，主要原因是工业生产过程中，工艺流程中各步骤的时间要求常常较短，工业生产过程中的温湿度等环境常远远比家用领域严苛。但相比家用领域的信息交互，工业领域的数据维度一般相对简单、单一，针对某一指标，常采用单个专用传感器，而不是如智能家居采用组合传感器。同时，智能家居常采用本地+云远程计算，对用户的用能习惯等进行分析，兼具边缘计算与集中计算的特点，但工业生产环境中，常采用主站型式对生产数据进行汇集、统计、分析，形成相应策略或指南。上述原因导致工业生产过程中的信息交互主要存在以下特点：高时效性、高稳定性、高专用性、高汇集度。为满足上述特点的需求，目前工业设计常采用局域网、分布式量测，数据汇集监控计算的工作方式。与电网中的采集系统类似，在传感器这一层级采用小范围组网进行通信，主要通过无线等方式将重点、特殊位置的传感器信息发送至小范围的组网终端，信息汇集后通过有线网络等将信息汇集至数据库机房，进行集中计算。整体方案与前文所述采集终端及采集网络类似，在此不做赘述。

组成结构的最后一部分则是调节与控制中枢，调节与控制中枢是工业生产的核心，常常还肩负着整体用能场景的能效分析、监测与控制功能，这部分一般会设置在信息最终实现汇集处，通过大数据对整体用能情况进行掌握，对生产过程中的各项指标进行综合能效分析，结合成效等进行评价。调节与控制中枢完成相应监测、分析后，会发出调节控制指令，通过前文所述信息交互渠道将控制信号下发。在某些对时效性要求更高的生产环节，可能会在本地局域网形成一定闭环调节策略，如恒温系统等相对简单的环节。但对整体生产环节管控更细致、复杂的场景下，则需要根据生产整体情况，对整体生产过程中的指标进行调节。如火力发电，需要根据碳的热值、碳排放量、出力大小、预测电量等进行综合考虑，最终才能形成一定时间内的发电策略，确保低碳、高效、及时的火力发电。

5.4.2 综合能效分析、监测与控制技术

电力行业相关的综合能效服务目前包括很多方面，按主体分类大体可分为发电上网、电力输配以及用能优化，根据服务内容又可细分为能源配置优化、能效提升分析、运行策略优化几个方面。接下来本文将分别从这三个方面，对综合能效的分析、监测与控制技术进行简要的介绍。

首先是能源配置优化这一部分，综合能源服务是一个面向能源系统终端，包含电力、燃气、热力和制冷等不同能源子系统的业务。它利用先进的技术和创新模式，将分立式的能源供应转变为综合性的一体化服务。这种转变不仅提高了能源的使用效率，也降低了用能成本。

在初期阶段，综合能源服务主要采用能源组合供应式服务、新技术/新模式融合服务以及一体化集成式服务三种业务形态。其中，能源组合供应式服务是提供多种能源的组合供应，新技术/新模式融合服务则是结合新的技术和创新模式提供服务，而一体化集成式服务则是以一体化的方式提供各种能源。

随着能源技术创新、能源系统形态升级以及能源管理体制变革的推进，综合能源服务有望进一步发展和完善。在这个过程当中，不可避免地会涉及整体能源的分配、规划问题，这就是目前能源配置优化需要解决的一大问题。通过科学、合理的方法，对能源资源进行最优分配和利用，以实现能源的高效利用和可持续发展。宏观来看，能源配置优化包括以下几个方面。

（1）能源结构优化：根据不同地区和不同行业的能源需求特点，合理调整各种能源的比例关系，促进清洁能源的发展和应用。

（2）能源供应网络优化：通过建设和完善输配电网等基础设施，提高能源供应的效率和可靠性。

（3）能源消费方式优化：推广节能技术和产品，鼓励居民和企业采用更加环保、低碳的能源消费方式。

要做到上述几个方面的内容，需要对区域性需求、电网承载能力与供电效率、能效转化比进行在线监测与分析。这一部分技术已经较为成熟，目前大量电网公司，如国家电网已建立起供电范围内的用能曲线监测、电网潮流计算与线损管理以及电网电能质量分析相关的系统，在此不做赘述。在电网范畴内，通过仿真计算等方式，对电网线损、碳电能效、供给率等因素进行分析，用于指导智能电网的规划工作。

在这个过程中，不再单独关注电源或用电用户，而是对电网整体进行分析，在满足用能需求的情况下，优化电源、电网结构，提供质量稳定可靠的电能，完成能源优化配置。

能效提升分析则主要是针对发电上网企业以及高耗能用电用户，上述两种主体在生产过程中，由于政策因素（如碳排放要求）或经济因素（如降本增效），需要对生产过程中的高耗能、低效率过程进行优化。

前文已经对运行数据的获取（即监测）内容展开描述，在此也不做赘述。本部分将重点剖析完成监测后如何对整体运行过程进行分析以及控制。

首先需要厘清能效提升分析的过程，典型的提升分析过程主要涉及以下几个步骤：

（1）确定目标：根据重点整治对象，如碳排放、能效转化比等指标，设立明确的目标。这一目标常可以直接监测或计算得出，具有极高的客观性与真实性。

（2）参数识别：根据上述设定的目标，对其相关性较高的生产参数进行排查、关联，这一部分目前实现的方式主要有理论建模或大数据关联分析两种，一般在生产过程中先建立理论模型，然后通过历史生产数据进行曲线拟合。

（3）整体分析：对于已经识别出来的高相关性参数，建立起囊括整个相关生产过程的系统模型，以提升火力发电的碳电转化率为例，最终建立起一个关联起碳的热值、温度控制、冷凝塔水量等多种相关参数与碳电转化率的运行状态模型。

（4）提升实施：确定理论运行模型后，会对各项参数进行调整，调整一般会基于局部工艺的理论模型，同时也有部分技术可以通过人工智能、大数据等技术手段进行全局分析，根据模型预测进行调整，最终得到一套新的运行参数，并将其应用于生产过程。

（5）监测和调整：能效提升是一个持续的过程，在完成相应参数调整后，需要进一步完善相关模型，确保理论与实际高度一致，这时就需要定期对能效提升的效果进行监测和评估，根据实际情况及时进行调整和优化，最终达到能效提升优化的目的，实现降本增效。

在上述过程中，人工智能、分布式计算、大数据分析等技术起到了重要作用。就目前的工业生产过程而言，仅仅依靠人力分析已不能满足逐渐精益化、细致化的工艺流程，依靠自动化控制手段对工业过程各阶段进行分析、控制已逐渐成为主流。对工业过程的分析目前主要采取的是"输入—预测—比对—反馈"这一流程链条。首先输入各环节的参数指标，通过前期所建立的模型对输出进行预计算，得到预测值，然后与实际输出值进行比对，将差值作为评估的主要参数，根据差值大小反馈调节前序相关参数指标。目前按照上述逻辑分析与控制的算法较为成熟，如经典的 PID 控制，是一种常见且历史悠久的控制算法，距今已有 100 多年的历史。它是最早发展起来的控制策略之一，具有原理简单、鲁棒性强和实用面广等优点。随着大数据分析等技术应用程度的不断加深，聚类分析、线性回归等算法也逐渐作为生产流程分析与控制的常用算法。线性回归是一种应用广泛的统计学方法，它利用线性回归方程的最小平方函数对一个或多个自变量和因变量之间的关系进行建模。这种方法在机器学习中非常常见，并且易于理解，因此通常被作为入门级的算法来使用。具体来说，线性回归试图找到一个线性方程，该方程可以最好地拟合数据，以此来预测因变量的值。为了实现这一目标，我们需要通过最小二乘法使损失函数达到最小，从而求得方程系数。聚类分析则是一种将数据对象的集合分组为由类似的对象组成的多个类的分析过程。它是一种无监督学习方法，在数据挖掘、模式识别、图像处理等领域有着广泛的应用。聚类分析的目标就是在相似的基础上收集数据来分类。它源于很多领域，包括数学、计算机科学、统计学、生物学和经济学。聚类分析有多种方法，包括基于划分、基于层次、基于密度、基于网格、基于模型和基于神经网络的聚类方法。常见的聚类算法包括 K-means、系统聚类和二阶聚类等，最终实现重要元素及相关权重的识别与分析。

5.4.3 综合能效场景下计量技术方向与前瞻

综合能效服务是作为一种面向能源生产、传输、存储和消费全链条的服务，旨在提高能源利用效率和清洁能源占比。核心在于通过技术和服务的整合，优化能源使用，降低环境影响，促进能源的可持续发展。服务内容包括但不限于技术融合，即推动能源互联网、分布式能源技术、智能电网技术、储能技术的深度融合，以实现不同能源类型之间的协调互补；系统整合，即实现各个能源子系统的融合应用，确保各能源子系统之间协同融合，相互制约与促进，实现整体效能提升。

虽然目前综合能效场景应用在国内尚处于一个较为初级的阶段，具有广阔的市场以及发展前景。

5.5 电碳计量场景

电碳计量是一种用于量化电力系统在运行过程中产生的碳排放的技术手段。电碳计量的过程涉及对电力系统的各个环节进行监测和计算，以确定其碳排放量。这一过程对于实现"双碳"目标（即碳达峰和碳中和）具有重要意义，它可以为减排措施的制定和执行提供准确的数据支持。具体来说，电碳计量包括以下几个关键点。

5.5.1　全环节监测

电力系统的碳排放监测不仅限于发电环节，还包括传输、分配和最终使用等全过程。这种全环节的监测有助于全面了解和控制电力系统的碳足迹。

5.5.2　电碳表技术

电碳表是用于实时测量和记录电力系统碳排放流的基本指标的表计。根据安装位置的不同，碳表可以分为源侧、网侧和荷侧三类，分别对应于电力系统的发电、输电和用电环节。

5.5.3　电碳管理平台

电碳管理平台通过网络化量测与集中式或分布式计算完成电力系统的碳计量。这些平台可以提供电网中碳排放的实时流动与溯源信息，实现电力系统的实时碳监测。

总的来说，电碳计量涉及政策制定、技术创新和市场机制等多个方面。通过精确的电碳计量，可以更好地评估和优化电力系统的能源结构，促进清洁能源的发展，从而为实现可持续发展和环境保护目标作出贡献。

5.6　智慧决策技术

智慧决策是一种依托人工智能技术，帮助决策者在复杂环境中进行更有效决策的方法。通过收集和分析大量数据，利用机器学习算法来发现数据中的模式和趋势，从而为决策者提供有价值的洞察和建议。具体来说，智慧辅助决策的过程包括以下几个步骤。

5.6.1　数据融合

首先，从各种来源收集相关数据，并将其整合到一个统一的数据平台中。这些数据可能包括历史记录、实时数据、传感器数据等，主要依靠分布式存储、大数据清理等技术手段实现。

5.6.2　数据分析与挖掘

利用数据分析和挖掘技术，如统计分析、机器学习、深度学习等，对数据进行处理和分析，以提取有用的信息和知识，进行归类整合。

5.6.3 模型构建与优化

根据分析结果，构建决策模型，通过回归方程等算法，基于存量及实时运行数据对模型进行训练和优化，提高模型的准确性和可靠性。

5.6.4 可视化展示

将分析结果以直观的方式呈现给决策者，采用知识图谱、关联分析等技术手段，将杂乱的数据进行归纳、关联、可视化处理，最终以图、表、报告等型式呈现给决策者，帮助其更好地理解数据和洞察。

5.6.5 决策建议与反馈

最后，根据分析结果和模型预测，采取 GPT、智能语义识别等先进技术，为决策者提供具体的建议和方案，并根据实际效果进行调整和优化。

智慧辅助决策的优势在于它能够帮助决策者处理复杂的信息环境，减少人为错误，提高决策效率和准确性。但目前需要注意的是，智慧辅助决策并不能完全替代人类决策者的判断和经验，而是作为一个认知智能模型段，辅助决策者做出更明智的决策。

5.7 智 能 控 制 技 术

智能控制是一种利用人工智能技术实现的自动控制方法，它可以实现对各种复杂系统的高效、精确控制。智能控制系统通过学习和适应环境变化，自动调整控制策略，以达到预期的控制效果。与人力控制相比，这种控制方法速度更快、参数更准、决策更频繁，有利于完整贯彻实现综合能效提升中的各类复杂算法提出的控制要求。

智能控制主要包括以下几个发展方向。

5.7.1 神经网络控制

神经网络是一种模拟人脑神经元工作原理的计算模型，它可以学习和模仿人类的决策过程。通过训练神经网络，可以实现对复杂系统的精确控制。

5.7.2 模糊控制

模糊控制是一种基于模糊逻辑的控制方法，它不需要建立精确的数学模型，而是根据经验和规则进行控制。模糊控制适用于那些难以建立精确模型的系统，如非线性、时变系统等。

5.7.3　遗传算法控制

遗传算法是一种模拟自然选择和遗传机制的优化算法，它可以通过迭代进化找到最优解。遗传算法可以用于优化控制器的参数，提高控制性能。

5.7.4　预测控制

先进的控制策略，其利用过去和当前的信息来预测未来的系统行为，并据此优化控制器的输出。预测控制的关键在于建立一个模型，该模型可以预测系统在未来一段时间内的行为。这个模型可以是物理模型，也可以是统计模型，甚至可以是机器学习模型。通过这个模型，控制器可以预见到未来可能发生的情况，从而提前做出调整，以优化系统的性能。

总之，智能控制是一种利用人工智能技术实现的高效、精确的控制方法，它可以应用于各种复杂的系统中，提高控制性能和效果。

目前综合能效场景下的计量新技术方向，已不再局限于计费、交易等计量装置传统用途，取而代之的是通过智能化、自动化的技术手段对整体生产过程进行监测、控制等，具有广阔的应用前景。

参 考 文 献

［1］刘伟，王建华，耿英三，等. 基于 AutoCAD 的电气原理图识别［J］. 计算机辅助设
　　　计与图形学学报，2003（08）：1036-1039.

［2］朱江，孙家广，邹北骥，等. 电气原理图的自动识别［J］. 计算机工程与科学，2007
　　　（01）：56-58+69.

［3］陈晓杰，方贵盛. 一种基于图元结构关系的电气草图符号识别方法［J］. 机电工程，
　　　2017，34（08）：823-828+850.

［4］刘剑，龚志恒，高恩阳，等. 电气符号识别的 HOG 方法［J］. 沈阳建筑大学学报（自
　　　然科学版），2013，29（03）：571-576.

［5］张琪，叶颖. 基于对象图例及其拓扑关系识别的二维工程 CAD 图纸矢量化方法
　　　［J］. 计算机与现代化，2018（11）：40-45.

［6］肖豆，侯晓荣. 基于 PHOG 特征的电路图中电气符号识别［J］. 舰船电子工程，2017，
　　　37（01）：90-93.

［7］ROSS G. Fast R-CNN[C]// International Conference on Computer Vision, Santiago,
　　　December 11-18 2015, IEEE, 2015: 1440-1448.

［8］REN S, HE K, GIRSHICK R, et al. Faster R-CNN: towards real-time object detection with
　　　region proposal networks[C]// Neural Information Processing Systems, Montreal,
　　　December 7-9 2015, IEEE, 2015: 91-99.

［9］LIU W, ANGUELOV D, ERHAN D, et al. SSD: Single Shot MultiBox Detector[C]//
　　　European Conference on Computer Vision, Amsterdam, October 8-16 2016, Springer,
　　　Cham, 2016: 21-37.

［10］REDMON J, FARHADI A. YOLOv3: An Incremental Improvement[J]. arXiv: Computer
　　　Vision and Pattern Recognition, 2018.

［11］ARTHUR D, VASSILVITSKII S. K-Means++: The Advantages of Careful Seeding[C]//
　　　Proceedings of the Eighteenth Annual ACM-SIAM Symposium on Discrete Algorithms,
　　　SODA 2007, New Orleans, Louisiana, USA, January 7-9, 2007: 1027-1035.

［12］YUAN H, WANG J. Spectral Clustering Analysis of CAD Model Based on Multi-Feature
　　　Fusion[C]// International Conference on Intelligent Computation Technology and
　　　Atomtion, Hunan, October 26-27, IEEE, 2019: 708-14.

［13］黄亮,姚丙秀,陈朋弟,等.融合层次聚类的高分辨率遥感影像超像素分割方法［J］.红外与毫米波学报,2020,39（02）：263–272.

［14］樊仲欣,王兴,苗春生.基于连通距离和连通强度的 BIRCH 改进算法［J］.计算机应用,2019,39（04）：1027–1031.

［15］黄同愿,杨雪姣,向国徽,等.基于单目视觉的小目标行人检测与测距研究［J/OL］.计算机科学：1–12.

［16］NEUBECK A, VAN GOOL L. Efficient Non-Maximum Suppression[C]. international conference on pattern recognition, 2006: 850–855.

［17］王洁茹,李紫凝,李赫.CAD 图形文件关键字智能识别系统设计与实现［J］.中国水运.航道科技,2018（03）：47–50.

［18］廖灿灿,马骁,陶海波.建筑工程施工图三维数字化审查系统研究［J］.智能建筑与智慧城市,2021（02）：19–21.

［19］IEEE Task Force on Load Representation for Dynamic Performance. Load Representation for Dynamic Performance Analysis[J]. IEEE Trans on Power Systems, 1993, 8(2): 472–482.

［20］沈善德.电力系统辨识［M］.北京：清华大学出版社,1993.

［21］鞠平,马大强.电力系统负荷建模［M］.北京：水利电力出版社,1995.

［22］贺仁睦,王卫国,蒋德斌,等.广东电网动态负荷实测建模及模型有效性的研究［J］.中国电机工程学报,2002,22（3）：78–82.

［23］张进,贺仁睦,王鹏,等.一种新型差分方程负荷模型与电力系统仿真程序的接口方法［J］.电网技术,2005,29（10）：57–60.

［24］贺仁睦,魏孝铭,韩民晓.电力负荷动特性实测建模的外推和内插［J］.中国电机工程学报,1996,16（3）：151–154.

［25］DA SILVA A, FERREIRA A P C, DE SOUZA A C Z, et al. A New Constructive ANN and Its Application to Electric Load Representation[J]. IEEE Trans on Power Systems, 1997, 12(4): 1569–1575.

［26］CHEN Ding-guo, Mohler R R. Neural-network-based Load Modeling and Its Use in Voltage Stability Analysis[J]. IEEE Trans on Control System Technology, 2003, 11(4): 460–470.

［27］倪剑,郝建,栾兆文,等.BP 算法在功率耦合负荷建模中的应用［J］.中国电力,2005,38（4）：41–45.

［28］沈善德,朱守真,罗骏,等.快速 BP 网络在负荷动态建模中的应用［J］.电力系

统自动化，1999，23（19）：8-11，33.

［29］赵勇，张建平. 福州地区负荷模型影响福建电网暂态稳定性的机理［J］. 电力系统自动化，2005，29（12）：77-82.

［30］汤涌，侯俊贤，刘文焯. 电力系统数字仿真负荷模型中配电网络及无功补偿与感应电动机的模拟［J］. 中国电机工程学报，2005，25（3）：8-12.

［31］张红荣，张峰. 传统的 K-means 聚类算法的研究与改进［J］. 咸阳师范学院学报，2010，25（4）：59-62.

［32］韩凌波，王强，蒋正锋，等. 一种改进的 K-means 初始聚类中心选取算［J］. 计算机工程与应用，2010，46（17）：150-152.

［33］张健沛，杨悦，杨静，等. 基于最优划分的 K-means 初始聚类中心选取算［J］. 系统仿真学报，2009（9）：2586-2590.

［34］袁方，周志勇，宋尽. 初始聚类中心优化的 K-means 算法［J］. 计算机工程，2007，33（03）：65-66.

［35］吴晓蓉. K-均值聚类算法初始中心选取相关问题的研究［D］. 长沙：湖南大学，2008.

［36］D. Gerbbec, S. Gasperic, I. Smon, et，al. Allocation of the Load Profiles to Consumers Using Probabilistic Neural Networks[J]. IEEE Transactions on Power Systems, 2005(20): 548-555.

［37］YU Jian, GUO Ping. Research of Clustering Algorithm of Self-Organizing Ma Neural Networks[J]. MODERN COMPUTER, 2007(255): 7-9.

［38］张红斌，贺仁睦. 基于 KOHONEN 神经网络的电力系统负荷动特性聚类与综合[J]. 中国电机工程学报，2003，23（5）：2-4.

［39］广向旗，李欣然，李培强，等. 基于灰色关联聚类的负荷特性分类［J］. 电力科学与技术学报，2008，22（2）：28-33.

［40］唐光泽，王进，李彩玲，等. 基于 Ward 法的负荷特性分类研究［J］. 电力学报，2009，23（6）：470-473.

［41］GEORGE J. TSEKOURAS, NIKOS D. Hatziargyriou, Evangelos N. Two-Stage Pattern Recognition of Load Curves for Classification of Electricity Customers[J]. IEEE Transactions on Power Systems, 2007, 22(3): 1120-1128.

［42］李天云，李想，刘辉军，等. 基于谱聚类的电力负荷分类［J］. 吉林电力，2009（5）：4-6.

［43］顾丹珍，艾芊，陈陈. 一种基于免疫网络理论的负荷分类方法［J］. 电网技术，2007，

31（1）：6-9.

［44］ MAJI P, PAL S K.Rough set based generalized fuzzy C means algorithm and quantitative indices[J]. IEEE Transactions on Systems Man and Cybernetics Part B, 2007, 37(6): 1529-1540.

［45］ 王文生，王进，王科文. SOM 神经网络和 C-均值法在负荷分类中的应用［J］. 电力系统及其自动化学报，2011，23（4）：36-39.

［46］ 杨浩，张裔，何潜，等. 基于自适应模糊 C 均值算法的电力负荷分类研究［J］. 电力系统保护与控制，2010（16）：111-115.

［47］ 陈向群.《电能计量装置技术管理规程》的特点及运用［J］. 大众用电，2002，02：26-27.

［48］ 向斌. 电能计量装置运行状态管理系统的设计与实现［D］. 电子科技大学，2013.

［49］ 彭翎. 电能计量装置资产管理浅析［J］. 中国高新技术企业，2015，01：185-187.

［50］ 罗志坤. 电能计量在线监测与远程校准系统的研制［D］. 湖南大学，2011.

［51］ 鲁东海，孙纯军，王晓虎. 智能变电站中在线监测系统设计［J］. 电力自动化设备，2011，01：134-137.

［52］ 骆思佳，廖瑞金，王有元，等. 带变权的电力变压器状态模糊综合评判［J］. 高电压技术，2007，（08）：106-110.

［53］ 程瑛颖，杨华潇，肖冀，等. 电能计量装置运行误差分析及状态评价方法研究［J］. 电工电能新技术，2014，05：76-80.

［54］ 沈飞飞，吕培强. 配网状态巡检手持智能终端的实践与探索［J］. 江苏电机工程，2012，05：53-54.

［55］ 程瑛颖，杨华潇，侯兴哲，等. 电能计量装置状态检验策略实践基础及其方法检验［A］. 2013 年中国电机工程学会年会论文集［C］. 中国电机工程学会，1013：7.

［56］ 吴耘. 电能计量装置异常状态监测系统终端技术研究［D］. 华北电力大学（河北），2007.

［57］ 罗志坤. 电能计量在线监测与远程校准系统的研制［D］. 湖南大学，2011.

［58］ 颜丙洋. 基于 433MHz 模块的远程抄表安全系统设计与实现［D］. 山东师范大学，2014.

［59］ 李国栋. 现代电能质量综合评估方法的研究［D］. 华北电力大学（北京），2010.

［60］ 李雅君. 天津市电力公司用电信息采集管理系统设计研究［D］. 天津大学，2010.

［61］ 温和，滕召胜，胡晓光，等. 谐波存在时的改进电能计量方法及应用［J］. 仪器仪表学报，2011，01：157-162.

［62］刘玉明．提高电能计量准确性的方法研究［D］．重庆大学，2002．

［63］兰继斌，徐扬，霍良安，等．模糊层次分析法权重研究［J］．系统工程理论与实践，2006，09：107-112．

［64］马维青，于瑶章，张瑞芳．基于动态变权层次分析法的电网设备状态评价［J］．电子测试，2015，04：27-29．

［65］唐猛，方彦军．带惩罚型变权的变压器状态可拓层次评估方法［J］．华东电力，2013，12：2502-2506．

［66］张正，罗日成，伍珊珊，等．带惩罚变权的大型变压器状态模糊层次评价方法［J］．长沙理工大学学报（自然科学版），2012，03：51-56．

［67］林繁涛，杨湘江．电能表的应用现状与展望［J］．2007，8.103-105．

［68］范龙章．电能表的技术发展及其趋势［J］．上海计量测试．2009，36（1）．45-47．

［69］寇英刚，范洁，杨世海，等．一种基于实际工况的数字化电能表校验方法及其误差分析［J］．电力工程技术，2017，36（06）：53-57．

［70］田正其，徐晴，金萍，等．基于加速退化试验数据的智能电能表早期失效分析［J］．电力工程技术，2017，36（01）：98-101+112．

［71］卢世为，刘建华，何镕．直流分量对静止式电能表计量的影响［J］．湖北电力．2006，12.86-88．

［72］赖联有，吴伟力，许伟坚．基于FPGA的FIR滤波器设计［J］．集美大学学报（自然科学版）．2006，11（4）：347-350．